U0382484

国家社会科学基金项目"'一带一路'国家金融风险传导及防范对策研究"(项目批准号：21BGJ036）

碳排放权交易市场波动风险研究

孙立梅 著

中国社会科学出版社

图书在版编目（CIP）数据

碳排放权交易市场波动风险研究/孙立梅著 . —北京：中国社会科
学出版社，2023. 11
ISBN 978-7-5227-1575-9

Ⅰ. ①碳…　Ⅱ. ①孙…　Ⅲ. ①二氧化碳—排污交易—市场—经济
波动—风险管理—研究—中国　Ⅳ. ①X511

中国国家版本馆 CIP 数据核字（2023）第 241142 号

出　版　人	赵剑英
责任编辑	李庆红
责任校对	赵雪姣
责任印制	王　超

出　　版	中国社会科学出版社
社　　址	北京鼓楼西大街甲 158 号
邮　　编	100720
网　　址	http://www.csspw.cn
发 行 部	010－84083685
门 市 部	010－84029450
经　　销	新华书店及其他书店

印　　刷	北京君升印刷有限公司
装　　订	廊坊市广阳区广增装订厂
版　　次	2023 年 11 月第 1 版
印　　次	2023 年 11 月第 1 次印刷

开　　本	710×1000　1/16
印　　张	19.5
字　　数	320 千字
定　　价	99.00 元

凡购买中国社会科学出版社图书，如有质量问题请与本社营销中心联系调换
电话：010－84083683
版权所有　侵权必究

前　　言

中国碳排放权交易市场从建立子市场到运行统一市场，经历了十余年的时间，在市场机制完善、管理模式创新等方面都积累了宝贵的经验，减排成效取得了令人瞩目的成就。中国"双碳目标"的提出，不仅展现了中国作为负责任大国的担当，也明确了中国低碳经济发展的零碳目标，为各经济部门低碳化和零碳化发展确立了目标，从而进一步推动了各经济部门和主体低碳化和零碳化的转型。这为本书的撰写和出版提供了一个重要理由，即推动作为中国金融体系重要创新的碳排放权交易市场风险管理政策的制定与防范对策的实施。

碳排放权交易市场波动问题一直是笔者十分关注的话题，自 2017 年起，课题组开启了对碳排放权交易市场波动风险的系统思考和一系列相关研究工作。我们希望通过对欧盟碳排放权交易市场波动的深入研究，从市场波动风险的层面展现该市场不断成熟过程中市场波动状态的演进规律，从而为判断中国碳排放权交易市场的发展状态判别提供参考，进一步讨论中国碳排放权交易市场波动因素、政策影响等，以此作为制定中国碳排放权交易市场风险管理对策的依据。因此，本书的研究主要围绕三个方面：（1）欧盟碳排放权交易市场波动率研究，主要包括市场风险度量、波动形成机理、波动率预测；（2）中国碳排放权交易市场波动率研究，主要包括波动特征、影响因素；（3）中国碳排放权交易市场风险管理对策，主要包括中国与欧盟碳交易体系波动率比较研究、中国碳市场风险管理对策。这三个方面也构成了本书的基本构架。希望本书的出版能够给学界和业界同人带来些许启示。

本书的出版得到了中央高校基本业务费基金项目（3072022JC0305）的支持。在本书撰写过程中，向美琪、刘洋、袁剑楠、夏姝涵、哈宝薇、付海博等同学做了大量数据整理与分析工作。此外，还有在本书出版过程中给予我们大量帮助、指点的老师，在这里一并致以衷心的感谢！

本书尚有诸多不足之处，敬请读者批评指正！

目　录

第二篇 我国碳排放权交易市场波动研究

第三篇　我国碳排放权交易市场风险管理对策研究

导　　论

一　研究背景

近年以来，全球气候正在发生剧烈变化，温室气体过度排放导致全球气候变暖，控制并减少温室气体排放刻不容缓。在此背景下，世界各国及不同组织签署《京都议定书》《巴黎协定》与《联合国气候变化框架公约》（United Nations Framework Convention on Climate Change，UNFC-CC）等一系列旨在控制温室气体排放的国际性条约。其中，《联合国气候变化框架公约》的一项附加条款提出，以市场交易方式替代单纯政府调控的方式，来实现碳减排，应对全球气候变暖问题，这种全新的市场化解决问题的方式由此开始流行起来。

碳排放权的概念最早来源于排污权，而排污权的交易制度最早起始于美国，这种排污权制度是先制定一定数量的排污权排放量指标，排污权排放量指标的确定应当对比需求量来制定，这也是平衡需求和供给来平抑市场价格波动的做法。碳排放权配额机制是利用市场机制来实现二氧化碳等温室气体污染物减排的目的，最终目标是缓解全球变暖现象、保护环境和间接实现产业升级。碳排放权源自排污权，以《京都议定书》为政策性依据，在排放总量与减排目标的双重约束下，试图通过市场方式交易碳排放权配额，更好地发挥市场优化资源配置的作用。碳排放权交易的主要特点是根据目标管理计划制定符合总量限制的碳排放权配额，将其免费发放给各排放单位，每个单位在排放权配额下进行生产，若最终排放量小于发放的配额数量，则可以将多余的排放配额拿到碳排放权市场上进行交易，将其卖给碳排放超标的企业，以此来促进企业的碳减排活动。

在将碳排放权资源化并将其分配市场化的道路上，西方国家特别是欧盟成员国进行了诸多努力与尝试，并且收获颇丰。而在众多经济体中，欧盟又是碳排放权交易市场化发展的领导者和积极推动者，它最早从2005年就开始进行碳排放权配额交易市场化的尝试，至2020年经历了15

年的发展，在此期间，欧盟委员会遇到了诸多困难，但都将其化解并提出了可行的解决方案。其中，将碳排放权配额二次分配的程序市场化，进行配额的优化配置取得了显著的成效，通过赋予碳排放权配额稀缺经济属性，促进了欧洲碳排放权交易的发展，为世界各国实现碳减排提供了丰富的经验。

我国作为工业大国，面临着巨大的国际碳减排压力，探索如何建立符合当下发展的碳排放权交易市场，实现经济发展与环境保护的并行迫在眉睫。由此，在已有的碳排放权交易试点市场基础上，于2021年7月正式运行我国统一碳排放权交易市场，促进经济高质量发展和贯彻落实习近平生态文明思想的重大制度安排。我国统一碳排放权交易市场将超过欧盟成为全球最大的碳交易体系，对中国乃至全球气候变化意义重大，但如此庞大的碳交易市场规模也为金融风险管理提出了新的议题。习近平总书记在2017年7月全国金融工作会议上明确指出：防止发生系统性风险是金融工作的永恒主题。2017年10月，党的第十九次全国代表大会提出了"守住不发生系统性金融风险的底线"的目标，全面监控与防范系统性金融风险是我国金融工作的重中之重。2008年，国际金融危机爆发以来，金融市场波动问题一直是全球瞩目的焦点。当前，我国统一的碳排放权交易市场启动在即，挖掘碳排放权交易市场波动规律，密切关注和防控市场异常波动，防止碳排放权交易市场系统性风险爆发，均衡和稳定发挥其减排与金融功能，具有十分重要的战略意义。

二　主要研究内容

本书包括导论和三篇主要内容，共计九章。三个主要部分的逻辑是：首先，对欧盟碳排放权交易市场波动问题进行研究，估计波动风险、剖析波动形成机制、预测波动率；其次，对我国碳排放权交易市场波动问题进行研究，分析波动特征、主要成因，挖掘风险传导网络及其关键因素；最后，借鉴欧盟碳排放权交易市场发展经验和我国试点碳市场发展经验，结合我国经济发展与能源经济发展具体情况以及排放目标等因素，依据关键因素作用的实证研究结果，提出我国统一碳市场风险管理的具体对策与建议。具体来说，本书主要包括以下内容：

导论。指出本书的研究背景和研究意义，给出本书的研究框架，阐述本书的研究视角，从研究方法、研究视角、研究内容等方面阐释研究的特色，归纳和总结本书的主要贡献。

第一篇：欧盟碳排放权交易市场波动研究。包括以下内容：

第一章，欧盟碳排放权交易市场发展历程、现状与趋势。欧盟碳排放权交易市场经过三个阶段并正在经历第四个阶段，对各阶段市场表现、管理机制、主要事件和减排作用等进行介绍和分析，并对欧盟碳排放权交易市场发展趋势进行了分析。

第二章，欧盟碳排放权交易市场风险评估研究。分析主要市场因素对欧盟碳排放交易市场波动的作用机理，建立基于风险因素边缘分布的 ARMA-GARCH 模型，确定核密度估计方法，使用 Copula 模型构建风险因素联合分布，进一步采用 CVaR 模型及 Monte Carlo 模拟方法对欧盟碳排放权交易市场风险进行估计。

第三章，欧盟碳排放权交易市场波动形成机理研究。在分析碳税、低碳技术等对碳排放权交易市场作用机理的基础上，通过 DSGE 模型的建模、数据处理、参数赋值，借助 Dynare 软件，给出脉冲响应分析结果，分析不同的影响因素对其他变量的影响方向和程度大小，推导并验证出波动形成机理。

第四章，欧盟碳排放权交易市场波动率预测研究。首先，采用分解—重构—预测方法，通过原始碳排放权期货的开盘价、最高价、最低价和收盘价（OHLC）数据估计出碳排放权价格波动率，通过 EMD 经验模态分解模型将其分解成不同频率的经验模态（Intrinsic Model Function, IMF）分量；其次，按照波动周期对分解后的经验模态进行重构，同时对短期波动率成分数据进行降噪处理，将去噪后的分量用遗传算法优化的 BP 神经网络、SVM 支持向量机等方法进行预测；最后，分别输出各个分量的预测结果，采用加和集成的方法将分量集成，得到最后的预测结果。

第二篇：我国碳排放权交易市场波动研究。包括以下内容：

第五章，我国碳排放权交易市场发展状况研究。分析我国碳排放权发展的历程，比较各个碳排放权交易试点发展状况和碳排放权交易市场管理制度，结合全球碳排放权交易市场发展历史与进程，来研究我国碳排放权交易市场发展历程。

第六章，我国碳排放权交易市场波动特征研究。首先，采用集合经验模态分解方法（EEMD）对我国碳排放权交易市场的碳价序列进行分解。其次，利用 Fine-to-coarse reconstruction 方法对所得 IMF 分量做高低频判别。再次，利用 R/S 分析法及 MF-DFA 分析法对我国 7 个碳排放权交易试点市场的碳价原序列及不同周期波动分量进行了单分形实证分析及多重分形实证分析。最后，揭示高频分量、低频分量及趋势项序列相应的经济学含义，分别从时间及空间维度上对价格波动特征产生的差异性进行分析。

第七章，我国碳排放权交易市场波动率影响因素研究。首先，利用事件分析法研究碳配额政策对市场价格的影响，利用在方差方程中加入政策虚拟变量的 ARMA－GARCH 模型对受到政策影响的碳排放权价格波动率进行分析。其次，构建 DSGE 模型研究碳税、低碳等政策因素对我国碳排放权交易市场波动的影响。

第三篇：我国碳排放权交易市场风险管理对策研究。包括以下内容：

第八章，我国与欧盟碳排放权交易市场波动率比较研究。运用拓展的 MFDFA 法分析欧盟碳排放权交易市场（EUA）三个阶段和我国主要碳排放权交易市场（湖北、深圳、广东）的波动性特征、多重分形特征、非对称性。进一步发现我国碳排放权交易市场发展与欧盟碳排放权交易市场各个阶段发展的差异，判定我国碳排放权交易市场发展阶段。

第九章，我国碳排放权交易市场建设与风险管理对策与建议。在统一碳排放权交易市场启动和运行背景下，对我国碳排放权交易试点市场管理、整合和退出提出对策，重点对我国统一碳排放权交易市场风险管控提供相应对策与建议。

三　主要观点与建议

第一，政府实施碳税政策直接减少了碳排放，改善了环境质量，但会间接促使企业生产成本上升、经营利润减少，居民收入下降，使得消费和投资都减少，企业缩减生产规模，劳动力就业降低。从政府层面来看可将碳税收入用于环境治理和企业环保技术研发补贴，减排的同时激励企业环保技术的研发，加速其环保技术研发进程。而在长期，适当调低碳税的征收比例，一方面环保技术的使用使得排放量直接减少；另一方面降低企业运营成本，促进其扩大生产规模。因此，建议碳税政策与环保技术激励政策的合并使用。

第二，采用"分解—重构—预测"的方法体系对欧盟碳排放权交易市场价格波动率预测可以提升预测效果。其中，短期波动率成分对原始 OHLC 极差波动率的预测是最重要的。欧盟的短期碳排放权配额价格波动率受宏观因素影响较小，因此，政府试图通过宏观调控影响短期波动率的

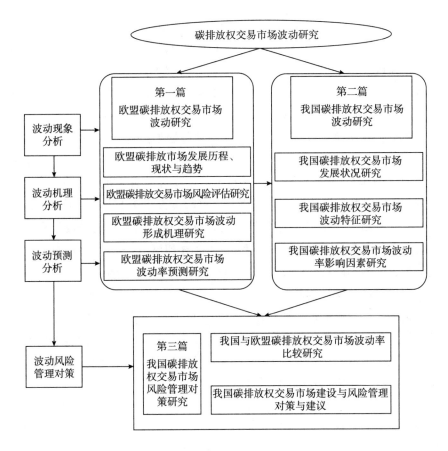

图 0-1　本书研究框架

难度较大，实施的结果大概率是收效甚微。从历史经验来看，政府能做的最有效的举措是调控碳配额的供给，尽量使得碳排放权配额供给与需求达到相对平衡状态。因此，建立一套动态平衡的碳排放配额分配制度，并且保证制度的良好执行至关重要。

第三，碳市场政策的公告对各试点碳交易的价格产生了显著的差异化影响，但碳市场政策对碳交易试点的价格波动率尚未表现出显著影响。通过各政策事件中样本市场的累积异常收益率可以发现，三个时期的政策公告对各试点市场的价格均在 1% 的显著水平上产生了影响。而利用加入政策虚拟变量的 GARCH 模型，分析市场政策对碳交易价格的波动率产生的影响，实证结果不支持政策引起市场波动率显著变化的结论。

第四，基于核密度估计方法得到的收益率残差分布对大样本具有较好的统计特性，能更好地拟合经验分布，因此可以用于描述序列的波动分布。将计算出的波动分布引入 CVaR 模型中，可以计算得到指定置信水平下的风险水平，该方法所建立的度量模型具有较好的统计特性，借助 ARMA-GARCH 模型对碳价收益率的自相关和异方差性质进行刻画，并在此基础上建立 Copula 和 CVaR 模型是规避碳价风险的可靠方法。

第五，我国碳排放权交易试点市场发展处于接近 EUA 市场第一个发展历程的高波动阶段。主要原因有以下两点：（1）国内三个主要碳排放权交易市场和 EUA 市场第一阶段的市场波动性则存在明显的逆持续性，且国内主要碳排放权交易市场的多重分形程度都小于 EUA 市场第一阶段，但远大于其第二、第三发展阶段。（2）欧盟和我国主要碳排放权交易市场均存在非对称性，进入第二发展阶段后的 EUA 市场对利好信息的反应更强烈，而国内碳排放权交易市场则对利空信息的反应更敏感。

四　可能的学术创新

第一，构建扩展的 DSGE 模型，研究欧盟碳排放权交易市场中碳税、低碳技术创新政策等对其波动的作用及其作用机理，探讨我国碳排放权交易试点市场波动的关键影响要素，通过比较研究与剖析，分析我国统一碳排放权交易市场波动的可能性因素。

第二，在对碳排放权交易市场波动进行预测和对波动特征研究中，采用了分解—重构—预测的思路。首先，采用 OHLC 极差波动率作为碳排放权价格波动率的估计量，应用 EMD 经验模态分解方法进行波动率分解；其次，比较 BP 神经网络、GA 优化 BP 神经网络和 SVM 支持向量机方法对波动率各分量的预测能力，进而对不同波动率分量采用差异化方法进行预测，从总体上提高预测能力。

第三，采用改善均值方程和在方差方程中添加政策虚拟变量的 ARMA-GARCH 模型建模方法，对碳排放权交易市场配额政策对波动率的影响进行了研究。相较于以往的多数研究仅采用事件研究法对传统金融市场价格波动的政策效应存在性的验证，本书开展碳排放权交易市场波动率的政策效应研究。

五　可能的学术价值

第一，研究影响我国与欧盟碳排放权交易市场的重要因素，揭示碳税、环保技术激励政策对碳排放权交易市场的作用及其机理，扩展相关政策效应研究的思路，同时，为我国政府部门预测政策效果和制定相关政策提供重要依据。

　　第二，基于"分解—重构—预测"思想的波动率预测与模型适配过程，揭示了在一定样本区间内应用差异化模型分别开展适用性分析与预测，能够在一定程度上提高碳排放权交易市场波动率预测的准确性与效率，为研究波动率预测提供了方法论的深入讨论与支持，为集成预测奠定了进一步研究的基础。

　　第三，利用修正的 ARMA-GARCH 模型进行配额政策对碳排放权交易市场波动的作用研究，不仅在建模方法上进行了尝试，在研究内容上打破了多数研究仅关注价格而非波动的研究局限，进一步挖掘了政策信息对市场波动影响的本质与效应。

第一篇

欧盟碳排放权交易市场波动研究

第一章　欧盟碳排放权交易市场发展历程、现状与趋势

第一节　欧盟碳排放权交易市场发展历程

一　运行阶段

欧盟 28 个国家共同参与的欧盟碳排放权交易体系（EU ETS）分为四个运行阶段，被称为世界上最大的碳排放交易市场。自 2005 年成立以来，EU ETS 为世界各国提供了有效的运营范例，同时积累了大量的数据和经验。创始至今的四个运行阶段如下。

（一）试验阶段（2005—2007 年）

66 亿吨二氧化碳是该阶段规定的碳排放上限，且以免费配额的方式进行分配。每年多余的 EUA 不可以留到下一年度使用，但是可以进行交易。因为一开始的经验不足，第一阶段排放实体的实际排放量远小于分配的配额。EUA 价格已从 2006 年 3 月的 30 欧元/吨的高点下降到 2007 年初的 3 欧元/吨或以下的低点（如图 1-1 所示）。

（二）减排承诺期（2008—2012 年）

吸取上个阶段分配过剩的经验教训，在该阶段，EUA 的排放量控制在每年 20.98 亿吨，其中主要是免费分配。同时，还引入有偿拍卖的分配机制，排放实体将根据自身需要参与拍卖并为这部分配额的购买付费。跟上一个阶段一样，每年多余的 EUA 不可以留到下一年度使用，但是可以进行交易。为了保证减排机制的良好运行，EU ETS 配备了极为严格的惩罚机制：如果企业未能履行合同，并且碳排放配额支付不充分，将根据超额排放对企业处以罚款。

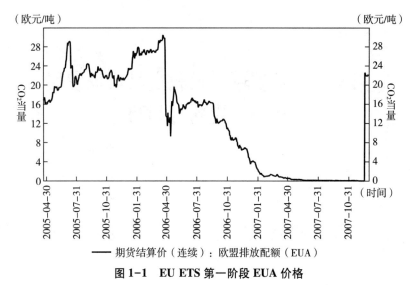

图 1-1 EU ETS 第一阶段 EUA 价格

资料来源：Wind。

第二阶段波动情况如图 1-2 所示，2008 年初，由于交易机制和配额分配方式的变化，EUA 价格回升到第一阶段的最高点 30 欧元。但是随之而来的国际金融危机使得欧盟碳排放权交易市场（EU ETS）也受到牵连，价格大跌到 10 欧元以下。在 2009 年到 2011 年间，价格基本保持在 15 欧元左右。之后由于 2011 年的欧债危机，稳定局面又被打破，临近第二阶段结束，EUA 价格徘徊在 7 欧元左右，不到高点的 25%。

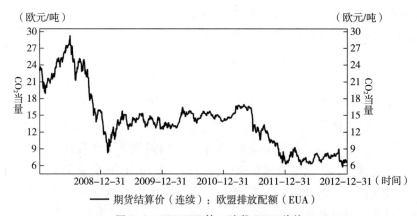

图 1-2 EU ETS 第二阶段 EUA 价格

资料来源：Wind。

（三）深化发展（2013—2020 年）

在第三阶段，欧盟委员会为了提振碳价，在 2012 年底提出"折量拍卖"方案，并于 2014 年 3 月正式启动，价格略微回升，但是并未能从根本上处理好碳配额供过于求的问题。之后，2015 年，欧盟委员会提议建立市场稳定储备机制，希望借此将 EUA 价格保持在 7—9 欧元/吨，市场反应较好。但是，由于 2016 年以来的经济低迷以及英国脱欧事件的发生，EUA 价格再度下跌到 4 欧元/吨，并在 5 欧元/吨左右小幅波动。但是，从 2017 年开始，随着雾霾天气、能源等现实问题的浮现，欧盟企业节能减排的意识逐渐增强，EUA 价格开始大幅稳步回升，于 2019 年再度达到 30 欧元的高点。

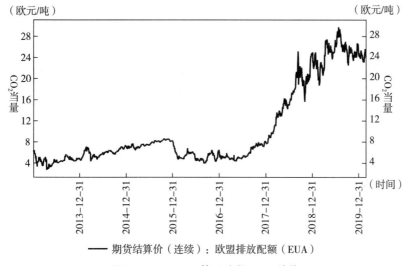

图 1-3 EU ETS 第三阶段 EUA 价格

资料来源：Wind。

（四）继续发展（2021—2030 年）

2020 年后为了处理好供求问题继续缩减排放总量，并暂时将 2023 年之前的所得税率翻倍至 23%，达到加速减排进程的目的。第四阶段将引入两种低碳基金机制，现代化基金将侧重于能效投资和现代化，而创新基金将侧重于为企业开发低碳创新技术，如政府融资。此外，配额拍卖份额将继续提高至 57%。

二　市场规模

欧洲气候交易所是当前世界上最大的碳排放权交易平台。其交易规模如图 1-4 所示。EUA 与 CER 的成交量有很大的差别，其中 CER 交易主要集中在 2008—2012 年，也就是 EU ETS 第二阶段。从 2008 年初开始波动上升，直到 2012 年达到最高点，最高交易量达到 5.94 亿吨二氧化碳，之后迅速减少，最低排放量不到 1 百万吨二氧化碳。EUA 配额成交量远远高于 CER，且其交易遍布 2008—2018 年，自从 2008 年开始稳步上升，在 2012 年末突破 2000 百万吨二氧化碳。接着在 2013 年中出现下滑陡坡，接着以 "V" 字形上升直冲 2500 百万吨大关。接着在之后的几年持续波动，均值大约在 1300 百万吨二氧化碳。直到 2018 年末再次大幅上升，突破 2500 百万吨二氧化碳，直逼 3000 百万吨。

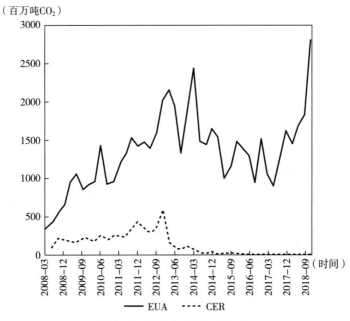

图 1-4 EUA 与 CER 成交量

　　总体来看，2008—2018 年，CER 的成交量远不如 EUA，CER 成交量在 2012 年的最高点才勉强达到 EUA 成交量的四分之一。EUA（European Union Allowance）和 CER（Certified Emission Reduction）是 EU ETS 交易市场中流通的 "明星产品"。其中，EUA 是国际排放贸易机制（ET）中的配额排放量，CER 是 CDM 清洁发展机制的清洁合作项目中经核证的减排量。EUA 是具有统一标准的期货、期权合约，可以在场内和场外交易，风险较低，没有价格差异，完全竞争。相比之下，CER 更多的是在场外交易、非标准的远期合约，风险较高，且存在价格差异。

　　将 EUA 和 CER 合并与欧盟二氧化碳排放量进行比较，如图 1-5 所示。在 2008—2018 年，欧盟二氧化碳排放量变化起伏并不大，但是可以看出其有略微下降的趋势，从 2008 年初的 1000 百万吨二氧化碳逐渐降到了 1000 百万吨以下，平均保持在 900 百万吨左右，其还有继续下降趋势。EUA 与 CER 二者成交量之和基本都在欧盟相应年份的二氧化碳排放量之上，碳排放交易量超过实际排放量说明：一方面，碳排放量交易走向国际化，美洲、亚洲等逐渐加入全球性的碳排放权交易，交易类别愈加多样，各交易所、各国的供给量增多，全世界范围内的减排项目合作愈加频繁，碳排放产品在全球范围追逐最佳配置；另一方面，碳排放产品不仅只是关注在绿色清洁、减排净化、保护环境这些初始的领域，也涉足了能源、金融等一系列相关领域和行业。尤其是碳排放产品及其衍生品的种类增多，再加上现实环境因素使得更多人关注碳排放，碳排放的概念、相关产品越来越火，这种商品化的权利开始可以被"炒作"，规模也随之变得越来越大。

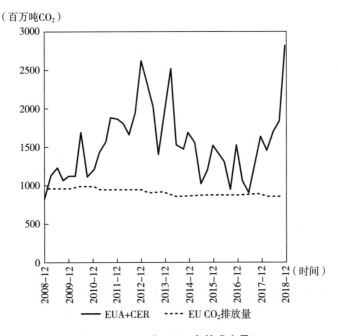

图 1-5　EUA 和 CER 合并成交量

第二节 欧盟碳排放权交易市场波动现状与趋势

一 数据处理

数据选取自 Wind 数据库，EUA 期货结算价的日度数据，时间区间选取 2008 年 1 月 1 日至 2018 年 12 月 31 日这十年，其中包括了整个第二阶段和 75% 的第三阶段。为了后续研究的一致性，本书所有涉及的数据都将采用季度数据进行研究，不符合的数据将通过升频或降频处理进行调整。该 EUA 结算价是日度数据，因此将进行降频处理。通过 Eviews7.2 的功能进行降频处理，将原来的 2830 个日度数据转变为 44 个季度数据。

二 描述性统计

采用 IBM SPSS Statistics 进行统计分析，得到的结果如表 1-1 和图 1-6 所示：序列的最小值为 4.00；最大值为 25.87；平均数为 10.6744；中位数为 7.8785；众数选取的是其最小的 4.00，与最小值一致；标准差为 5.91631；偏度 0.928，说明序列分布右偏，右尾较重；峰度 -0.043，小于 0，说明数据的分布较为扁平，峰值较低。

表 1-1   **描述性统计结果**

数据个数	44
最小值	4.00
最大值	25.87
平均数	10.67
中位数	7.88
众数	4.00
标准差	5.91
偏度	0.93
峰度	-0.04

三 欧盟碳排放权交易市场的波动趋势与特征

在 2008—2018 年研究期间，可以看到碳价大概经历了四个阶段起伏。

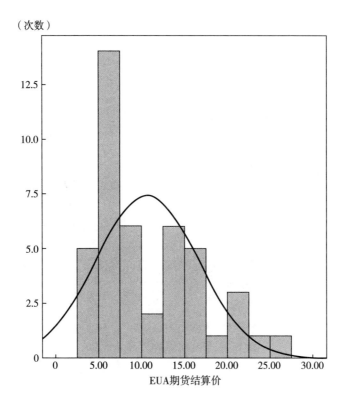

图 1-6　EUA 期货结算价的描述性统计

　　第一段从 2008 年初到 2008 年底，碳价在 4 月份左右达到高点，由于 2008 年的国际金融危机，碳价在越过 25 欧元后急速下跌，各地均受到了波及。

　　第二段从 2009 年初到 2013 年 6 月份，自国际金融危机后的小幅波动到之后的"断崖式"下跌，价格达到了最小值 4 欧元，原因来自于 2011 年的欧债危机，由于各市场的关联性，欧盟的碳市场也因此经历了大跌。

　　第三段从 2013 年 6 月份到 2017 年底。2013 年 6 月份到 2015 年底都还是保持缓慢上升趋势，之后由于 2016 年经济低迷和英国脱欧事件的影响，碳价再次回落到之前的低值——5 欧元附近。

　　第四段则是 2017 年之后，由于全球现实环境、天气的影响和环保减排意识的提高，碳排放再次回归到大众视野，碳价也一路走高。

　　整体来看，碳价的小幅振荡与大幅升降并存，没有特别明显的波动规律，而是跟随国际及欧盟自身的经济宏观环境波动，2008—2018 年两端处在较高水平，中部低区振荡。

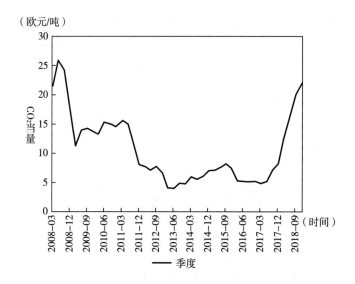

图1-7 研究期间 EUA 碳价波动

第三节 本章小结

　　本章对欧盟碳排放权交易市场的现状进行介绍。首先，利用 Wind 数据库对其四个发展阶段进行了总结。其次，从交易所构成的角度介绍了欧盟碳排放权交易市场的构成，从成交量以及排放量的角度介绍了市场规模。最后，对选取的研究阶段进行数据的频度处理，并对研究期间的碳价波动进行描述性统计分析以及趋势和原因的分析。

第二章　欧盟碳排放权交易市场风险评估研究

第一节　引言

　　自英国在 18 世纪 60 年代发起技术革命之后，全球经济发展迅速，但同时经济发展带来的环境问题也逐渐凸显，全球气候变暖、极端气候事件频发都是不容小觑的环境问题，已经阻碍了社会经济的可持续发展。而全球气候变化的重要因素之一，便是人类活动产生的大量温室气体。在全球范围内应对气候问题、保护生态环境的前提下，追求经济的可持续发展，已经成为人类社会发展的责任与各国政府的共识。

　　为满足限制温室气体排放的迫切需求，1992 年，联合国大会发布了《联合国气候变化框架公约》，旨在"稳定大气层中温室气体的含量到合适的水平，从而防止剧烈的气候变化给人类带来危害"，其不包含任何执行机制而是概述了如何通过谈判达成具体国际条约的框架。1997 年签订的《京都议定书》（*Kyoto Protocol*）作为 UNFCCC 最具代表性的补充条款，确立了发达国家在 2008—2012 年减少温室气体排放的义务，也是第一份具有法律约束力的气候文件。其中最主要的手段就是保证碳交易市场的推行和发展。

　　然而，目前碳排放权交易市场的减排效果实现并不理想。究其原因，是碳排放权交易市场所受影响因素复杂，除了市场供求之外，也存在政策变化、宏观经济、配额分配、气候变化等诸多风险因素，因而碳排放权交易市场面临风险较大，使得交易者利益无法得到保障。因此，碳排放权市场与其他金融市场之间存在怎样的相关关系、如何较为准确地预测碳金融衍生品价格，是能否有效降低交易者风险、推进碳排放权交易市场繁荣发展，从而达到促进二氧化碳减排目的的重要问题。

碳排放权不仅有着商品属性，也有着典型的金融属性。其市场风险的有效度量是促进碳交易活动健康发展的重要课题。本书以欧盟碳排放交易体系下的交易商品 EUA 为主要研究对象，分析了碳排放权交易价格波动风险的来源因素，从能源市场、货币市场、同类商品市场选取了多个指标，冀以在有限的复杂度下有效准确地度量碳排放权交易价格波动风险。在模型应用上，本书不仅应用了在时间序列分析中得到广泛应用的 ARMA-GARCH 模型来描述碳排放权收益率序列的自相关和异方差性质，还探索了应用于碳排放交易市场的 R-Vine Copula 模型，与传统模型对风险因素的简单加总不同，该模型可以建立多个变量间的复杂相关结构，灵活且准确地描述变量间相关关系。基于风险因素间的相依结构，本书还应用 CVaR 模型对碳排放权交易市场风险进行了度量，并对碳市场参与者和决策者提出了建议。本书中对于碳排放权市场与风险因素间相关关系的刻画，与对碳排放权交易市场风险的度量都对碳市场参与主体防范和控制风险有现实参考意义。

第二节 文献综述

本章以碳排放权交易市场作为研究对象，目的是衡量其市场风险，重点在于研究市场风险因素的相关结构与风险度量问题。下文从碳排放权交易市场风险度量研究角度对相关文献进行梳理与总结。

凤振华和魏一鸣（2011）运用资本资产定价模型，对 EU ETS 面临的市场风险进行讨论，并且借助 Zipf 技术，对各种预期回报下碳价变化情况加以讨论。凤振华（2012）运用极值理论（EVT）和 GARCH 模型构建了现货市场和期货市场的价格变化模型，而且对于动态 VaR 加以估算，并对传统 VaR 和基于 EVT 的 VaR 进行了比较。王林立（2013）比较了参数法下的 GARCH 模型与广义误差分布下的 GARCH 模型对波动率进行建模的有效性。温贝贝（2014）以 EU ETS 的期货合约交易数据为实证研究对象，结合极值理论的 EVT 模型，来计算碳期货的动态 VaR，即借助构建 GARCH-EVT-VaR 模型，进而预算各种时期的动态 VaR 参数情况，而且基于此研究碳期货市场的风险特点变动情况。杜莉、孙兆东和汪蓉（2015）利用异方差说明不同地区碳市场的极端风险，通过 GARCH（1，1）、ARCH（1）表示的 ARCH 族模型下的参数估算得出各种碳交易所对于价格影响的各种衰减情况。宋楠（2015）选取 EUA 期货，基于格兰杰因果检验滞后阶数的遍历性，按照金融学研究波动溢出的方法，构建了 ARMA（1，1）-CGARCH 模型，刻画了欧盟碳市场价格的长期和短期波动，对比了 19 组指标的溢出性，分析了其极端风险和条件风险的溢出情况。张晨、丁洋和汪文隽（2015）以 EUA 和 CER 市场作为课题对象，比较了 CAViaR 和 GARCH-GED 模型在各种预估范围、各种可靠度下评估碳市场风险时的情况。

翟大恒（2016）借助异方差说明不同地区碳市面临的极端风险；通过 GARCH（1，1）、ARCH（1）表示的计量经济模型，对于国内碳市和欧盟碳市场应对价格影响的衰减情况。安翔（2016）选取 EUA 和 CER 市场的连续期货合约价格作为样本，建立 QRNN-EVT 模型对极端波动范围的 VaR 值加以计算，了解到这种模型能够明显提高极端风险的预测能力，可以获得较为稳定、可靠的结论。尹改丽（2017）以我国五个碳交易试点作为课题对象，借助比较研究不同地区碳配额现货交易情况、碳价变化特点、交易量的信息效应、试点地区的市场高效性、市场风险程度及其影响原因，分析国内碳市微观结构特点与价格变化风险。刘晖（2019）基于 Expectile，根据 CAViaR 模型指出了 CARE 模型，并且通过其中的风险评估模型实现对国内碳金融市场的 VaR 数值、ES 数值的估算。杨玉（2019）研究了碳交易市场风险因素的异质相依性，构建了基于要素相依性的碳交易市场风险集成模型。柴尚蕾和周鹏（2019）采用非参数核估计方法确定碳金融市场风险因子的边缘分布，发现非参数 Copula-CVaR 模型能够弥补传统风险测度方法在度量多源风险因子相依性时存在的局限性，充分考虑尾部风险，避免参数法确定边缘分布时可能出现的模型设定风险与参数估计误差。

第三节　碳排放权交易市场风险的理论研究

一　碳排放权交易市场风险及其相关概念界定

（一）碳排放权交易市场

碳排放权交易市场，可简称为碳排放市场、碳交易市场、碳市场，亦可称为碳金融市场。碳排放权交易是基于总量控制与交易（Cap-and-trade）制度的排污权交易的一种。总量控制和交易是一种通过提供经济刺激来减少污染物排放的、以市场为基础的控制污染的方法。

碳排放权交易是《京都议定书》通过市场机制建立的一种基于《联合国气候变化框架公约》的温室气体排放权及减排量交易形式，其目标是通过促进全球温室气体减排，以减缓未来的气候变化。二氧化碳、甲烷、氧化亚氮、氢氟烃、全氟碳化物和六氟化硫为公约所列的 6 种温室气体减排要求对象。等量的气体造成温室效应的能力中，后三者是最强的，不过根据对温室效应的贡献率而言，二氧化碳由于排放量较多，占比最高，约为 25%。因此，温室气体的排放权交易统称为"碳排放权交易"（Carbon Emission Trading），以吨二氧化碳当量（tCO_2e）为计量单位。在英语中，为与菲律宾宿务市（Cebu）著名的传统农贸市场"碳市场"（Carbon Market）作出区分，其交易市场称为"碳交易市场"（Carbon Trading Market），在中文中也常简称为"碳市场"。本书研究过程中所指的碳排放权交易市场即"交易碳排放权及其衍生产品的金融市场"。

1. 根据交易模式分类

根据碳排放权的交易模式不同，可将碳排放权交易市场分为配额市场与项目市场。

碳排放配额（allowance-based）市场是由政府或其他组织者确定排放额度总量，并分配定额的许可证给企业或国家，制造污染者被要求持有与其排放量相等的许可证，想要增加排放量的污染制造者必须向其他人购买许可。参与国家或者公司能够考量本身减排需要和费用，展开碳排放配额的买、卖行为。配额交易市场主要有：欧盟排放交易体系（EU ETS）、美国区域温室气体计划（RGGI）、美国芝加哥气候交易所（CCX）、日本自愿排放交易体系（JVETS）。

碳排放项目（project-based）市场是由发达国家向发展中国家提供资金和技术等支持，开发低于基准排放量水平的项目，经特定组织认证后用于抵消投资方超额排放。碳排放项目交易市场主要有：澳大利亚新南威尔士温室气体减排计划（NSW）、中国及印度等国家参与的清洁发展机制（CDM）。

2. 根据交易产品分类

碳排放权交易产品，就是碳交易活动中作为交易对象的标的物。根据交易产品的性质差异能够分为商品交易和衍生品交易。前者主要包含碳减排相关的投融资活动，如碳排放配额、核证减排量、碳期货期权等碳金融衍生品。间接交易产品是金融机构提供的碳排放权相关的中介服务，如碳基金、碳信贷等。

（二）金融风险与市场风险

汉语中的风险一词，根据《现代汉语词典》（第 7 版）解释为"可能发生的危险"。国际标准化组织（The International Organization for Standardization，ISO）将风险（risk）定义为"不确定性对目标的影响"。而在金融领域，学术界对"风险"一词尚无一个得到一致认可的统一定义。Willett（1901）将风险定义为"对损失的不确定性"；Markovitz（1952）将风险定义为"收益的方差"；Kaplan 和 Garrick（1981）提出将风险定义为"后果和相关的不确定性"。参考我国学者王春峰（2001）和谷秀娟（2006）对金融风险的定义，本书将金融风险定义为"金融活动主体实现其既定目标的不确定性"。金融风险广义上既包括收益增加的不确定性，也包括收益减少即产生损失的不确定性，大多数金融活动参与者更关注后者。金融风险按照驱动因素不同可分为市场风险、流动性风险、信用风险以及操作风险。市场风险，也称价格风险，本书将其定义为"未来市场价格波动对金融活动主体实现其既定目标产生影响的不确定性"。通常可分为商品价格风险、股票价格风险、利率风险、汇率风险。市场风险对企业的影响路径可以分为两种，一种是直接影响企业持有的资产的价值；另一种是间接影响，通过竞争者、供应商或消费者来影响企业生产成本或收益。

（三）碳排放权交易市场风险

碳排放权交易市场作为一种温室气体减排的市场手段，对政策有着高度的依赖性。除此之外，由于碳交易时间与空间上的特殊性，碳排放权交易市场相比传统金融市场更容易受到不确定性因素的影响。对于碳排放权交易市场来说，碳排放权升值会增加需要减排配额公司的生产费用、影响其生产运营的效率；而碳排放权贬值将导致公司拥有的碳排放权资产缩水、减少市场投资者对于减排活动的投资预期回报。

结合一般金融市场中市场风险的概念，以及碳排放权交易市场的特点，在本书所进行的研究中，将碳排放权交易市场风险定义为："碳排放权资产价格由于风险因素影响而产生波动，对碳排放权交易参与主体实现既定收益目标带来的不确定影响"。

二　碳排放权交易市场风险因素分析

碳排放权交易市场风险的市场因素来自三个方面：碳排放权自身的价格波动风险、能源市场价格波动风险以及交易货币的汇率和利率波动风险。碳排放权价格波动受到交易货币的汇率和利率波动影响，以及能源市场中化石能源商品价格的影响。而同种货币的利率与汇率波动也存在相互影响。正因为碳排放权市场风险各个因素之间的影响复杂，有必要对各个风险要素之间的相关结构进行准确刻画。

（一）替代品价格

替代品，主要指一组能实现基本相同的功能，能带给消费者近似的满足度、并且在市场交易过程中可以被彼此替换的商品，一种商品与其替代品的交叉弹性系数为正值。对于任何一种商品来说，市场对其替代品的需求随着其价格上涨而增加，进而导致其替代品价格随之上升。得益于灵活履约机制，如今碳金融市场拥有多种碳排放权商品，除了 EU ETS 下的欧盟排放配额 EUA，还包括清洁发展机制（CDM）下的项目型产品 CER 等多种产品。灵活履约机制是指《京都议定书》规定发达国家在不能满足减排要求时，能够向发展中国家提供资金来得到对应的 CER，以 CER 抵消本国的减排义务。在碳金融市场，EUA 与 CER 作为发展相对完善的两种碳排放权产品，已经能够互相高度替代。从经济学角度进行分析，在替代品 CER 的价格上升时，也会提高对 EUA 的需求量，进而增加其价格。具体来说，当 CER 等的价格增长时，为了降低减排成本，各大交易主体将降低对于 CER 等的消费量，转向消费相对价廉的 EUA，即其市场需求上升，在供给整体不发生变化的情况下，需求增长会在短时间内促进价格的上涨；相反，当替代商品 CER 的价格降低时，对 EUA 的需求量也会不断减少，短期内其价格也会降低。因此，对于 EUA 而言 CER 价格是一个重要的风险因素。

（二）化石能源价格

能源部门是当今经济发展中的一个重要组成部分，同样，由于含碳的化石能源仍是当今能源消耗的主要部分，能源产品的使用也一直是碳排放的重要来源，所以化石能源价格也是碳价的重要风险因素之一。当能源需求与消耗量增长时，也会导致温室气体排放量的增长，进而提升对碳排放权的需求，按照供需理论，假设市场上碳排放权供应未发生变化，这最后将促进碳排放权价格提升；相反，当能源需求量降低时，温室气体排放量也会变少，对于碳排放权的需求及其价格也会降低。

化石能源消费的碳排放总量主要是由两个因素决定：其一就是化石能源消费总量，其二就是化石能源的碳排放强度。第一，化石能源价格升高时，其使用成本也会增加，企业将努力寻找其他清洁能源，以替代化石能源，从而降低化石能源的消费量。第二，在各种化石能源间的相对价格出现改变时，企业的原料选择就会转向价格相对较低的化石能源。发电企业是化石能源的重要消费者，其使用的化石能源主要是石油、煤炭、天然气三类。一般来说，制造相同的电力商品，以煤为发电原料碳排放量最大，石油其次，天然气最低。德国环境局的一组数据表明，煤炭中碳的含量比石油高 30%，比天然气高 70%。[①] 当某种化石能源价格相对其他化石能源较为低廉时，电力企业会转向使用这种更加低廉的化石能源当作主要原料。而因为不同化石能源的碳排放系数不同，发电用化石能源的转换就会造成碳排放量的增长或者减少，从而对碳价形成一定的冲击。2015 年欧洲煤炭价格一路走低，由于煤炭发电更加经济，发电企业的煤炭消耗量逐渐增加，二氧化碳排放量也随之不断提高，进而对碳排放权的需求上升，最后造成碳排放权价的提高；反之，如果煤炭价格上涨达到一定幅度时，煤炭消费减少，碳排放权价格则会下降。

（三）利率

市场利率即为资金市场的使用价格，一定程度上代表了单位货币的价值。作为货币政策的重要内容，利率调控能够影响各类金融市场，也可以通过影响减排企业的交易行为对碳市场产生影响。汇率变动会影响企业的减排成本、碳资产的套利行为和投资者的机会成本，从而冲击碳价格。

对企业而言，利率就是市场变化的公开信息，其直接关系到企业的贷款成本。企业在进行购买、更新减排设施与研究、改进技术时，都会产生大量的现金流需求，进而向金融机构进行贷款。因此，在利率水平提高时，公司的贷款成本上升，将削减对减排设备与技术的资金投入。对于减排投入资金的减少，使得碳排放量上升，碳排放配额需求和碳价

[①]　https：//www.umweltbundesamt.de.

也相应提高；相反，在利率水平下降时，企业的资金使用成本也会下降，企业就有更多可能向碳排放设备与技术研究投入资金，减少企业的碳排放量，对碳排放权的需求与碳排放权的价格也会相应走低。所以，利率影响公司的减排费用，从而对碳价产生一定的冲击。

另外，利率也会通过套利活动而对碳价产生影响。当利率水平偏高，并且银行贷款不断收紧时，企业的资产流动性将产生压力，为了确保资金的有效周转，公司就可能选择将持有的碳资产出售，如碳期货、期权等，因为碳资产的变现对于公司生产经营产生的不利影响相对其他资产较小。公司的这种活动造成碳资产的供应增长，使得碳价下跌。不过这种机制的成立依赖于机会成本，如碳交易的费用，只有当利率波动剧烈，并且紧缩银根迫使企业变现资产时，才会成立。

对投资者而言，利率波动能够被看作信息溢出。利息作为投资的机会成本，其变化直接关系投资者的预期收益，对碳市场产生溢出效应。投资者会通过跨市场交易来调整资产组合：当利率水平提高时，投资者更愿意把资产存进银行以获得更高收益，持有碳资产的投资者部分会选择销售碳资产，碳价也随供给增加而下跌；当利率水平下降时，人们对存款的收益预期降低，就可能将资金投入到碳市场，从而使得碳资产升值。

（四）汇率

汇率风险，主要指在碳排放权商品交易过程中因外汇结算而导致损失的可能性。目前，碳排放权计价主要以欧元、美元等货币作为交易货币，而来自不以交易货币作为流通货币的国家，在进行碳排放权产品交易的过程中必然面临着汇率风险的影响。碳排放权资产价格取决于政府的碳排放权供给和企业的碳排放需求，汇率则通过能源市场与贸易渠道影响碳排放需求而影响碳价。

一方面，结算货币的汇率变动会影响交易双方的买卖选择，进而间接影响碳产品的成交价格。例如，我国参与 CDM 项目的方式是把 CERs 出售给 EU ETS 体系下需要碳排放权的买家，在交易过程中就面临着欧元兑人民币的汇率波动风险。此外，汇率的波动也会影响进出口公司的生产决策活动和对于碳金融市场投资的喜好，从而对碳价产生冲击。另一方面，一国货币作为对其他国家货币的相对价值的体现，长期以来，外汇市场都被视作股票市场、能源市场等主要金融市场的风向标，其在国际金融市场中的跨期调配作用,让汇率的变动可能造成股票与能源价格的波动,对于碳排放权市场产生的冲击也不容小觑。已有实证研究表明,外汇市场的波动会对碳排放权市场产生溢出效应。首先,在 EU ETS 市场,汇率可以透过能源相对价格以及能源消费结构角度影响碳排放权需求,间接地影响 EUA 碳价波动。其次,针对 EUA 与 CER 的二级交易市场,因其一般以欧元或者美元进行交割,汇率变化直接影响到碳资产的收益与成本。以欧元为例,当欧元汇率上涨时,碳资产的空头方因需要买入碳资产而花费的本币增加,使减排成本增加;当欧元汇率下跌时,碳资产的多头方持有的碳资产贬值,也会造成收益受损。

第四节 碳排放权交易市场风险度量模型构建

碳排放权交易市场风险度量模型的构建主要可以分为三个部分。

第一部分是碳排放权交易市场风险因素的边缘分布模型构建,按照不同风险要素的自身特征分别实现分布建模,主要是针对各个风险因素的自相关以及异方差性质。

第二部分是碳排放权交易市场风险因素的联合分布模型构建,即建立各风险要素在其他风险因素取不同值时的条件概率分布。例如,当风险因素 A 值取 a 且风险因素 B 值取 b 时,风险因素 C 取不同值的概率分布情况。

第三部分是碳排放权交易市场风险度量模型构建,即给出风险因素联合分布下用于衡量碳排放权收益率下尾部损失风险直观体现。

一 碳排放权交易市场风险因素的边缘分布模型

1. ARMA-GARCH 模型

(1) ARMA 模型

自回归移动平均(Autoreg Ressive Moving Average,ARMA)模型是用于时间序列分析的一种模型,由 Peter Whittle (1951)提出。由包含了变量本身的滞后值(自回归项)和过去不同时期的残差(滑动平均项)的两部分多项式组成。对于时间序列 $\{X_t\}$,(p, q) 阶的 ARMA 模型的一般形式如下:

$$X_t = c + \sum_{i=1}^{p} \varphi_i X_{t-i} + \sum_{j=1}^{q} \theta_j \varepsilon_{t-j} + \varepsilon_t \qquad (2-1)$$

其中，p 和 q 分别为 AR、MA 部分的阶数，且 $p \geqslant 0$，$q \geqslant 0$；X_{t-i} 是 X_t 的 i 阶滞后值；ε_t 是 X_t 的残差，ε_{t-j} 是 ε_t 的 j 阶滞后值。

（2）GARCH 模型

自回归条件异方差（Autoregressive Conditional Heteroskedasticity，ARCH）模型，是描述当期残差项的方差对其滞后值的依赖的时间序列模型。ARCH 模型由 Engle（1982）提出，它解决了传统计量经济学中，由于对时间序列变量进行"方差恒定"假设而引起的问题，如波动聚集等。Bollerslev（1986）推广了 ARCH 模型，给出了更具备通用性的形式，形成了广义自回归条件异方差（Generalized Autoregressive Conditional Heteroskedasticity），即 GARCH 模型，放宽了 ARCH 模型对参数限制，不仅避免了模型参数过多，还使得模型更具一般性。对于时间序列 $\{X_t\}$，当其残差序列 $\{\varepsilon_t\}$ 服从 GARCH（r，s）模型时，表达式如下：

$$\begin{cases} X_t = \mu + f(\{X_t\}) + \varepsilon_t \\ \sigma_t^2 = \omega + \sum_{m=1}^{r} \alpha_m \varepsilon_{t-m}^2 + \sum_{n=1}^{s} \beta_n \sigma_{t-n}^2 \end{cases} \qquad (2-2)$$

其中，$r \geqslant 0$，$s \geqslant 0$，$\omega > 0$，$\alpha_m \geqslant 0$，$\beta_n \geqslant 0$，$\sum_{m=1}^{r} \alpha_m + \sum_{n=1}^{s} \beta_n < 1$；$\varepsilon_t$ 是 X_t 的残差，ε_{t-j} 是 ε_t 的 j 阶滞后值；σ_t^2 是 ε_t 的条件方差。

（3）ARMA-GARCH 模型

为了同时描述时间序列的自相关性和条件异方差性，共同使用 ARMA 和 GARCH 模型分别刻画条件均值与条件方差，则可以使用 ARMA-GARCH 模型。对于时间序列 $\{X_t\}$，其 ARMA（p，q）-GARCH（r，s）模型的一般形式为：

$$\begin{cases} X_t = c + \sum_{i=1}^{p} \varphi_i X_{t-i} + \sum_{j=1}^{q} \theta_j \varepsilon_{t-j} + \varepsilon_t \\ \sigma_t^2 = \omega + \sum_{m=1}^{r} \alpha_m \varepsilon_{t-m}^2 + \sum_{n=1}^{s} \beta_n \sigma_{t-n}^2 \end{cases} \qquad (2-3)$$

其中 p、q、r、s 均为非负整数，；X_{t-i} 是 X_t 的 i 阶滞后值；ε_t 是 X_t 的残差，ε_{t-j} 是 ε_t 的 j 阶滞后值；σ_t^2 是 ε_t 的条件方差。

2. 核密度估计

在剔除了时间序列自身的影响后，其残差的剩余部分就可以进行概率密度估计，作为风险因素的边缘分布。估计随机变量的概率密度函数的方法可以分为两类：一类是参数法，另一类是非参数法。参数法假设随机变量服从某一已知分布，如高斯分布、t分布等，即函数形式已经确定，仅需要估计其参数。参数法估计十分依赖其对随机变量分布作出的主观假设，从而带来模型风险。而非参数法的使用过程中需要的假设更少，其实用性要比参数方法广得多，尤其是当我们对数据生成过程了解较少时。同时，由于对假设的依赖较少，非参数方法有着更强的鲁棒性。非参数法的使用限制是，需要相对参数法更大的样本量才能得出同样可信度的结论，而金融时间序列数据的特点之一便是样本量大，因而非参数法是估计金融时间序列数据分布的良好方法。

核密度估计（Kernel Density Estimation）是一种基于数据平滑的非参数随机变量概率密度估计方法，假设有一连续概率密度函数 $\{f(X_t)\}$，随机变量 $\{X_t\}$ 为来自 $\{f(X_t)\}$ 的同分布样本，则 $\{f(X_t)\}$ 的核密度估计公式为：

$$\hat{f}_h(x_i) = \frac{1}{nh} \sum_{i=1}^{n} K\left(\frac{x-x_i}{h}\right) = \frac{1}{n} \sum_{i=1}^{n} K_h(x-x_i) \tag{2-4}$$

其累计分布函数为：

$$\hat{F}_h(x_i) = \int_{-\infty}^{x_i} \hat{f}_h(s)\,\mathrm{d}s \tag{2-5}$$

其中 $K(\cdot)$ 是一个非负函数，称为核函数；$h>0$，是一个平滑参数，称为窗宽；将前二者结合为 $K_h(x) = \frac{1}{h}K\left(\frac{x}{h}\right)$ 可以简化公式形式，将 $K_h(\cdot)$ 称为缩放核；n 为样本容量。

Bowman（1997）证明当样本量足够大时，核函数的选择对分布估计结果影响不大，相反，窗宽的选择则会对估计产生显著影响。Bowman（1997）给出了当使用高斯核函数估计单变量数据时的经验窗宽最优估计量：

$$h = \left(\frac{4A^5}{3n}\right)^{\frac{1}{5}} = \left(\frac{4}{3n}\right)^{\frac{1}{5}} A \tag{2-6}$$

$$A = \min\left(\hat{\sigma}, \frac{IQR}{1.34}\right) \tag{2-7}$$

其中 $\hat{\sigma}$ 为样本标准差，IQR 为样本四分位距，n 为样本容量。

二 碳排放权交易市场风险因素的联合分布模型

1. Copula 函数

张金清和李徐（2018）指出，资产组合受不同风险因素共同影响时，这些风险相互关联、交叉、渗透，对资产组合产生共同作用，因而会叠加、放大资产组合所面临的集成风险，与单种风险因素有着本质上的不同。因此对于多因素集成风险的度量不能采用简单的加和方式，而需要一种更科学有效的风险度量方法。

近年来，越来越多的学者将 Copula 函数应用到计量金融中，包括风险管理、衍生品定价、投资组合管理优化等。Sklar 定理指出：任何多变量联合分布都可以用单变量边际分布函数和描述变量之间依赖性结构的 Copula 函数来描述。因此，对于刻画不同资产收益率之间的庞杂相关关系，Copula 函数有着优良的实用性。

（1）椭圆形 Copula

椭圆形 Copula 是一类分布等高线图呈椭圆形的 Copula 函数，具有尾部对称的特点。较常用的椭圆形 Copula 有高斯（Gaussian）Copula 和学生（Student's）t-Copula。当：

$$u = F_X(x), \quad v = F_Y(y) \tag{2-8}$$

$$s = \sqrt{2}\,\mathrm{erf}^{-1}(2u-1), \quad t = \sqrt{2}\,\mathrm{erf}^{-1}(2v-1) \tag{2-9}$$

①高斯 Copula：

$$C_\rho(u, w) = \int_{-\infty}^{\phi^{-1}(u)} \int_{-\infty}^{\phi^{-1}(w)} \frac{1}{2\pi\sqrt{1-\rho^2}} \exp\left(-\frac{s^2 - 2\rho st + t^2}{2(1-\rho^2)}\right) ds dt \tag{2-10}$$

其中 $\phi(\cdot)$ 为标准一元高斯分布函数，$\phi^{-1}(\cdot)$ 是其反函数；$\rho \in (-1, 1)$ 为其相依参数。

②t-Copula：

$$C_{(\rho, v)}(u, w) = \int_{-\infty}^{T_v^{-1}(u)} \int_{-\infty}^{T_v^{-1}(w)} \frac{1}{2\pi\sqrt{1-\rho^2}} \left(-\frac{s^2 - 2\rho st + t^2}{2(1-\rho^2)}\right)^{-(v+2)/2} ds dt \tag{2-11}$$

$\rho \in (-1, 1)$ 为其相依参数，v 为其自由度参数，$T_v(\cdot)$ 为自由度是 v 的 t 分布函数，$T_v^{-1}(\cdot)$ 为其反函数。

（2）阿基米德 Copula

阿基米德 Copula 是一类经由生成元生成的函数。

设 $\phi: [0, 1] \times \Theta \rightarrow [0, \infty)$ 是一个连续的、严格递减的、凸函数，且 $\phi(1; \theta) = 0$，θ 为参数空间 Θ 中的一个参数，函数 $\phi(\cdot)$ 就被称为生成元。较常见的阿基米德 Copula 包括 Clayton Copula、Frank Copula、Gumble Copula、Independence Copula，表 2-1 中列出了其二元 Copula 形式以及参数。

表 2-1　　　　　　　　　　阿基米德二元 Copula

名称	二元 Copula $C_\theta(u, w)$	参数 θ
Clayton Copula	$(\max\{u^{-\theta} + v^{-\theta} - 1; 0\})^{-1/\theta}$	$\theta \in [-1, +\infty) \setminus \{0\}$
Frank Copula	$-\dfrac{1}{\theta} \log \left(1 + \dfrac{(\exp(-\theta u) - 1)(\exp(-\theta v) - 1)}{\exp(-\theta) - 1} \right)$	$\theta \in \mathbb{R} \setminus \{0\}$
Gumble Copula	$\exp\{-[(-\log(u))^\theta + (-\log(v))^\theta]^{1/\theta}\}$	$\theta \in [1, +\infty)$
Independence Copula	uw	无

阿基米德 Copula 有着各自不同的性质。Clayton Copula 和 Gumble Copula 密度函数具有非对称性，Clayton Copula 对下尾变化更敏感，Gumble Copula 对上尾变化更敏感；Frank Copula 函数则具有对称的尾部，可用于描述具有对称尾部的相关关系；Independence Copula 则适用于描绘相对独立的两个变量。

2. R-vine Copula

尽管 Copula 理论上可以较好地描述随机变量间的非线性相关结构，但由于传统的多元 Copula 要求变量间服从相同相依结构，不符合金融市场中不同风险因素异构的实际情况。所以允许资产间存在不同相依结构的 Vine Copula 更适合本书描述碳排放权市场风险因素相关结构的需要。

Vine 是一种用于高维概率分布中标记约束的图形工具。结合双变量 Copula，可以作为一种高维依赖建模中的灵活工具。Vine Copula 将多元变量联合分布分解成一系列双变量联合分布，再应用 Pair Copula 逐个分析其相关性。Vine Copula 模型的出现使得对多元分布，尤其是高维分布的构建变得更加灵活。然而，更灵活的结构也带来了缺点——估计所有参数所需的计算工作量随维数呈指数级增长。

Vine Copula 可分为 Regular Vine（R - Vine）、Canonical Vine（C -

Vine）和 Drawable Vine（D-Vine）三类不同结构。R-Vine Copula 是 Vine Copula 的一般形式，而 C-Vine 和 D-Vine 是其为便于估计而产生的两种特化形式。

R-Vine 的概念最早由 Bedford 和 Cooke（2001）提出。它包含了一系列树的指定，树的每条边对应一个二元 Copula，也称作 Pair Copula。这些 Pair Copula 构成了联合 R-Vine 分布的基本单元。一个 d 维变量的 R-Vine 结构 $\mathcal{V}$ 包含了树 T_1，…，T_{d-1}，点集 $\mathcal{N} := \{N_1，…，N_{d-1}\}$，边集 $\mathcal{E} := \{E_1，…，E_{d-1}\}$，并满足以下条件：

T_1 有点 $N_1 = \{1，…，d\}$ 和边 E_1。

当 $i = 2$，…，$d-1$ 时，树 T_i 有点 $N_i = E_{i-1}$。

如果树 T_i 中的两条边在 T_{i+1} 中由一条边相连，它们必须有一个共同的点。

E_i 中相连的两条边 $e = j(e)$，$k(e) \mid D(e)$ 由二元 Copula 密度函数 $c_{j(e),k(e) \mid D(e)}$ 相连接，点 $j(e)$ 和 $k(e)$ 称为条件节点，$D(e)$ 称为调节集。R-Vine 分布被定义为随机向量 X 当变量 $X_{D(e)}$ 由 $c_{j(e),k(e) \mid D(e)}$ 确定时的条件 Copula 密度 $(X_{j(e)}，X_{k(e)})$，$X_{D(e)}$ 表示 X 的子向量。

X 的联合密度函数唯一，且由下式 2-12 给出：

$$f(x_1，…，x_d) = \left[\prod_{k=1}^{d} f_k(x_k) \right] \left[\prod_{i=1}^{d=1} \prod_{e \in E_i} c_{j(e),k(e) \mid D(e)} \right.$$

$$\left. (F(x_{j(e)} \mid \boldsymbol{x}_{D(e)})，F(x_{k(e)} \mid \boldsymbol{x}_{D(e)})) \right] \tag{2-12}$$

$$\prod_{i=1}^{d=1} \prod_{e \in E_i} c_{j(e),k(e) \mid D(e)} (F(x_{j(e)} \mid \boldsymbol{x}_{D(e)})，F(x_{k(e)} \mid \boldsymbol{x}_{D(e)})) \tag{2-13}$$

其中，$\boldsymbol{x}_{D(e)}$ 表示 $\boldsymbol{x} = (x_1，…，x_d)'$ 的子向量；式子最右侧 ［如式（2-13）所示］的部分包含了 $d(d-1)/2$ 个二元 copula 密度函数，称为 R-Vine Copula。

三　碳排放权交易市场风险度量模型 CVaR

1. 条件风险价值 CVaR

（1）风险价值 VaR

风险价值（Value at Risk，VaR）由 G30 自 1993 年提出以来，已经成为当今金融领域主要的风险度量方法之一，被众多研究学者用于金融机构广泛使用于风险管理，作为衡量资产可能损失的一项风险指标。VaR 方法相对于传统的金融风险度量方法更直观，而且能够在事前计算风险。

VaR 可以定义为：在给定置信水平 $1-\alpha$ 下，某一资产或资产组合在概率分布不变的情况下，一定持有期期末能出现的损失最大值，或者说损失大于 VaR 的概率至多为 α。从统计学来说，VaR 就是收益率 r 分布的 $1-\alpha$ 分位数，其数学表达式为：

$$P(r \leqslant -VaR) = 1-\alpha \qquad (2\text{-}14)$$

对于收益率分布 X，显著性水平 $\alpha \in (0, 1)$ 上的 VaR 是 $Y := -X$ 不超过 y 的概率至少有 $1-\alpha$ 的最小值，若以 $F(\cdot)$ 表示资产组合收益的累积概率分布函数，资产组合的 VaR 表示为：

$$VaR = -F^{-1}(1-\alpha) \qquad (2\text{-}15)$$

VaR 尽管用于表示损失数值，不过大多以正值表示。使用 VaR 度量风险形式简单、便于理解，而且不同于以往的事后风险度量，它可以在事前给出风险的大小，时效性更好。

（2）条件风险价值 CVaR

尽管 VaR 已经成为目前度量金融风险的主要方式，但其仍具有自身无法克服的缺陷：一是 VaR 不符合一致性公理，如果使用 VaR 来度量资产组合的风险，组合的风险可能大于组合中所有资产分别计算的风险之和，违背分散投资有益的金融市场常识；二是 VaR 方法具有不充分性，会忽略在分位点下的尾部信息，这可能导致投资者忽视小概率发生的极端情况而营造一种错误的安全感。

Rockafellar 与 Uryasev（2000）考虑到 VaR 的固有缺陷，提出了在 VaR 的基础上衍生出来的一种风险度量方法——条件风险价值（Conditional value at risk，CVaR），来解决其中的问题。CVaR 是资产组合在持有期末损失超出分位数 VaR 的条件均值，因此也称为预期尾部损失（Expected tail loss，ETL）。在置信水平 $1-\alpha$ 下，收益率 r 的 CVaR 由式（2-16）计算：

$$CVaR = -E\{r \mid r \leqslant -VaR\} \qquad (2\text{-}16)$$

CVaR 被认为是一种更合理的风险度量方法，因为其具有比 VaR 方法更优良的理论性质。首先，CVaR 更全面地体现了尾部的风险信息；其次，CVaR 还是一种一致性风险度量方法，满足了次可加性，在投资组合优化、确定风险资本等领域都有着优秀的应用潜力。

2. 基于 Monte Carlo 模拟的 CVaR 计算方法

从本质上说 CVaR 是一个统计估计值，可在不同的统计假设下应用不同的统计方法来得到 CVaR 的值，如历史模拟法、方差—协方差法、蒙特卡罗法（Monte Carlo Method）以及情景分析法。由于 Copula 模型的复杂性，本书选择蒙特卡罗法进行 CVaR 的计算

蒙特卡罗法是一种在大数定律基础上发展起来的概率学方法，它依靠大量重复的随机采样来获得数值结果，也称作蒙特卡洛模拟（Monte Carlo experiments）。使用蒙特卡罗法计算 CVaR，能够较好地度量金融衍生产品的风险。蒙特卡罗法不仅有着历史模拟法的优点，如风险因素收益序列不必服从正态分布，也弥补了历史模拟法的缺点。历史模拟法假设风险因素的未来分布与经验分布相一致，而金融时间序列常常具有异方差性质，因而对于方差随时间变化的时间序列进行估计就会产生偏差。蒙特卡罗法则能够在指定的结构下通过计算机生成风险因素收益的伪随机数，模拟过程中可以包含方差随时间的变化，实证研究表明，使用蒙特卡罗法能够更好地模拟金融序列的真实分布，能够更准确的度量风险。

本书采用蒙特卡罗模拟方法计算碳排放权交易市场风险 CVaR，并将 Copula 函数与 CVaR 方法相结合，具体的计算步骤如下：

第一步，确定碳排放权交易市场风险因素的边缘分布，本书选择 GARCH-ARMA 来描述各风险因素收益率序列的时间特征，并将其残差作为风险因素的波动性用核密度估计其分布。

第二步，构建 R-Vine Copula 函数。根据风险因素间的相关性强度确定 R-Vine 结构，然后根据拟合情况确定每个 Pair Copula 的具体种类，并估计其参数。

第三步，使用蒙特卡罗模拟方法计算碳排放权交易市场风险的 CVaR。为了尽量降低模拟产生的误差，模拟次数一定要足够充分。本次研究中根据拟合的 R-Vine Copula 结构生成了 10000 组模拟数据，由其分布计算得到碳排放权交易市场风险的 CVaR。

第五节　碳排放权交易市场风险度量的实证研究

一　数据选取与处理说明

本书选取了碳排放交易市场、能源市场、货币市场的多个指标。

在碳排放权交易市场中选取了欧盟碳排放配额（EUA）和核证减排

量（CER）。EUA 是欧盟排放交易体系（EU ETS）的交易对象，属于配额市场；CER 是清洁发展机制（CDM）的交易对象，属于项目市场。

能源市场中选取了洲际交易所（ICE）（英国分部，原伦敦国际石油交易所 IPE）的英国天然气期货、布伦特原油期货、鹿特丹煤炭期货，以及欧洲 ARA［阿姆斯特丹、鹿特丹、安特（Amsterdam、Rotterdam、Antwerp）］三港煤炭交易价格指数，分别作为天然气、石油、煤炭三个能源市场主要商品的价格参考。

货币市场中则选择欧元兑美元汇率、欧元兑英镑汇率两个汇率指标，因为欧元、美元是碳排放交易主要的两种结算货币，英镑是英国天然气期货的交易货币。另外选择了欧元隔夜拆借利率（EONIA）一个利率指标，作为货币价值的参考。数据序列名称及单位如表 2-2 所示。

表 2-2　　　　　　　　　　　数据序列说明

所在地	交易所/发布结构	指标	数据序列名称	单位
欧盟	欧洲中央银行	欧元兑美元汇率	EUR/USD	USD
		欧元兑英镑汇率	EUR/GBP	GBP
	EMMI	欧元隔夜拆借利率	EONIA	%
	欧洲气候交易所	欧盟碳排放配额	EUA	欧元/吨二氧化碳当量
		核证减排量	CER	欧元/吨二氧化碳当量
英国	伦敦国际石油交易所	鹿特丹煤炭期货	ATW	美元/吨
		英国天然气期货	NGF	便士/色姆
		布伦特原油期货	Brent	美元/桶
美国	GlobalCoal	ARA 三港煤炭交易价格指数	ARA	美元/吨

注：伦敦国际石油交易所（IPE）在 2001 年被美国洲际交易所（ICE）收购，因而也称作伦敦洲际交易所（ICE）。

以上各项数据均获取于万得咨询（Wind），期货价格均使用连续期货价格。数据区间为 2015 年 2 月 3 日至 2019 年 12 月 31 日，期间数据剔除了无效数据，包括部分市场的非交易日数据及缺失数据，剔除后共有 1209 个时间截面的数据。

在剔除无效数据后，将以上价格数据，转化为对数收益率。由于 2015 年来欧元利率长期处于负利率状态，因此对欧元利率的价格数据进行了向上平移，然后计算对数收益率。

表 2-3   基本描述统计量

变量	均值	中位数	最大值	最小值	标准差
EUA	0.0010	0.0012	0.1859	-0.1947	0.0300
CER	0.0018	0.0000	2.9444	-0.4055	0.0907
ATW	-0.0001	0.0000	0.1539	-0.1809	0.0151
NGF	-0.0003	-0.0004	0.3427	-0.1226	0.0291
Brent	0.0002	0.0010	0.1364	-0.0933	0.0223
WTI	0.0002	0.0013	0.1369	-0.0907	0.0234
ARA	-0.0001	0.0000	0.2388	0.2388	0.0193
EUR/USD	0.0001	0.0000	0.0528	-0.0297	0.0056
EUR/GBP	0.0000	-0.0001	0.0247	-0.0288	0.0053
EONIA	-0.0018	0.0000	0.6231	-1.1291	0.0683
变量	偏度	峰度	J-B 统计量	p 值	—
EUA	-0.3999	9.1207	1919.3943	0.0000	—
CER	28.2578	921.0046	42613549.1252	0.0000	—
ATW	-1.8100	42.7415	80221.9166	0.0000	—
NGF	1.6514	21.8773	18500.7081	0.0000	—
Brent	0.1776	5.9076	432.2283	0.0000	—
WTI	0.2039	5.7594	391.9381	0.0000	—
ARA	0.7819	40.4265	70685.4886	0.0000	—
EUR/USD	0.8175	11.6822	3931.9220	0.0000	—
EUR/GBP	0.0077	5.7569	382.8766	0.0000	—
EONIA	-3.8170	85.9805	349805.9643	0.0000	—

二 碳排放权交易市场风险因素边缘分布刻画

1. 风险因素的基本统计特征

表 2-4 显示了各个碳排放权交易市场风险因素收益率序列的基本描述性统计量。从中可以初步看出，各收益率时间序列峰度、偏度均不符合正态分布，J-B 统计量的结构也证实了这一想法，其中最为显著的就是 CER 序列，这是因为 CER 在 2015 年 3 月 23 日到 24 日，经历了 0.02～0.38（欧元/吨二氧化碳当量）的巨幅增长，其原因是《巴黎协定》提出对"京都模式"的改革，从而使国际气候谈判更加顺利，为市场带来了信心，使得 CER 价格大幅上升。

表 2-4　　　　　　　　　　　　ADF 检验结果

变量	ADF 统计量（10 阶）	p 值
EUA	−10.7650	<=0.001
CER	−9.8713	<=0.001
ATW	−9.4894	<=0.001
NGF	−11.2530	<=0.001
Brent	−11.1660	<=0.001
WTI	−11.2730	<=0.001
ARA	−10.5910	<=0.001
EUR/USD	−11.1500	<=0.001
EUR/GBP	−11.3190	<=0.001
EONIA（fixed）	−10.6640	<=0.001

　　对收益率序列进行描点，可以绘制收益率时序图，如图 2-1 所示。可以看出，所有碳排放权交易市场风险因素的收益率序列都围绕在零上下波动，直观上可以认为收益率序列平稳。可以通过 ADF 检验，确认收益率序列的平稳性，检验结果列于表 2-4。ADF 检验结果可以印证，各个收益率序列都是平稳的。

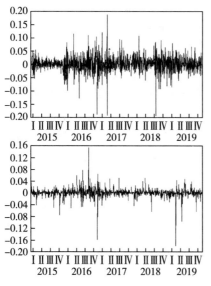
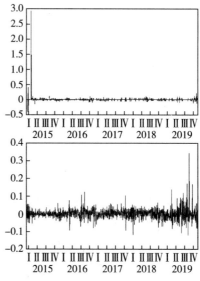

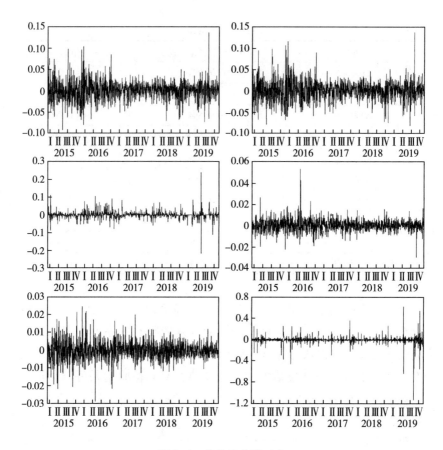

图 2-1 收益率序列时序

利用 QQ 图（图 2-2），对比各个时间序列与正态分布的分位数分布情况，可以进一步检验时间序列是否符合正态分布。QQ 图中曲线代表了收益序列的分位数分布，直线代表了正态分位数分布，根据 QQ 图的偏离程度可以看出，全部 10 个序列都存在着明显的厚尾特性，CER、ATW、ARA、EONIA 序列还存在着明显的尖峰特性，10 个序列都不服从正态分布。

2. 风险因素波动特征检验及建模

首先对各个收益率序列进行 Breusch-Godfrey 检验，对序列的自相关特征进行检验，检验结果如表 2-5 所示。

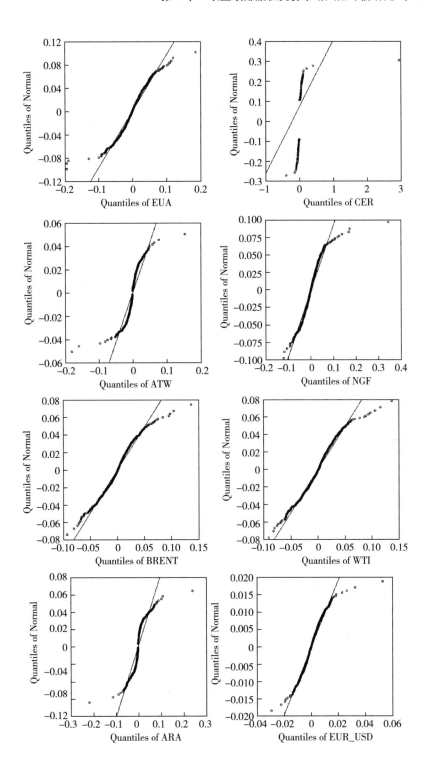

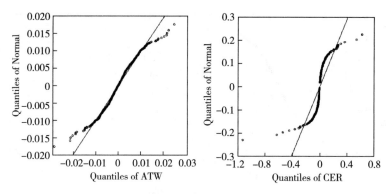

图2-2 风险因素收益率序列QQ

表2-5   BG 检验结果

	LM（1）	p值	LM（2）	p值	LM（3）	p值
EUA	6.0054	0.0143	6.0473	0.0486	7.5955	0.0552
CER	0.4823	0.4874	0.4844	0.7849	0.7174	0.8691
ATW	0.0522	0.8193	4.3332	0.1146	4.7764	0.1889
NGF	1.7430	0.1868	4.4666	0.1072	7.6089	0.0548
Brent	7.7005	0.0055	8.6820	0.0130	10.5838	0.0142
WTI	4.6109	0.0318	4.8136	0.0901	6.4081	0.0934
ARA	1.8858	0.1697	5.3624	0.0685	5.7397	0.1250
EUR/USD	0.7526	0.3857	0.8336	0.6592	2.9697	0.3963
EUR/GBP	0.0068	0.9341	0.2310	0.8909	0.7323	0.8656
EONIA	74.0300	7.6938E-18	86.5755	1.5862E-19	100.0292	1.5318E-21

注：LM（n）表示序列自相关滞后 n 阶的统计量。

    通过自相关检验可以发现，EUA、ATW、Brent、WTI、EONIA 五个序列都存在着显著的自相关关系。因此首先需要用 ARMA 模型描述各收益率序列的均值自相关关系，ARMA 模型阶数由信息准则在 5 阶以内确定。表 2-6 列出了这五个序列的 ARMA 模型阶数及其拟合优度、对数似然和信息准则值。

表2-6   ARMA 模型阶数

	p	q	总体方差	对数似然	AIC	AICc	BIC
EUA	0	1	0.000897	2526.572	-5049.14	-5049.13	-5038.95

续表

	p	q	总体方差	对数似然	AIC	AICc	BIC
ATW	1	2	0.000226	3360.045	−6712.09	−6712.06	−6691.70
Brent	3	0	0.000495	2886.632	−5765.26	−5765.23	−5744.87
WTI	3	0	0.000546	2827.781	−5647.56	−5647.53	−5627.17
EONIA	0	3	0.004291	1581.663	−3153.33	−3153.28	−3127.84

在确定了 ARMA 阶数后，对 EUA、ATW、Brent、WTI、EONIA 五个序列的 ARMA 模型拟合残差和 CER、NGF、ARA、EUR/USD、EUR/GBP 五个收益率序列分别进行了 GARCH 效应检验，检验方式采用 Ljung-Box Q-Test，检测阶数为 10 阶。

表 2-7　　　　　　　　　　　LBQ 检验结果

变量	卡方值	p 值
EUA	105.1600	<2.20E−16
CER	0.0082	1.0000
ATW	6.5657	0.7657
NGF	20.5127	0.0248
Brent	109.1382	<2.20E−16
WTI	193.9673	<2.20E−16
ARA	221.8784	<2.20E−16
EUR/USD	89.0080	8.44E−15
EUR/GBP	37.7338	4.22E−05
EONIA	25.0421	0.0053

注：2.20E−16 为计算工具最小精度。

可以看出除了 CER、ATW 两个序列可以大概率通过 LBQ 检验的零假设，即 10 阶以内不存在方差自相关，另外八个序列的拒绝零假设概率都在 0.05 以下，可以认为存在 ARCH 效应，因此需要用 GARCH 模型消除时间序列的异方差效应，表 2-8 为各序列的 ARMA-GARCH 模型阶数。

表 2-8　　　　　　　　　　ARMA-GARCH 模型阶数

变量	ARMA (p, q)		GARCH (r, s)	
	p	q	r	s
EUA	0	1	1	1
CER	0	0	0	0

续表

变量	ARMA (p, q)		GARCH (r, s)	
	p	q	r	s
ATW	1	2	0	0
NGF	0	0	1	1
Brent	3	0	1	1
WTI	3	0	1	1
ARA	0	0	1	0
EUR/USD	0	0	1	1
EUR/GBP	0	0	1	1
EONIA	0	3	1	1

3. 风险要素的边缘分布建模——核密度估计

在用 ARMA-GARCH 模型消除了各个时间序列的自相关和异方差特征后，其残差就可视为由其他风险因素带来的影响而产生的波动，对其进行核密度估计建立其概率分布。

核密度估计过程使用的窗宽值除 CER 序列外，都使用经验窗宽公式。由于使用经验公式确定的 CER 序列窗宽 0.2077 会导致过度平滑（如图 2-3 所示），因而采用人工方式调整其窗宽：自 0.0010 起，用二分法不

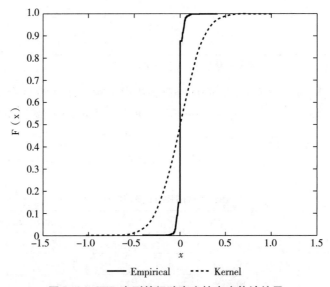

图 2-3　CER 序列的经验窗宽核密度估计结果

断尝试，取平滑程度和拟合程度都较好的结果，最终确定窗宽为 0.0080。

图 2-4 列出了所有风险因素收益率序列核密度估计的最终结果，图中将核密度估计的累积分布与经验分布进行了对比，可以看出对于 CER 以外的九个序列，其核密度估计分布与经验分布图像几乎重合，表明该估计方法对历史数据的拟合效果良好。

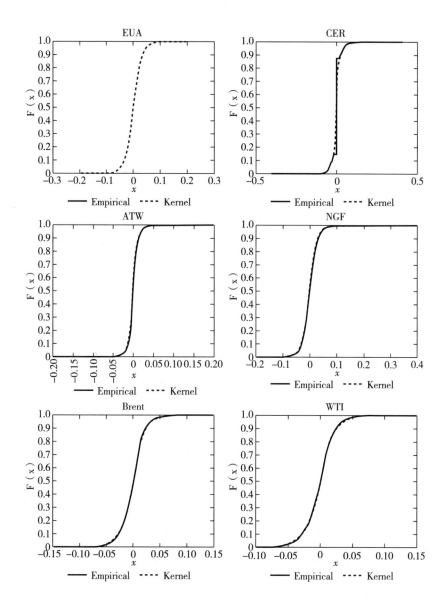

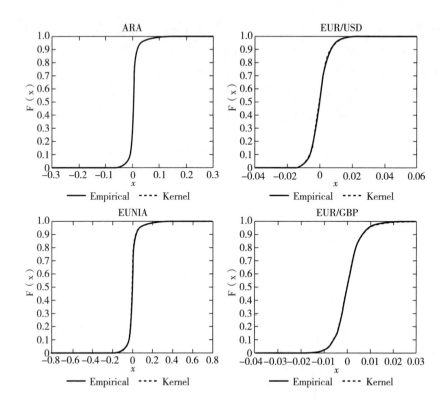

图 2-4 风险因素残差序列核密度估计结果

CER 序列的经验分布如图 2-5（a）所示，存在两个跳跃点（-0.0148，0.1489）和（0.0153，0.8768），图 2-5（b）为两个跳跃点的局部放大图。其产生原因是 CER 序列在绝大部分时间内（878/1209）为 0，且其两侧相邻区域（-0.0148，0.0153）内无值，因而产生了两个跳跃点。尽管其核密度估计结果因经过了平滑过程未体现这两个跳跃点，但这并不会对 CVaR 计算产生影响，因为 CVaR 的计算取决于随机变量的尾部分布，这也是风险管理的主要关注目标，即小概率的极端损失部分，0.1489 和 0.8759 两个分位值处于分布中部 80%（0.1000，0.9000）的概率区间以内，不在 CVaR 的计算范围之内。从图 2-4 可以看出，核密度估计结果对 CER 序列尾部的拟合状况也是良好的。

三 碳排放权交易市场风险因素联合分布刻画

在使用核密度估计方法确定了风险因素的边缘分布之后，需要使用 R-Vine Copula 刻画风险要素间的相依结构。Copula 模型要求输入数据为

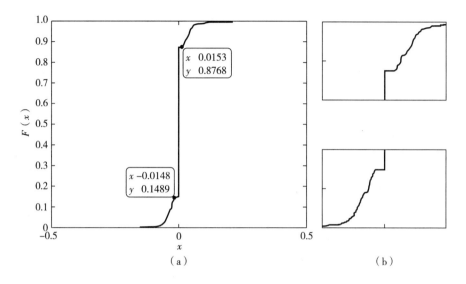

图 2-5 CER 序列的两个跳跃点

数据点所在位置的累计分布，部分应用 Copula 的研究，采用基于概率积分变换定理的反变换法。但要采用反变换法，需要随机变量有显式的累计分布函数，而核密度估计产生的累积分布不满足这一点。因此，本书采用伪观察值的方法来确定输入数据点的累计分布值，伪观察值的具体转换方法如下：

给定变量 X 的 n 个观察值 $x_i = (x_1, x_2, \cdots, x_n)$，$i \in \{1, \cdots, n\}$，其伪观察值 $u_i = r_i / (n+1)$，其中 r_i 表示观察值 x_i 在所有观察值 x_i，$i \in \{1, \cdots, n\}$ 的排名（升序）。

将伪观察值作为输入构建 Copula 模型，以 Kendall 的 τ 作为序列相关性的评判标准，并依据其选择 R-Vine 树结构。从 τ 值最大的两个序列开始，以其作为第一条边，按 τ 值降序依次将节点连接在一起，构成 R-Vine 结构的第一棵树（T_1）。图 2-6 与表 2-9 分别列出了树 T_1 的结构，以及树 T_1 上各条边所代表的 Pair Copula 的具体信息。

从图 2-6 可以看出，R-Vine Copula 树的结构可以在经济意义上合理地解释碳排放权交易市场受各风险因素影响的路径。EUA 市场直接受 CER 市场、欧元利率（EONIA）、原油市场（Brent）以及天然气市场（NGF）所影响；煤炭市场（ATW、ARA）则通过天然气市场间接产生影响；Brent 原油价格受同类商品 WTI 原油影响，也受到交易货币美元汇率的影响。

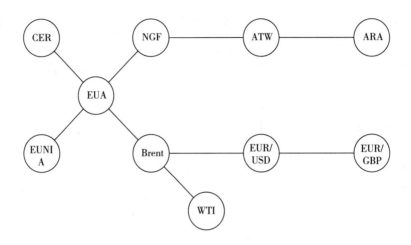

图 2-6　R-Vine 结构树-T₁

表 2-9　　　　　　　　　R-Vine 结构树信息（T₁）

u	v	种类	参数	τ	对数似然
EUA	CER	gaussian	0.094	0.06	3.9
EUA	EONIA	indep	—	—	—
EUA	NGF	gaussian	0.32	0.206	63.1
NGF	ATW	gaussian	0.32	0.208	64.4
ATW	ARA	t	0.32, 4.06	0.204	92.4
EUA	Brent	gaussian	0.21	0.133	26.1
Brent	WTI	t	0.93, 2.59	0.759	1239.3
Brent	EUR/USD	frank	0.61	0.023	6.2
EUR/USD	EUR/GBP	t	0.37, 4.70	0.24	111.9

四　碳排放权交易市场风险的 CVaR 度量

在得到了碳排放权交易市场风险因素的联合分布以后，利用 Monte Carlo 模拟计算方法来计算碳排放权交易市场风险的度量值 CVaR。

首先，通过 Package rvinecopulib 生成服从 R-Vine Copula 结构的 10000 组模拟值，然后取 EUA 序列下尾 5%（500 组）数据，用于计算置信水平 0.95 的 CVaR（$\alpha = 0.05$）。因 Copula 结构输出的模拟值与输入值相同，是伪观测值，也即 EUA 序列累计分布的概率值，需要对其进行变换，将其还原为概率对应的分位数。因为核密度估计所得分布没有显式函数，同理也不存在显式的逆累积分布函数，所以本书采用插值法进行伪观测值还原，具体方法如下：

对于伪观测值 F_i，有 $F_a < F_i < F_b$，且 $F_a \geqslant \forall F_k (F_k < F_i)$，$F_b \leqslant \forall F_k$ $(F_k > F_i)$，则伪观测值 F_i 的还原值：

$$x_i = \left[\left(x_a + \frac{(F_i - F_a)}{F_b - F_a} \times (x_b - x_a) \right) + \left(x_b - \frac{(F_b - F_i)}{F_b - F_a} \times (x_b - x_a) \right) \right] / 2 \qquad (2\text{-}17)$$

其中 x_a，x_b 是概率 F_a，F_b 在累计分布函数中对应的 x 轴坐标值。

图 2-7 展示了模拟数据的下尾 5% 数据经还原后的分布情况。

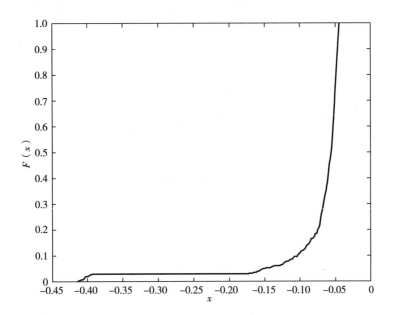

图 2-7 尾部损失分布

下尾部还原数据的最小值为 -0.4426，最大值为 -0.0449。对尾部所有还原值 x_i 求均值 $\overline{x_i}$，或者说，图中实线与 x 轴所围成图形的面积即为 CVaR = -0.0747。

为确定 CVaR 对碳排放权交易市场风险度量的有效性，有必要进行回测检验实际损失是否与预期一致。图 2-8 中 CVaR 曲线代表经由计算的 CVaR 预测的损失最大值，图中可见，EUA 收益率的实际波动范围绝大多数时间在 CVaR 的预计以内。经统计，对于样本区间内的 $T = 1209$ 个样本点,预测失败点有 $N=31$ 个,失败率为 $p=N/T=2.56\%$,可见本次实验中通过 CVaR 度量的碳排放权市场风险效果良好。

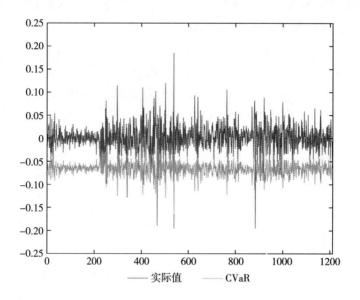

图 2-8 CVaR 回测效果

第六节 研究结论

通过本章的实证研究可以发现,碳排放权价格收益率残差序列具有明显的尖峰厚尾和波动聚集现象。所以,若采用传统的基于正态分布下的时间序列模型,就难以有效地刻画出碳排放权收益率残差序列的波动分布。本书的实证分析结果亦证实了所研究的碳排放权 EUA、CER 收益率的残差序列均不符合正态性。基于核密度估计方法得到的收益率残差分布具有对大样本而言较好的统计特性,能更好地拟合经验分布,因此可以用于描述序列的波动分布。而后,将计算出的波动分布引入 CVaR 模型中,可以计算得到指定置信水平下的风险水平。实证结果也显示,运用该方法所建立的度量模型具有较好的统计特性,可以认为,借助 AR-MA-GARCH 模型对碳价收益率的自相关和异方差性质进行刻画,并在此基础上建立 Copula 和 CVaR 模型是规避碳价风险的可靠方法。根据实证研究结果碳排放权交易市场波动特征，结合理论分析，对于完善碳市场给出以下建议：

对于碳市场的参与者而言，利用 Copula-CVaR 方法可以为风险管理提供科学有效的决策依据。Copula 模型能避免由于将不同来源风险简单加总而产生的风险高估情况，从而降低不必要的风险管理成本；CVaR 模型相较于 VaR 模型更充分地体现了尾部信息，能够避免交易者因忽略小概率下的极端情况而产生意外损失的风险。碳排放权投资者在市场波动较大的情况下，可以通过选择适当期限的期货进行套期保值来规避风险；在市场波动较为稳定时，则无须进行套期保值，从而能够降低风险管理成本。

对于市场决策者而言，碳排放权收益率的波动聚集性表明了碳市场是一个弱有效市场，这说明碳市场作为一个尚不成熟的交易市场，在受政策等外部因素冲击时所受影响较大且不易恢复。因此，对于碳市场监管者来说，为了保持市场稳定，可以引入创新的技术机制，以风险量化为核心，对碳市场的系统风险进行控制。同时，政策制定时应当尽量避免较大的政策变动，在推行新政策时也应给予市场足够的缓冲时间。

第七节 本章小结

温室气体减排是经济绿色发展的必然要求，而碳排放权交易则是其重要的市场手段。但碳排放权交易市场所受影响因素众多、波动幅度大，其风险的有效度量是众多企业重点关心的问题。本书运用 ARMA-GARCH 与 R-Vine Copula 模型构建碳排放权交易市场风险因素的联合分布，利用 CVaR 度量碳排放权交易市场风险，希望能给出企业参与碳排放权交易过程中风险管理的有效参考。本章主要研究工作如下：

（1）碳排放权交易市场风险因素分析。本书从碳排放权交易的同质商品、碳排放来源、碳排放权交易货币等多个方面探究了碳排放权交易市场的风险因素，对其进行识别与影响路径分析。

（2）风险因素分布的模型选择。风险因素分布的确定分为边缘分布与联合分布两个部分，通过 ARMA-GARCH 模型描述风险因素的自相关性和条件异方差性质，利用核密度估计方法确定边缘分布；通过 R-Vine Copula 模型构建风险因素的联合分布，较准确地刻画各因素间的相关结构。

（3）风险度量的实证研究。使用实际的金融数据获得风险因素的联合分布以后，利用 Monte Carlo 模拟方法计算出碳排放权交易市场风险的 CVaR 度量，并利用回测检验测试其效果。

第三章　欧盟碳排放权交易市场波动形成机理研究

第一节　引言

　　碳排放权交易市场波动涉及的因素极多，能源、电力和气候都是通过化石能源的消耗直接影响碳排放量，宏观经济、金融市场等则是通过市场状况间接影响企业生产进而影响碳排放量。只有了解市场波动的根源和机理，才能由内至外合理分散风险，完善碳交易市场的结构。因此，研究影响 EU ETS 市场波动的因素是作出合理决策的基础，更进一步，当我们了解了这些影响因素对碳市场波动的作用机理，就能采取更加有效的措施去平抑波动，使得不确定因素更少，让市场更加有效，经济发展更加平稳。现如今，碳排放权交易权不仅是碳市场上的一种产品，更是金融市场的一种交易产品。碳价波动在通过碳市场影响居民生活、企业生产和政府决策的同时，也通过金融市场影响了市场参与者的买卖决策，从而影响整个市场的信息透明度和有效性波动。通过脉冲响应监测所研究的环保技术、碳税、碳期货价格影响因素对于经济增长、居民就业、环境质量、碳排放量等的影响方向和幅度，据此可以分析这些影响因素对于碳市场波动的路径，进而在环保技术、碳税、碳期货定价等方面给出一些可供参考的建议，从而使得相关部门可以更加有效地管理碳市场的交易风险，寻求更加有效的定价，使得市场公开透明，从而对实体经济的发展和现实减排效果的提高给予更好的支持。

　　我国当前大力促进碳市场的建设，以碳交易试点为前行者，在全国各地先后设立了 9 家碳试点交易所，并着手推动全国碳市场的建设。但在碳价发现、产品多样化、风险规避及机制完善等方面还存在提升空间，这些新型的影响因素也是我国发展统一碳市场所要进一步关注的，对于我国统一碳市场的构建、市场机制的完善有着重大的参考意义。因此，我们通过对欧盟碳排放权交易市场波动的形成机理研究，找出市场波动的根源及其波动的响应机理，据此为国内碳市场的进一步完善提出可供借鉴的建议。

基于环境与经济发展不协调，以及我国统一碳市场运行的背景，通过从三个方面对国内外研究现状的梳理，对欧盟碳市场现状有了基础的了解之后，构建 DSGE 模型、参数校准，对环保技术、碳税和碳期货价格这三个外生冲击进行脉冲响应分析，挖掘出影响因素对市场波动的作用机理，据此为碳排放权交易市场中的不同主体提出对策建议，以达到进一步完善欧盟碳排放权交易市场的作用，同时为我国统一碳市场的运行也提供了有效的借鉴。

第二节 文献综述

一 碳排放市场波动影响因素的研究

对于欧盟碳排放权交易市场波动影响因素的研究十分丰富，现有研究主要从以下几个方面开展了研究并获得了研究结论。

1. 政府政策

包括各类环保减排政策的制定出台和碳税的征收。环保减排政策的制定会给居民和企业以警醒，再次明确"警戒线"；而最主要的政府政策当属碳税的收缴，碳税的收缴将会间接增加企业生产成本，减少企业利润，企业因此缩减规模，想要扩大生产的企业就需要在金融市场上购买碳排放配额，因此碳价将会走高，最终减少碳排放量，使环境质量得到改善。碳税政策的低实施成本和强执行力最早被研究，但是却有不同的声音，Pearce 第一次提出了碳税的"双重红利"，之后 Barker 等一众研究人员认可"双重红利"的存在，征收碳税不仅能够促进减排，还能够促进经济增长（Pearce，1991；Barker et al.，1993；Wissema，2007；张景华，2010）。碳税税率对于区域经济发展效率与公平的冲击效应是正向的，税率越高，效应越强。碳税的效率高低不仅取决于税率本身和企业排放量，还取决于温室气体对环境的破坏作用，温室气体对环境破坏力越小，企业的环保创新能力越高，总产出和碳排放量越低，社会福利越高；反之，亦然（Reza Farrahi Moghaddam，2013；姚平，2017；张盼、熊中楷，2018）。为了寻找碳减排和经济增长"双重红利"，混合政策的概念被提出，碳排放量较低的公司将获得补贴，而碳排放量较高的公司将被征收碳税，避免了单一补贴政策的挤出效应和单一碳税政策的经济负面效应，"双重红利"是通过减排与经济增长相结合而实现的（蔡栋梁等，2019）。考虑到环境污染问题，为了减少温室气体排放实施碳税政策，开始采用一般均衡模型（GEM）研究了碳税对宏观经济和工业部门的影响（Mojtaba Khastar et al.，2020）。

而相反观点认为征税不仅对减排无效，且会严重影响居民生活质量，认为"双重红利"的实现是要有技术进步等前提条件做基础。大多数研究人员认为碳税对减排是有一定效果的，但是通常不会带来经济增长（Klimeko et al.，1999；Boyd et al.，2002；杨小宁，2017）。相对于碳交易，碳税是政府的强制性手段，实施成本低，执行力强，但是不能保证减排效果，且碳税政策的实施短期效果明显，但是长期对减排的作用并不明显。在征收碳税的政策下，随着碳税的提高，企业能源使用成本上升，企业的总产出减少，期望利润也会随之减少（韩国栋，2017；李优树、张坤，2017）。对碳税政策和企业减排投资之间的关系进行研究，发现不是对所有的企业征收高额碳税都会减少碳排放，对进行减排投资的低排放企业，适当提高税率可减低平均碳排放量，而对于进行减排投资的高排放企业，降低碳税税率、给予减排投资一定的补贴，将会激励其进行减排，而且增加产量（程永宏等，2017）。尽管碳税对经济增长产生一定的负面影响，但是在各种减排措施中却是重要的经济和政策手段之一（高志宏、郝海然，2018）。

也有少部分研究人员并没有着重研究碳排放和经济增长之间的关系，只是专注研究碳税等政府减排政策对于环境改善的作用。不仅是研究对碳排放征税，还估计了燃油税改革的潜力，结果发现取消对柴油的税收优惠和引入基于碳含量的税，都可以避免大量的有害健康的空气污染物排放（Anne Zimmer & Nicolas Koch，2017）。碳税具有环境效益，提高税率可以减少温室气体的产生，进一步的数据显示，每吨碳税增加 1 欧元可将人均年排放量减少 11.58kg（Miroslav Hájek et al.，2019）。

2. 分配方式

根据分配碳权的两种倾向：按照人均进行公平的分配和按照 GDP 进行的效率分配，二者所强调的目标不同，人均碳排放量与 GDP 的混合将更适合于国家、地区（陈文颖、吴宗鑫，1998；Qiwei et al.，2019）。提出排放权分配首先要经历"自下而上"和"自上而下"两个阶段，企业的实际排放总和不得超过其上报后委员会分配的排放总量。"碳预算"方案是各国在公平与政治可行之间寻求平衡的表现（Ellerman & Joskow，2008；王文军、庄贵阳，2012；Jiuping Xu et al.，2016）。从碳排放权的基础理论出发，通过对国内外碳排放的初始分配模式进行对比，结合实际说明免费分配与公开拍卖相结合的分配方式比较符合发展。研究发现通过碳排放交易的初始分配只要是免费的，那么消耗燃料的工厂和企业总是会通过电力等产品的价格上涨带来一笔额外的收入。说明那些由于配额拍卖方式导致竞争力受到影响的企业，免费配额只是一次性的政府补助，却不能改善边际成本，而从长远来看，由于配额拍卖带来的激励将会促使其加大环保技术的研发力度，从而增强自身的竞争力，效果更佳（Frank Ackerman et al.，1999；鲁炜、崔丽琴，2003；安丽、赵国杰，2008；饶蕾等，2009；袁溥、李宽强，2011；Cameron J. Hepburn et al.，2013）。

3. 其他影响因素

（1）能源，包括煤炭、石油、天然气。研究表明能源价格对 EUA 价格产生负面影响，当化石燃料的价格走高时，消耗成本相对就会上升，人们就会减少使用量，碳排放量也因此减少，碳价会相应走低，环境得到改善（朱勤，2009；Takashi Kanamura，2016）。煤炭市场与碳市场的正相关性最高，其次是天然气和石油市场，而且对于三种化石能源，其价格下跌对碳价波动的影响大于相同程度的价格上涨（Yue-Jun Zhang & Ya-Fang Sun，2016）。主要能源价格对 EUA 期货价格影响明显，具体而言原油期货与 EUA 期货价格呈负相关关系，欧盟煤炭期货与 EUA 期货价格呈正相关关系（谷均怡，2016）。碳排放配额价格受煤炭价格影响，与原油和天然气价格无显著正相关（Shihong Zeng et al.，2017）。利用格兰杰因果方法检验出能源消耗与碳排放存在单向因果关系（Syed Jawad Hussain Shahzad et al.，2017）。能源结构、产业结构和二氧化碳排放负相关（Jing-Yue Liu，2018）。原油、天然气和煤炭三类化石能源期货市场与碳排放市场之间的波动溢出效应，采用 RP 和 RQA 方法发现煤炭市场与碳排放市场之间的波动溢出最强（Qi Wu et al.，2020）。

（2）可再生能源，主要指新型绿色可再生能源。促进新的绿色可再生能源将逐步取代化石燃料的使用，减少二氧化碳等温室气体的排放并清洁空气，改善环境。促进可再生能源并提高节能率的技术份额是欧盟寻求减少温室气体的最重要措施（Erik Delarue et al.，2016；Genovaitė Liobikienė & Justina Mandravickaitė，2016）。航空、工业、电力部门是减排的关键部门，且可再生能源的占比和能源使用效率的高低均会影响碳排放（王文举、李峰，2016）。生物柴油产量的大幅增长能够减轻二氧化碳排放的不利影响（Anupam Dutta，2019）。齐绍洲等（2019）应用模型证明了 EUA 价格与可再生能源专利数量的正相关关系，且碳价格的激励效应明显。可再生能源和能源价格对二氧化碳排放产生负面压力，可再生能源消耗与二氧化碳排放没有因果关系，而是通过直接影响能源价格而间接影响二氧化碳排放（George N. Ike et al.，2020）。

（3）电力，包括电价高低、发电燃料。通过能源消耗进行的火力发电是二氧化碳排放的主要影响因素，但是通过新能源发电技术的提高，促进电力企业科技创新，推动碳技术的应用会大大减少二氧化碳排放量（Anthony Paul et al.，2013；王飞，2016；李亚春，2019）。在不同的时间尺度上，电力的影响出现得相对较早，从较短的时间尺度驱使碳价并持续走强，而煤炭、石油、天然气价格的影响相对滞后，分别在中长期和长期范围推动碳价（Bangzhu Zhu et al.，2019）。基于二维经验模式分解将碳价和电价分解为一系列不同频率的简单模式，结果显示高频模式的风险高于中低频，电力市场对碳市场具有负的风险溢出，发电燃料的消耗成本上升会提高电价，电价的提高会让人们更加节约用电，用电量的减少，会使电力部门考虑供给量和价格的平衡点，发电燃料的消耗也会相应减少，因此高电价下的碳排放量将会减少（Bangzhu Zhu et al.，2020）。

（4）碳衍生品，通过对碳衍生品以及在金融市场上的交易，使得碳价更能反映市场供求情况，当企业碳配额紧张时，将高价购入配额及其衍生品，碳价的上涨就能反映当前的碳排放量高居不下的情况。欧盟碳排放市场第一阶段的碳衍生品之间的价格关系中，第一阶段碳现货和碳期货之间的关系可以应用 holding-cost theory 来解释，且碳期货确实具有

价格发现功能；随后对欧盟碳排放第二阶段碳现货和碳期货之间的价格
关系研究，再次印证了期货市场的价格发现作用（Marliese Uhrig-Hom-
burg，2009；Rittler D.，2012）。碳期货市场上 EUA 和 CER 价格之间的
关系显示 EUA 价格的引导作用显著，但随着发展而减弱（李晏、刘伟
平，2017）。通过计量经济学手段探究了欧盟碳期货和现货价格的关系，
误差修正模型显示 EUA 期货对现货市场具备价格发现功能（华欣、安园
园，2019）。碳金融体系的完善有利于地区内市场规模的扩大，且市场规
模与碳价之间的关系受到碳排放权稀缺性高低的影响（王庆龙、刘力臻，
2018）。碳金融资产的泡沫风险、次级碳的系统性信用风险、碳金融创新
的资产证券化风险都是欧盟碳金融交易风险的形成原因（高令，2018）。
碳金融发展水平对当地产业结构升级的正向作用，而且经济发展水平不
同，政策支持也会有所不同（彭宇文、邹明星，2019）。通过探究欧盟碳
期货的动态变化规律，说明完善碳期货市场应从设置波动区间、允许跨
期交易、加大政府补贴这三个方面入手（吕靖烨等，2019）。欧盟碳期货
的量价之间的 MF-DCCA 研究发现价格与交易量之间存在非线性关系和幂
律互相关（Shaohui Zou et al.，2020）。

（5）金融市场，包括股票指数、金融中介机构的库存量以及各国之
间的贸易量。金融市场中股指的变动反映了一国经济的走势，从侧面体
现了宏观经济的发展情况，股指低迷时，相应的产出、消费、投资都会
减少，产出的减少就会直接导致碳排放量的减少。供求关系的角度表明，
不同时期影响碳排放配额的因素有所不同，碳期货价格不受石油期货指
数的影响（郑春梅等，2014）。不同交易者和重要的交易活动中，金融中
介扮演了灵活的交易者，金融中介的碳排放量库存量的多少会通过市场
上的供求状态影响碳价及碳排放量，当供不应求时，碳价就会走高，此
时的碳排放量也居高不下。波动率较低时，工业公司的交易更为频繁，
而波动率较高时，能源部门的交易更多（Anca Claudia Balietti，2016）。
"合规交易"和金融中介机构的库存解释了碳价格的趋势，而"不合规交
易"则解释了碳价格的波动（Jiqiang Wang et al.，2019）。多重分形趋势
互相关分析技术研究发现碳和股票之间小波动的互相关是持久的，而大
波动的互相关是反持久的（Sheng Fang et al.，2018）。各国之间的贸易量
会通过产出影响碳价，当出口国的净出口量增加时，国内产出就要相应
增加，因此出口国贸易中所包含的碳排放量随着贸易量的急剧增加而显

著增加，为了达到减排目标就需要购进碳配额，碳价就会因此变动，通过贸易进行的碳转移主要集中在碳密集型工业部门（Qiang Wang et al.，2019）。

二　基于 DSGE 对碳排放交易市场波动的研究

近年来国外学者尝试应用动态随机一般均衡模型（DSGE）对环境问题进行研究，Dhawan R. 等、Angelopoulos 以及 Fried 等从环境问题起因的微观角度出发，构建了经典的 DSGE 模型，引入技术冲击、能源价格冲击等研究其对于环境的影响，其为学者应用 DSGE 模型研究碳排放问题奠定了基础（Dhawan R. et al.，2010；Angelopoulos et al.，2013）。带有环境约束的 DSGE 模型发现生产技术对经济发展的有直接作用，对减排有间接作用；但是，环保技术对经济促进的影响是间接的，对减排的局限性有直接影响，短期效应明显（郑丽琳、朱启贵，2012）。三部门的动态随机一般均衡模型研究结果表明能源价格和环保技术对碳排放量的负效应持续性较强，而生产技术长期反而会导致碳排放量上升（武晓利，2017）。包含能源价格波动的 DSGE 模型研究表明能源价格冲击对减排的作用为正向，且作用强度稍微大于技术冲击，但是持续期较短（朱智洺、方培，2015）。在 DSGE 模型中引入了技术、碳税和能源价格三种冲击，研究表明碳税冲击在短期不利于经济增长，但中长期能够提高环境质量（王书平等，2016）。基于居民、企业、政府的三部门 DSGE 模型分析，发现技术进步、研发投入、环境治理投资可以通过降低碳排放强度来实现减排目标，总体上还可以实现经济增长和环境改善的双赢（孙建，2020）。在 DSGE 模型中考虑了金融摩擦和内生企业进入影响，发现碳减排适度激励能够促进环保企业进入市场，且短期碳减排约束抑制金融加速效应，促进低效能企业转型升级，因此降低企业进入门槛起关键作用（孙作人、吴昊豫，2018）。

包含家庭、企业的两部门 DSGE 模型，对碳排放强度、排放上限和碳税三种政策对减排与经济增长的影响进行比较，碳排放强度政策对经济增长的消极影响最小（Fischer C. et al.，2011）。在 DSGE 模型系统中比较了不同政策的优劣，研究发现碳排放强度政策更能在达到减排目标的同时促进经济的平稳增长，且社会福利的损失最小（杨翱等，2014）。研究碳税与碳排放配额及电力行业的关系，发现碳税税率不仅随着经济周期变动，而且征收碳税对经济发展不利（Heutel G.，2012；Benavides C.

et al.，2015）。通过开发多部门的商业周期模型，分析了碳排放上限和碳税对于减排的影响，尽管上限制度对实际变量的波动影响小于税收制度，但是从福利的角度看，税收制度更为可取；更进一步地，不同的部门受到冲击，不同的制度效果也存在差异，能源部门受到冲击，效果同上，上限制度有更低的波动性，但有更高的福利成本，而非能源部门遭受冲击，两种制度并没有显著的差异（Yazid Dissou & Lilia Karnizova，2016）。在 DSGE 模型中专注于一种特殊的投机存储机制，考虑了前瞻性投机者的存在，由于化石燃料价格受制于该机制，因此投机者的存在提高了税收政策在减少化石燃料使用方面的有效性，然而提高政策有效性的代价不仅抑制了产出，而且推动了通货膨胀和利率的上升（Semih Tumen et al.，2016）。进一步研究环保政策及环境消费偏好对环境及经济的影响，发现环保技术能够实现减排和经济增长的双重目标，征收碳税和政府治污支出虽然改善环境质量但是对经济增长存在负效应，总体而言，支持环保技术并加大政府治污力度是协调经济增长和环境质量改善的关键（武晓利，2017）。应用 DSGE 模型研究了不同环境政策对于减排和经济增长的影响，分析表明各种环境政策都是反周期的，其中相对于环境税率冲击和排放上限冲击，排放强度冲击将会产生更大的影响，排放强度政策对抑制经济波动的影响最大（Bowen Xiao et al.，2018）。只有在 DSGE 模型框架中同时考虑污染和宏观经济波动这两个变量时，环境政策才有效，且强烈建议实行更广泛的碳税改革和积极的货币政策，以减少碳排放并激励新的可再生能源投资者，笔者认为朝着无碳环境迈进的政策方向如果得到适当引导，将对脱碳产生积极影响（Olatunji Abdul Shobande et al.，2019）。

基于投入产出结构的 DSGE 模型从福利和经济角度研究了碳减排政策的有效性，研究发现相对于所有行业，高能耗行业碳减排对社会福利的负面影响较小，对总产出的消极影响较少，而在促进就业的作用上效果次于所有行业的碳减排（Tongbin Zhang，2019）。区别于以往的环境政策分类，将其分为技术推动措施和需求拉动措施，研究发现，由于通过实施技术推动措施，可再生能源价格的估计要早于需求拉动措施，因此基于技术推动措施的环境政策可能会比基于等额补贴政策的需求拉动措施产生更好的动态效果（Amedeo Argentiero et al.，2018）。则基于 DSGE 模型系统比较了数量型（限额交易）和价格型（碳税）减排工具的作用，碳税工具有利于消费，而限额交易工具的优势在于降低经济波动和环境质量的改善，消费和环境质量对消费者福利的影响程度决定了工具政策的优劣（张涛、任保平，2019）。E-DSGE 模型比较了财政、货币政策等标准的宏观经济工具和碳税在减排方面的有效性，分析表明在全要素生产率冲击作用下，财政政策是唯一可以维持碳排放水平并同时改善消费和劳动力方面家庭福利的政策；且碳税政策应补充货币政策，而不能仅限财政政策（Ying Tung Chan，2020）。

三　国内外研究现状评述

国内外在研究欧盟碳交易波动影响因素时对于化石能源消耗方面的研究较多，对于煤炭、石油、天然气与欧盟碳价的关系、能源使用效率的减排效用以及延伸的可再生能源、清洁能源的使用与碳价波动的关联研究较为全面彻底。而电力部门等带来的碳排放波动，其实还是由于化石燃料的消耗的变化所带来的碳价波动。此外，国内外还对政府碳税的收取、金融环境、衍生品等因素进行了拓展研究。以上归纳对本书的研究有着基础性的先导作用。总结来说有以下几点不足：

1. 缺乏系统性研究方法的应用

应用时间序列方法及结构方程来研究波动及影响因素是目前较为常见的方法，但是本书将致力于寻找各个影响对整个市场的冲击影响，以及这些冲击本身所属的市场之间的关系，因此需要一个更为系统的模型来进行描述。且在以上研究中，碳市场与其他市场的关联分析是分开进行的，大多仅研究碳市场与某一市场之间的关系，例如，研究能源部门对于碳市场波动的影响等，仅从一个角度出发，虽然研究足够深入，但不够全面，也没有考虑到市场之间的关联影响。

2. 低估了金融市场在整个碳排放权交易市场分析框架中的作用

动态随机一般均衡模型（DSGE）是进行系统性分析的好方法，国内外都涉及应用 DSGE 模型进行有关碳排放交易市场的研究，但是应用 DSGE 模型对碳排放权交易市场波动的研究通常只包括家庭、企业和政府三个部门，没有考虑到金融市场在碳排放权交易市场分析框架中的影响，使得系统性的分析不够全面。本书考虑了碳衍生品的交易，在 DSGE 模型构建中加入金融部门，使应用 DSGE 模型对碳排放权交易市场波动的研究更为全面。

3. 忽视了碳期货价格对碳排放权交易市场波动的重要影响

现有研究考虑了能源、电力、技术、气候、政府政策、分配方式、宏观经济等众多因素对碳排放权交易市场波动的影响，但是没有对碳期货价格这一重要的影响因素进行研究。碳排放权作为一种"商品"不仅在碳市场中进行交易，其衍生品包括期货、期权等合约也在金融市场进行交易买卖。金融市场是较为敏感、较为透明的市场，碳期货的价格，代表了碳金融市场、衍生市场的交易情况，且数据较为易得。碳衍生品对于信息的反应、对于碳价的价格发现作用以及对于碳排放交易中的风险管理等都应该引起我们的重视。

基于以上不足，本书将应用 DSGE 模型进行更为系统的研究、将金融部门在整个碳排放权交易市场中的作用考虑进分析框架中，加强对碳期货价格等碳衍生品因素的重视，使应用 DSGE 模型对碳排放市场波动研究的分析得到进一步的拓展，并为政府及相关主体的政策制定提供借鉴。

第三节　影响因素作用机理及模型选取

一　碳排放权交易市场波动的影响因素及作用机理

在以往的研究中，碳税、能源、电力、生产技术、市场环境等因素对于碳排放权交易市场波动的作用机理均有详细研究。通过考虑环境治理的直接现实性、我国统一碳市场建设及运行的需要以及碳衍生品交易的重要性，在模型框架分析中着重研究环保技术、碳税及碳期货价格对于碳排放权交易市场波动的作用机理。

（一）碳税对碳排放权交易市场波动的作用机理

碳税目前在我国并未施行，是针对企业生产过程中排放的以二氧化碳为主的温室气体进行征收的特殊税种，政府碳税的征收具有强制性。对于企业来说，碳税间接增加了企业的生产成本，企业间就会在市场上进行配额交易，碳价就会走高。企业的利润相对减少，居民收入、消费、投资相应减少，企业规模缩减，失业率上升。

（二）环保技术对碳排放权交易市场波动的作用机理

环保技术不同于生产技术，生产技术直接提高企业的全要素生产率，从而通过生产函数提高生产效率，对于碳排放权交易市场的作用效果不易控制。环保技术则是在企业产生过程中引入的一种绿色技术，对企业生产规模与效率不造成影响，而是针对生产过程中的废气、污染物的排出进行处理的一种专门技术。企业生产过程应用环保技术，对市场上的碳配额需求减少，碳配额供过于求，价格下跌，减排成本相对降低，利润相对提高，带来居民收入、消费、投资都得到增加，企业生产规模继而扩大，劳动力就业增多。

（三）碳期货价格对碳排放权交易市场波动的作用机理

碳期货是在将来进行交收或交割的二氧化碳排放量，一定程度上可以体现市场对于碳配额的供求关系。碳期货价格提高类似于碳税的征收，都属于价格类的成本变化，不同的是碳税征收具有强制性，而碳期货价格主要由市场自行变动。碳期货价格提高，反映了一定的市场情绪，企业减排的成本相对提高，企业的利润相对减少，居民收入、消费、投资相应减少，企业规模缩减，失业率上升。企业规模缩减使得碳排放量减少，对于碳期货的需求减少，价格下跌，企业减排成本相对下降，利润回升，居民收入、消费、投资等相应增加，企业规模扩大，失业率降低。

二　模型比较与选取

关于市场波动的研究方法方面，存在很多不同的方法及方法的结合。大量的已有文献从波动产生的原因、波动的特征、波动的预测等方面对各式各样的波动进行了大量的研究。在关于市场的波动性研究中，现有的波动性研究方法主要包含时间序列分析和结构方程模型（SEM），而时间序列分析方法主要包含 GARCH 类模型，VAR 族模型、Copula 方法。本书将对这两类模型的应用分别进行概述。

现有关于金融方面的研究多采用时间序列进行分析，包括 GARCH 模型及一系列衍生的拓展的 GARCH 族模型、VAR 模型和 Copula 分析方法。GARCH 族模型主要是为了解决时间变量的方差恒定假设而出现的研究方法，通过对方差的模拟更加准确地把握时间序列的波动性变化。VAR 模型将多个内生变量描述为其过去值的线性函数。Copula 函数实际上是将分布函数与它们各自的边缘函数联系起来的函数，有效地描述了变量之间的相关性。这三类时间序列分析方法的应用现状如下文所示。

时间序列通常因变量单一，假设条件较严格，系数可反映因变量与内生变量之间的关系，但是不能反映各内生变量之间的关系。结构方程模型实际上是对一般线性模型的拓展，不仅可以反映因变量与内生变量之间的关系，还反映了各潜变量之间的相互关系，对测量误差有较大的包容性，能够评价多维和相互关联的关系。但是结构方程重在研究结构，对于因果关系的解释力不强，需要足够的样本数据进行拟合。与时间序列模型和结构方程模型相比，DSGE 模型有着以下独特的优势：

（1）DSGE 模型是结构性模型，这也意味着数据的拟合要依赖于经济背后的基本驱动力，即外生冲击。然而这些外生冲击往往是不可观测的，需要使用诸如贝叶斯估计的方法将其从数据中"提取"出来，并同时估计出某些结构参数的值。在有了"估计"的参数值和外生冲击后，可以解释过去，并预测未来。

（2）DSGE 模型对高度复杂的经济现象做出简化，强调宏观经济的微观基础，并最终使用一系列均衡条件（包括最优化一阶条件、市场出清条件等）和少数变量（内生和外生变量）来表征经济整体，在一定程度上有其合理性和有用性。

对于欧盟碳排放权交易市场波动的研究，对于既能研究宏观波动问题，又能基于各个微观行为主体进行研究的 DSGE 模型无疑是研究波动形成机制的绝佳分析框架。且近年来已有学者尝试使用 DSGE 模型研究环境经济学和能源经济学领域的问题，DSGE 模型也通常被用于解释各种冲击给经济系统带来的周期性影响。因此，作为研究不同外生冲击下的碳排放权交易波动形成机制的理论工具，DSGE 模型具有内在优势。

三　DSGE 模型概述

标准的 DSGE 模型处理包含五个步骤：模型构建、参数校准、对数线性化、脉冲响应、结论及分析。

首先，要定义模型均衡。这包括界定模型内生变量和均衡条件（Equilibrium Conditions）。除预先决定的内生变量外，内生变量一般需要依据模型的外生变量或状态变量来决定。模型均衡条件一般由最优化问题的一阶条件（FOCs）和非一阶条件（如预算约束、资源约束等条件）组成。值得注意的是，模型均衡要求内生变量的个数和均衡条件的个数必须相等，否则无法继续求解，这是求解的必要条件。

其次，确定模型结构参数。一般来说，模型结构参数在求解之前必须已知。结构参数可以通过校准或估计的方法获取其值。参数校准通常从数据中依据某种算法计算数据的某一统计值作为参数的值。比如，消费占产出的比值。当然也可以从经典的文献中借鉴。参数估计是使用某种统计方法和统计数据，估计一个或多个参数。常用的参数估计方法有贝叶斯估计、最大似然估计等。

对数线性化是将各行为主体的非线性决策方程组在稳态值附近进行对数线性化，使之成为线性方程组。这不仅可以大大简化模型的求解和动态参数的估计，还能够保证对经济波动问题分析的精确度。

经过对数线性化后，碳排放交易系统可以由线性方程组来表示，这时可以采用 Dynare 来进行动态模拟，模拟的结果即可得到脉冲响应图，也就是各变量在外生冲击下的变化。

最后，进行后续分析。根据脉冲响应图分析波动的传导路径。需要指出的是，泰勒近似求解算法给出的解是局部解，而非全局解。这是因为泰勒展开定理本身要求基于某个给定的点来近似逼近。在 DSGE 模型求解中，这个点往往是系统所谓的"稳态"。

第四节　DSGE 模型构建与实证分析

一　DSGE 模型构建

（一）四部门模型构建

本书构建了一个四部门 DSGE 模型，我们假设在欧盟碳排放权交易中存在四类行为主体：家庭、控排企业、制定减排政策的政府和对碳排放供求进行优化配置的金融部门。该模型的逻辑如下：家庭是消费者，是企业的所有者和经营者。家庭向企业提供劳力和资本以获取收入，缴纳一次性税费后进行消费和投资。同时，每个家庭在生活过程中都享受环境带来的效用。控排企业在生产中使用劳动力和资本，其中使用化石能源会产生二氧化碳，政府将根据碳排放量征收碳税。且当碳排放配额富余时可以在金融市场上进行交易。政府收取碳税，将所得碳税收入全部用于环境质量改善的基础建设。金融中介机构根据控排企业碳配额及其衍生品的供给和需求进行交易，获取差价利润，实现资源优化配置。

本章建立了四部门 DSGE 模型，在市场清算，竞争完全和信息完整的假设下，将环保技术，碳税和碳期货价格添加到模型冲击中，研究欧盟碳排放权交易中各方面冲击对市场波动形成机制的影响。

1. 家庭部门

在既定的资本和劳动力约束下，消费，休闲和环境的效用最大化：

$$\text{Max} \sum \beta^t U(C_t,\ L_t,\ h_t) = \text{Max} \sum \beta^t [\ln C_t + \tau \ln(1 - L_t) + \ln H_t] \quad (3\text{-}1)$$

其中，β^t 为贴现因子。L_t 为 t 时期的劳动，C_t 为 t 时期的消费，假令 t 时期的劳动总量被单位化为 1，则 $(1 - L_t)$ 则为闲暇时间。τ 为相对于消费而言，对闲暇的偏好。H_t 为 t 时期的环境质量。

t 时期，家庭面临的约束条件为：

$$W_t L_t + R_t K_t = C_t + I_t \quad (3\text{-}2)$$

其中，W_t 代表工资率，R_t 代表资本收益率，I_t 为 t 时期的投资。

同时假设投资与资本存量的关系为

$$K_{t+1} = I_t + (1 - \delta) K_t \quad (3\text{-}3)$$

第 $t+1$ 期的资本存量表示为 K_{t+1}，t 期的投资表示为 I_t，资本折旧率为 δ。

$$H_t = (1 - \theta) H_{t-1} - CE_t + \omega G_t \quad (3\text{-}4)$$

其中，θ 代表环境自我净化能力，ω 代表政府治污对环境的改善程度。

2. 企业部门

生产过程中，需要技术、资金、劳动力投入，同时会被政府根据碳排放量的多少来征收碳税，且当碳排放配额富余时可以在金融市场上进行交易，最终要最大化预期总利润的。

在完全竞争市场情况下，所有厂商拥有同样水平的生产技术，且雇用私人劳动和使用私人资本进行生产。本书基于 C-D 生产函数得出企业的生产函数，并假设生产规模报酬不变，企业的生产函数如下：

$$Y_t = A_t K_t^{\alpha} L_t^{1-\alpha} \quad (3\text{-}5)$$

其中，产出表示为 Y_t，技术水平表示为 A_t，企业资本投入表示为 K_t，企业劳动投入表示为 L_t；资本的产出弹性表示为 α，$\alpha > 0$。

假设碳排放量 CE_t 主要是由企业部门产生的，且 t 期的碳排放量与产出 Y 为正向关系，与环保技术 ET 为负相关。本书假设在 t 期产生的碳排放量为：

$$CE_t = \varphi Y_t / ET_t \quad (3\text{-}6)$$

其中，基于产出的碳排放强度表示为 φ，t 期的环保技术水平表示为

ET_t。ET_t 服从一阶对数自回归：

$$\ln ET_t = (1-\rho_{ET})\ln ET + \rho_{ET}\ln ET_{t-1} + \varepsilon_t^{ET}, \quad \varepsilon_t^{ET} \sim N(0, \sigma_{ET}^2) \qquad (3-7)$$

ET 为变量的稳态值，稳态值假定为 1。ρ_{ET} 为自回归系数，反映冲击的持续性。

企业在 t 期时，企业的收入来源有产出收入，转让碳配额的损益，工人工资、资本租金、承担资本贬值的费用，并以 r_t 的比率向政府支付碳税。企业的利润最大化表示为：

$$\text{Max}\,Q_t = Y_t + sF_{(t-1)}(SF_{(t-1)} - CE_t) + sO_{(t-1)}(SO_{(t-1)} - CE_t) - W_tL_t - (R_t+\delta)$$
$$K_t - r_tCE_t \qquad (3-8)$$

其中，sF_{t-1} 为 $t-1$ 期的碳期货成交价，SF_{t-1} 为 $t-1$ 期成交量；同理，sO_{t-1} 为 $t-1$ 期的碳期货成交价，SO_{t-1} 为 $t-1$ 期成交量。

为了模拟冲击的动态效应，本书假设 r_t 是随机变量，与稳态值 r 的随机偏离服从一阶对数自回归：

$$\ln r_t = (1-\rho_r)\ln r + \rho_r\ln r_{t-1} + \varepsilon_t^r, \quad \varepsilon_t^r \sim N(0, \sigma_r^2) \qquad (3-9)$$

其中，r 均为变量的稳态值。ρ_r 为自回归系数，反映冲击的持续性。

3. 政府部门

目标是要在资源和信息约束下，实现社会福利水平最大化是政府的目标，实现方式是碳排放会带来负外部性，企业排污的边际损失低于社会边际成本，因此企业不会主动进行污染治理，此时政府就会主动承担起污染治理的责任。假定污染治理资金 G_t 由政府财政收入承担，用于环境治理的收入完全来自碳税缴纳，实现了财政收支平衡。

$$G_t = r_tCE_t \qquad (3-10)$$

4. 金融部门

目标是要资源优化配置，实现方式是根据控排企业对碳排放配额的富余与短缺进行市场交易，拥有富余碳配额的企业通过卖出多余的配额来获取额外收益；反之，碳配额短缺的企业通过金融市场购进额外的碳配额，使得本企业的减排成本最小化。由此衍生出的碳期货、期权等产品交易也可构成企业的损益来源。

成交额最大化函数：

$$\text{Max}\,J_t = sF_tSF_{t-1,t} + sO_tSO_{t-1,t} \qquad (3-11)$$

其中，$sF_tSF_{t-1,t}$ 为 t 期 EUA 期货的成交额，$sO_tSO_{t-1,t}$ 是 t 期 EUA 期权的成交额。其中，$t-1$ 期的碳期货在 t 期交割的成交量表示为 $SF_{t-1,t}$，

$SO_{t-1,t}$。期货的出现是为了避免现货的供求风险，而期权的出现是为了平衡期货的头寸风险，其二者之和是下一期碳排放量之和。因此有如下约束条件：

$$SO_{t-1}+SF_{t-1}=SF_t \tag{3-12}$$

$$SO_{t-1}+SF_{t-1}=CE_t \tag{3-13}$$

以上两个式子可整理为：

$$SF_t=CE_t \tag{3-14}$$

其中，sF_t、sO_t 分别为 EUA 期货、期权的当期执行价格，$SF_{t-1,t}$、$SO_{t-1,t}$ 分别为 EUAt 期交割的 $t-1$ 期期货成交量、t 期执行的 $t-1$ 期期权成交量。

为了模拟冲击的动态影响，本书假设 sF_t 是一个随机变量，并且与稳态值的随机偏差遵循一阶对数自回归过程：

$$\ln sF_t=(1-\rho_{sF})\ln sF+\rho_{sF}\ln sF_{t-1}+\varepsilon_t^{sF}, \quad \varepsilon_t^{sF}\sim N(0,\ \sigma_{sF}^2) \tag{3-15}$$

其中，sF 为变量的稳态值。ρ_{sF} 为自回归系数，反映冲击的持续性。

5. 市场出清

$$Y_t=C_t+I_t+G_t \tag{3-16}$$

（二）DSGE 模型均衡

1. 家庭部门

构造拉格朗日函数：

$$F=\sum \beta^t \left\{ \begin{array}{l} \ln C_t+\tau\ln(1-L_t)+\ln H_t \\ -\lambda_{t1}[C_t+I_t-W_tL_t-R_tK_t] \end{array} \right\}$$

对于消费，劳动力和资本存量，求解了最大化家庭效用的一阶条件，并消除了拉格朗日因子，简化为：

$$1/(1-L_t)=(1/\tau)*(W_t/C_t) \tag{3-17}$$

$$C_t/C_{t-1}=\beta[(R_t-\delta)+1] \tag{3-18}$$

2. 企业部门

构造拉格朗日函数：

$$F=\sum \beta^t \left\{ \begin{array}{l} Y_t+sF_{(t-1)}(SF_{(t-1)}-CE_t)+sO_{(t-1)}(SO_{(t-1)}-CE_t) \\ -W_tL_t-(R_t+\delta)K_t-r_tCE_t \\ -\lambda_{t2}[Y_t-A_tK_t^\alpha L_t^{1-\alpha}] \end{array} \right\} \tag{3-19}$$

求解出企业人力和资本利润最大化的一阶条件，消除了拉格朗日因子，简化为：

$$W_t = (1-\alpha)Y_t(1-\varphi r) \tag{3-20}$$

$$R_t = \alpha Y_t(1-\varphi r) - \delta \tag{3-21}$$

3. 金融部门

构造拉格朗日函数：

$$F = \sum \beta^t \begin{Bmatrix} sF_t SF_{t-1} + sO_t SO_{t-1} \\ -\lambda_{t3}(SF_t - CE_t) \end{Bmatrix} \tag{3-22}$$

对 EUA 期货交易量、期权交易量求解金融中介碳排放权交易成交额最大化的一阶条件，消除了拉格朗日因子，简化为：

$$sO_t = sF_t \tag{3-23}$$

（三）外生冲击

根据以上假设，本书涉及的外生冲击主要有 3 类：环保技术冲击和碳税税率冲击、金融市场冲击，各自的随机分布如下：

$$\ln ET_t = (1-\rho_{ET})\ln ET + \rho_{ET}\ln ET_{t-1} + \varepsilon_t^{ET}, \quad \varepsilon_t^{ET} \sim N(0, \sigma_{ET}^2) \tag{3-24}$$

$$\ln r_t = (1-\rho_r)\ln r + \rho_r \ln r_{t-1} + \varepsilon_t^r, \quad \varepsilon_t^r \sim N(0, \sigma_r^2) \tag{3-25}$$

$$\ln sF_t = (1-\rho_{sF})\ln sF + \rho_{sF}\ln sF_{t-1} + \varepsilon_t^{sF}, \quad \varepsilon_t^{sF} \sim N(0, \sigma_{sF}^2) \tag{3-26}$$

（四）对数线性化

本书主要建立了包含家庭、企业、政府、金融中介的四部门模型，其方程组的范围从式（3-1）~式（3-19）构成了整个系统的行为路径。对这决定整个系统运行的 16 个方程进行对数线性化，可以得出相应的线性方程组。

对式（3-2）对数线性化，得出：

$$WL(\hat{W}_t + \hat{L}_t) + RK(\hat{R}_t + \hat{K}_t) = C\hat{C}_t + I\hat{I}_t \tag{3-27}$$

对式（3-3）对数线性化，得出：

$$K\hat{K}_{t+1} = I\hat{I}_t + (1-\delta)K\hat{K}_t \tag{3-28}$$

对式（3-4）对数线性化，得出：

$$H\hat{H}_t = (1-\theta)H\hat{H}_{t-1} - CE\widehat{CE}_t + \omega G\hat{G}_t \tag{3-29}$$

对式（3-5）对数线性化，得出：

$$\hat{Y}_t = \hat{A}_t + \alpha\hat{K}_t + (1-\alpha)\hat{L}_t \tag{3-30}$$

对式（3-6）对数线性化，得出：

$$\widehat{CE}_t = \hat{Y}_t - \widehat{ET}_t \tag{3-31}$$

对式（3-7）对数线性化，得出：

$$\widehat{ET}_t = \rho_{ET}\,\widehat{ET}_{t-1} + \varepsilon_t^{ET} \tag{3-32}$$

对式（3-9）对数线性化，得出：

$$\hat{r}_t = \rho_r\,\hat{r}_{t-1} + \varepsilon_t^r \tag{3-33}$$

对式（3-10）对数线性化，得出：

$$\hat{G}_t = \hat{r}_t + \widehat{CE}_t \tag{3-34}$$

对式（3-12）对数线性化，得出：

$$SF\widehat{SF}_t = CE\widehat{CE}_t \tag{3-35}$$

对式（3-13）对数线性化，得出：

$$\widehat{sF}_t = \rho_{sF}\widehat{sF}_{t-1} + \varepsilon_t^{sF} \tag{3-36}$$

对式（3-14）对数线性化，得出：

$$Y\hat{Y}_t = C\hat{C}_t + I\,\hat{I}_t + G\,\hat{G}_t \tag{3-37}$$

对式（3-15）对数线性化，得出：

$$\frac{L}{1-L}\hat{L}_t = \hat{W}_t - \hat{C}_t \tag{3-38}$$

对式（3-16）对数线性化，得出：

$$\hat{C}_t = \beta\left[\,(R-\delta)+1\right]\hat{C}_{t-1} + \beta R\hat{R}_t \tag{3-39}$$

对式（3-17）对数线性化，得出：

$$W\,\hat{W}_t = W\,\hat{Y}_t - r^2\varphi Y\,\hat{r}_t \tag{3-40}$$

对式（3-18）对数线性化，得出：

$$R\hat{R}_t = -\alpha\varphi r\hat{r}_t + (R+\delta)\,\hat{Y}_t \tag{3-41}$$

对式（3-19）对数线性化，得出：

$$sO\widehat{sO}_t = sF\widehat{sF}_t \tag{3-42}$$

综上所述，共有 16 个对数线性化方程，且有 16 个内生变量，它们分别是：C_t、L_t、H_t、I_t、K_t；CE_t、Y_t；G_t；SF_t、SO_t；A_t、r_t、sF_t、sO_t；W_t、R_t。根据 DSGE 模型求解条件，只有当内生变量个数等于对数线性化方程个数时，模型有唯一解；当内生变量个数小于对数线性化方程个数时，模型无解；而当内生变量个数大于对数线性化方程个数时，模型有无数解。因此，内生变量个数与对数线性化方程个数相等是 DSGE 模型求解的必要条件，本书在满足此条件的基础上进行接下来的参数校准。

二 参数校准

根据 DSGE 模型的参数特征可以分为静态参数和动态参数，分别进行赋值。

（一）静态参数的校准

静态参数的赋值在长期的经济研究中已达成共识，因此本书通过参考相关文献的已有数据进行校准并赋值。根据本书模型的设定，需要校准的静态参数集为 $\Omega = \{\beta, \tau, \delta, \alpha, \varphi, \theta, \omega\}$，分别代表贴现因子 β，对于闲暇的偏好 τ，资本折旧率 δ，资本产出弹性 α，劳动产出弹性 γ，基于产出的碳排放强度 φ，环境自我净化能力 θ 和政府治污效果 ω。

β：贴现因子，根据个人的主观跨期偏好，相对于当前的未来效用，且 $0 \leqslant \beta \leqslant 1$。根据 *Eurostat Regional Yearbook* 2018 中欧盟 28 国消费者物价指数（CPI）（年）的数据可算得，从 2008—2018 年欧盟物价水平平均上升了 18.86 个百分点，因此将主观贴现率设为 81.14%，即 β 为 0.8114。

τ：偏好闲暇的效用系数，表示相对于消费而言，消费者对于闲暇的偏好程度，其数值表示为闲暇支出占总收入的比例。Ríos–Rull 等（2012）将休闲的效用偏好系数设为 0.667；孙宁华等（2012）将其设置为 0.77；孙建（2019）通过多方面参考定为 0.6；而范映君（2019）基于生产力水平校准为 0.3。综上所述，本书综合以上参考文献，设为 0.58。

δ：资本折旧率，具体表示为资本存量的实际折旧率，根据 MA-PAMA，Ministerio de Agricultura，Pesca y Alimentación（2016b）资本折旧选择为固定资本允许的 12.90%；Amedeo Argentiero 等（2018）和 Roberta Cardani 等（2019）校准为 0.1；Stefan Hohberger 等（2019）校准为每季度 1.4%，也即每年 0.056；武晓利（2017）、孙健（2019）等根据经济转型时期产业结构的独特特征，对资产折旧率进行标定为 0.12；国内外大多数主要文献估计，资本折旧率约为 0.1，在本书中校准为 0.1。

α：资本产出弹性，是定义资本生产率的技术参数，其数值表示为资本存量占总产出的比重。Jean Christophe Poutineau（2015）和 Nikolay Hristov（2017）都将资本产出弹性设为 0.25；Esteban Colla De Robertis 等（2019）根据 Gollin（2002）这篇经典文献将资本产出弹性校准为 1/3，本书校准为 0.26。

φ：基于产出的碳排放强度与产出的关系为正相关，因此其值一般 $0 \leqslant \varphi \leqslant 1$。朱军（2015）和范映君（2019）通过计算碳排放与产出表现的动态变化关系，设定产出的碳排放指标为 0.15；武晓利（2017）结合 Annicchiarico 等（2015）和徐文成等（2015）的研究，将产出的碳排放指标设定为 0.16，本书设为 0.15。

θ：参考 Angelopoulos（2013）和朱军（2015），$0 \le \theta \le 1$，选取为 0.1。

ω：同样参考 Angelopoulos（2013）的设定，设为 1.16。

表 3-1　　　　　　　　　　　模型相关参数校准结果

部门	参数	含义	取值
家庭部门	β	折现因子	0.8114
	τ	偏好闲暇的效用系数	0.58
	δ	资本折旧率	0.1
	θ	环境自我净化能力	0.1
	ω	政府治污效果	1.16
企业部门	α	资本产出弹性	0.26
	ϕ	基于产出的碳排放强度	0.15

（二）动态参数的贝叶斯估计

除了上述的静态参数通过长期研究校准，其余描述模型变量关系的参数大多是通过贝叶斯方法进行估计。需要估计的动态参数主要包括生产技术冲击和碳税税率冲击、金融市场 EUA 期货价格冲击的一阶自然回归参数 ρ_A、ρ_r、ρ_{sF} 和波动参数 ε_t^A、ε_t^r、ε_t^{sF}。

我们假设非负参数（如冲击过程的标准偏差）的反伽马先验分布和政策系数的先验正态分布（Esteban Colla De Robertis et al.，2019），同时结合 Jean Christophe Poutineau 等（2015）、肖红叶和程郁泰（2017）、孙作人等（2018）、Paolo Gelain 等（2019）的研究成果，我们将生产系数、金融市场 EUA 期货价格的先验分布设为 Beta 分布；碳税税率属于政府政策相关系数，假定为 Normal 分布；生产技术冲击和碳税税率冲击、金融市场 EUA 期货价格假设震动的随机扰动是逆伽马（Inverse Gamma）分布，平均值为 0.01，标准差为 2。

EU ETS 自从 2008 年第二阶段开始允许碳排放权配额跨期使用，且在贝叶斯的估计过程中，我们必须要确保观测变量的个数与模型冲击数相同。本书 DSGE 模型中包含 3 个冲击，因此需要使用 3 个观测变量的数据。本书选取 2008—2018 年欧盟 GDP、消费数据和 EUA 期货成交量作为样本进行接下来的研究。在 Dynare 中进行贝叶斯估计，得到的后验均值和置信区间如表 3-2 所示。

表 3-2　　　　　　　　　　　　动态参数贝叶斯估计

参数	含义	先验分布		后验均值	90%的置信区间
ρ_A	生产技术冲击	Beta	$(0.72, 0.2^2)$	0.8744	$(0.8564, 0.9374)$
ρ_r	碳税税率冲击	Normal	$(0.5, 0.2^2)$	0.5040	$(0.3926, 0.6192)$
ρ_{sF}	EUA 期货冲击	Beta	$(0.5, 0.2^2)$	0.8742	$(0.6153, 0.8416)$
ε_t^A	生产技术随机扰动	Inverse Gamma	$(0.01, 2^2)$	0.0076	$(0.0074, 0.0078)$
ε_t^r	碳税税率随机扰动	Inverse Gamma	$(0.01, 2^2)$	0.0038	$(0.0036, 0.0041)$
ε_t^{sF}	EUA 期货随机扰动	Inverse Gamma	$(0.01, 2^2)$	0.0059	$(0.0057, 0.0062)$

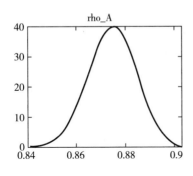
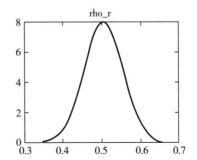
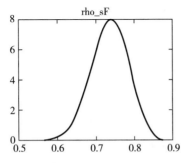

图 3-1　参数后验均值

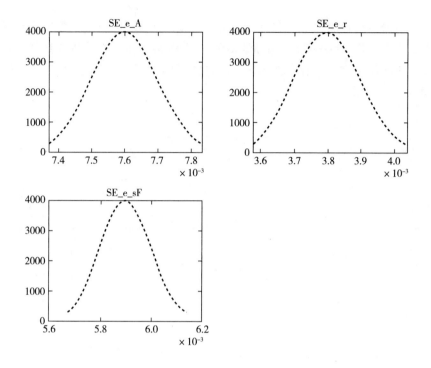

图 3-2 参数标准差后验均值

三 脉冲响应分析

(一) 环保技术冲击的脉冲响应结果

在施加一个标准差单位的环保技术的冲击后，模型内各变量显示出不同的变化趋势、强弱幅度以及持续周期。其中较为复杂的趋势包括碳排放期货结算价 sF 则先下降再上升的变化趋势。较为单纯的变化趋势则有上升趋势的产量 Y、消费 C、劳动力就业 L、环境质量 H 和下降趋势的投资 I、政府支出 G、碳排放期货交易量 SF、碳排放量 CE。

按照图 3-3 中各内生变量对环保技术冲击的反应来看，产出 Y 即期达到 0.00005，然后它上升得更多，并在第 3 期时达到最大值，之后迅速下降并于 12 期回到平稳状态。消费 C 在即期达到 0.00025，小幅上升在第 1 期达到峰值，之后直接下降，直到 10 期回到稳态。投资 I 初始达到 0.0001，之后急速下降，在第 2 期达到稳态。政府支出 G 即期下降，幅度达到 0.00033，之后迅速回复，于第 5 期回到稳态。劳动力就业 L 情形与消费 C 类似，初始达到 0.00013，小幅上升在第 1 期达到最高值，之后下降于第 10 期回到稳态。碳排放交易量 SF 则即期达到最高值 0.0001，然后它在大约第 1 期时迅速下降到稳态，然后又下降到第 4 期达到峰值，然后又在第 12 期回到稳定状态，幅度略大于投资 I。因为模型假设，碳排放量 CE 则与政府支出 G 如出一辙，即期下降，幅度达到 0.00033，之后迅速回复，于第 5 期回到稳态。环境质量 H 对环保技术冲击的反应最为强烈，即期达到最高 0.01，之后呈陡坡式下滑，在第 10 期回到平稳状态。其次，碳期货结算价格 sF 即期下跌了 0.0019，之后在第 3 期回到稳态，继续突破，上升持续了一段时间后，缓慢长尾式回归稳态。

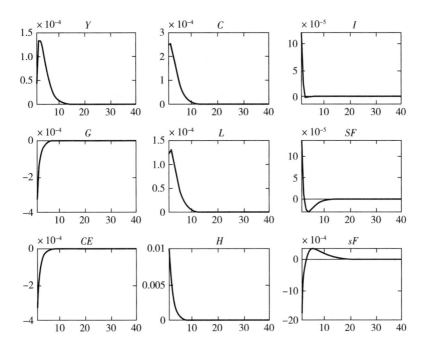

图 3-3 环保技术冲击脉冲响应

该冲击影响因素的作用机理如图 3-4 所示：环保技术提高，减排成本相对减低，利润提高，居民收入提高，消费和投资也相应增加，企业扩大规模，劳动力就业增多，产量提高，在设备更新完成后，产量进一步提升。环保技术的提高抵消了由于规模的扩大带来的碳排放量增多，使得总排放量降低，因而政府对排放量征收的碳税也相应减少，环境质量得到明显改善。关于碳排放期货的交易量 SF，由于碳排放技术的提高而多余的配额在碳期货市场上的供给也明显过剩，其价格 sF 也因为供过于求而大跌；之后相关部门将环保技术的提高这一因素考虑到碳配额的发放中，使得市场中可交易的碳排放期货减少，价格也回调。

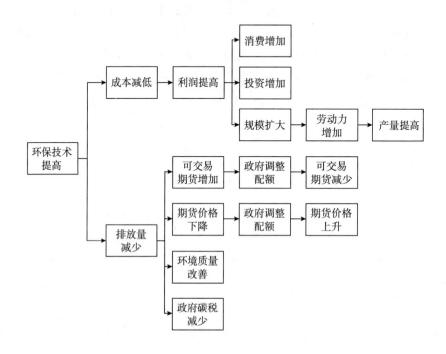

图3-4　环保技术作用机理

（二）碳税税率冲击的脉冲响应结果

在 DSGE 模型中给以一个标准差单位的碳税税率冲击，各内生变量会给出不同趋势、不同程度和不同持续时间的反应，如图 3-5 所示。产出 Y、消费 C、投资 I、劳动力就业 L、碳期货成交量 SF 和碳排放量 CE 主要都是下降趋势，政府碳税 G、环境质量 H 和碳期货价格 sF 则主要呈上升趋势。

如图 3-5 所示，产出 Y 即期下降 0.00005，之后继续下降，在第 3 期达到峰值 0.00016，之后缓慢回复并于第 25 期达到稳定状态。消费 C 在初始下降 0.00023，然后在第 2 期达到峰值并在第 20 期返回稳态。投资 I 即期下降 0.0001，没有继续下降，在第 3 期触及稳态后小幅突破，于第 12 期达到稳态。政府碳税 G 期初达到最大值 0.00031，之后呈下降趋势，于第 16 期达到稳态。劳动力就业 L 初始下降 0.00011，之后继续下降趋势，在第 2 期达到峰值，转而向稳态靠近，于第 21 期回到均值。碳期货交易量 SF 初始下降 0.00012，之后在第 4 期迅速达到稳态，继而突破稳态，向上 0.00003 后于第 20 期回到稳态。碳排放量 CE 即期降到 0.00001，之后进一步下降了 0.000012 后向稳态靠近，于第 24 期达到稳态。环境质量 H 期初上升 0.002，之后进一步上升，于第 5 期达到峰值后回落。碳期货价格 sF 即期上升 0.0039，之后进一步小幅上升，在第 2 期达到峰值后回落，于第 40 期达到稳态值。

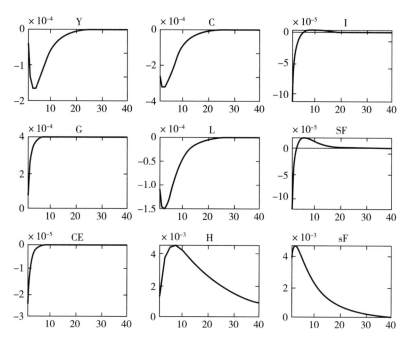

图 3-5　碳税冲击脉冲响应

该冲击影响因素的作用机理如图 3-6 所示：碳税提高，企业生产成本上升，利润减少，使居民收入减少，因此消费和投资都减少。公司不得不缩减生产规模，减少劳动力数量；碳税提高，政府碳税收入增加，碳排放量减少，环境质量改善；为降低需缴纳的税费，企业生产者对碳期货的需求增大，供不应求，交易价格大幅上升。

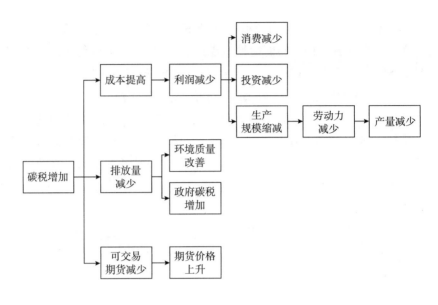

图 3-6 碳税作用机理

（三）碳期货价格冲击的脉冲响应结果

基于本书构造的 DSGE 模型一个标准差单位的碳期货价格的外生冲击，各个内生变量会对冲击做出不同的反应，其在趋势、持续期数和变动幅度等方面有着不同的反应表现。其中，产出 Y、消费 C、投资 I、政府碳税收入 G、碳期货交易量 SF、碳排放量 CE 总体都呈下降趋势，而劳动力就业 L、环境质量 H 和碳期货价格 sF 整体呈上升趋势。

首先，与上面两个冲击的结果图不同的是纵坐标的单位，各内生变量对碳期货价格 sF 的脉冲响应强度都比较大。产出 Y 期初还处于稳态值以上，接着在第 1 期就穿过稳态值继续向下，它在第 3 期达到峰值，然后缓慢恢复，在第 40 期回到稳态。消费 C 期初下降到峰值 -0.1，之后呈"半抛物线式"回升，于第 40 期回到稳态。投资 I 期初下降了 0.4，之后迅速回升，于第 5 期回到稳态。政府碳税 G 期初下降了 3.3，之后迅速回升，于第 4 期达到稳态水平。劳动力就业 L 期初上升 0.018，之后呈"幂函数式"回落，于 25 期回到稳态。碳期货交易量 SF 期初下降 0.01，之后继续下降趋势，在第 2 期达到峰值，之后向稳态回升，于第 40 期达到稳态水平。碳排放 CE 即期下降 0.35，之后继续下降于第 2 期达到峰值后回升，在第 40 期达到稳态。环境质量 H 期初提高 0.002，之后继续上升趋势，在第 3 期达到峰值 0.004 后回落，在 40 期达到稳态水平。如图 3-7 所示。

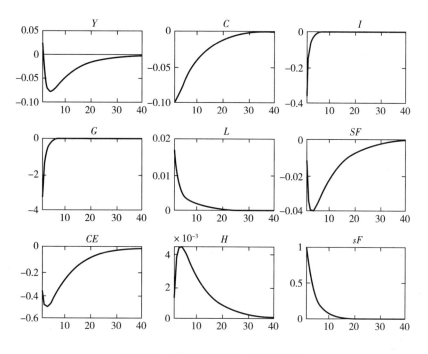

图 3-7　碳期货价格冲击脉冲响应

该冲击影响因素的作用机理如图 3-8 所示，碳期货价格上升，企业间接成本上升，利润下降，居民收入下降，消费和投资相应下降，企业规模缩小，劳动力在行业间进行转移，金融部门就业增多；企业缩减规模，碳排放量减少，政府碳税收入减少，环境质量得到改善；碳期货价格上升，企业为了尽可能锁定减排成本，加大购买力度，使得市场中的碳期货可交易量减少。

综上所述，部分内生变量对三个不同的冲击表现的反应如下所示：

环保技术提高、碳税税率提高、碳期货价格提高都会使碳排放量减少，使环境质量得到改善。相比之下，碳期货价格冲击效果的强度最大，持续期最长，持续期多在第 40 期达到稳态。持续期次之的是碳税税率冲击带来的响应，持续期最短的是环保技术带来的冲击；碳税税率冲击与环保技术冲击二者在响应强度方面不相上下。

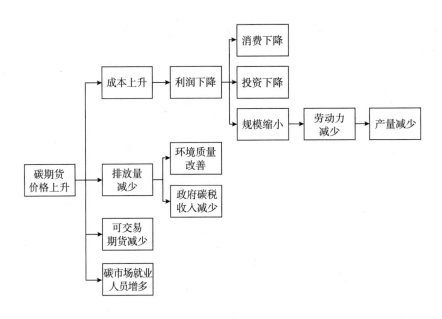

图 3-8　碳期货价格作用机理

表 3-3　　　　　　　　　　　脉冲响应结果

指标	环保技术冲击	碳税税率冲击	碳期货价格冲击
产出 Y	增加↑	减少↓	减少↓
消费 C	增加↑	减少↓	减少↓
投资 I	增加↑	减少↓	减少↓
劳动力就业 L	增加↑	减少↓	减少↓
碳排放量 CE	减少↓	减少↓	减少↓
环境质量 H	提高↑	提高↑	提高↑
政府税收 G	减少↓	增加↑	减少↓
碳期货交易量 SF	先增后减↑↓	减少↓	减少↓
碳期货价格 sF	先降后升↓↑	提高↑	上涨↑

　　首先，随着金融市场的不断壮大，碳衍生品对市场的影响超过了我们的想象，甚至比"市场这只手"的碳税调解更加奏效，与 Arun Kr. Purohit 等（2016）的研究结果相符，碳价上涨会减少总排放量，通过提高价格可以减少的排放范围更大，因此我们也需加强对碳金融市场的重视。其次，碳税税率是政府强制性的措施，立竿见影，效果也是显而

易见的。最后，环保技术的改进带来的市场响应效果虽然短期来看是不如碳期货价格和碳税税率这两类"成本类"冲击，结合 Peng Wu 等（2017）的研究，在生产技术稳定的前提下，提高碳成本本身对减少总碳排放量的作用有限。因此，从长远角度考虑，环保技术的改进无疑是最有益的方式，既能增加产出 Y，又能减少碳排放量 CE，改善环境 H；同时，考虑到政府征收碳税最终还是要用于基础设施的改进以提高居民效用，因此尽管政府碳税税收会减少，但是居民的效用不会降低。

四　格兰杰因果检验

（一）数据选取与处理

从以上 DSGE 模型中选取碳排放量 CE 作为因变量，将环保技术 ET、碳税税率 r、碳期货价格 sF 三个外生冲击作为自变量。时间区间与之前做贝叶斯估计的时间区间一致，选取 2008—2018 年的数据；数据频率为季度，也保持一致。碳排放量 CE 的数据选取自 Wind 数据库中欧盟的年度二氧化碳排放量，单位为百万吨二氧化碳，经过升频处理，接着把2008 年第一季度的碳排放量作为初始排放量，让之后的数据都减去初始排放量，从而得到每季度的减排量。最后做一阶对数差分，Eviews7.2 结果显示通过 ADF 检验，序列平稳。环保技术数据选用欧盟 28 国工业新订单作为环保技术提高的指标，单位为百分比，频率选取季度，经过一阶对数差分后，通过 ADF 检验，序列平稳。碳税税率数据选取欧盟 28 国所缴纳的环境税，单位为百分比，频率为年度，经过升频处理后做一阶对数差分，通过 ADF 检验，序列平稳。碳期货价格选取 EUA 期货结算价，数据频率为日度，经过降频处理后做一阶对数差分，通过 ADF 检验，序列平稳。

（二）兰杰因果检验

首先，在 Eviews7.2 中建立三个 VAR，通过 AIC、SIC、HQ 和 LR 准则选取最佳的滞后阶数。环保技术、碳税、碳期货价格的最佳滞后阶数分别为 5、6、12。格兰杰因果检验结果如表 3-4 所示。

经过格兰杰因果检验，环保技术 ET 不是碳排放量减少 CE 的格兰杰原因这一原假设的 p 值为 0.0087，小于 0.05，远小于 0.1，因此在 10% 的显著性水平下，拒绝原假设，因此环保技术 ET 是碳排放量减少的格兰杰原因。碳税税率 r 不是碳排放量减少 CE 的格兰杰原因这一原假设的 p 值为 0.0109，小于 0.05，远小于 0.1，因此在 10% 的显著性水平下，拒绝原假设，碳税税率 r 是碳排放量减少 CE 的格兰杰原因。碳期货价格 sF 不是碳排放量减少 CE 的格兰杰原因这一原假设的 p 值为 0.1506，略大于 0.1，但是大的不多，因此在 10% 的显著性水平下，我们仍然拒绝零假设，即碳期货价格 sF 是降低 CE 的格兰杰原因。

表 3-4 格兰杰因果检验结果

原假设	观测值	F 统计量	概率
ET 不是 CE 的格兰杰原因	37	3.92636	0.0087
CE 不是 ET 的格兰杰原因		0.41639	0.8330
r 不是 CE 的格兰杰原因	36	3.64466	0.0109
CE 不是 r 的格兰杰原因		0.46573	0.8264
sF 不是 CE 的格兰杰原因	30	2.59449	0.1506
CE 不是 sF 的格兰杰原因		1.71462	0.2872

单纯的格兰杰因果检验只能说明这几个序列之间的相关性，但是并不能够确定它们之间的因果关系，但是结合上文中关于三个外生冲击的脉冲响应可以初步确定它们两两之间的因果关系。因此，三个外生冲击都可以认为是碳排放量减少的格兰杰原因，这也再次验证了脉冲相应的可参考性。

第五节 研究结论

企业部门的环保技术冲击，减排成本相对减低，利润提高，居民收入提高，消费和投资也相应增加，企业扩大规模，劳动力就业增多，产量提高，在设备更新完成后，产量进一步提升。环保技术的提高抵消了由于规模的扩大带来的碳排放量增多，使得总排放量降低，因而政府对排放量征收的碳税也相应减少，环境质量得到明显改善。然而环保技术的冲击持续期较短，环保技术的提高需要时间以及研发的长期投入才能显现效果，因此，环保技术研发阶段就需要与碳税等政府强制政策进行结合使用，才能更好地控制环境质量。考虑到我国全国统一碳市场的即将运行同样面对环保技术研发的攻坚问题，因此适当的政府政策进行辅助将会使环境质量和经济的发展互不阻拦，在短期内为环保技术的研发创造条件，长期促进经济与环境的双重红利。

　　政府部门的碳税政策虽然会间接促使企业生产成本上升，企业利润减少，居民收入减少，因此消费和投资都减少，企业缩减生产规模，减少劳动力就业；碳税提高，政府碳税收入增加，碳排放量减少，环境质量改善。政府碳税的实施虽然能够达到环境质量提高的效果，但是对经济的影响程度却难以掌控，因此不建议单独使用。结合本书的研究结果，建议政府碳税政策与企业环保技术的发展结合使用。在短期环保技术攻坚时期，政府可以加大碳税的征收力度，并将碳税收入用于环境治理和企业环保技术研发补贴，一方面减少了企业的减排量，另一方面激励了企业环保技术的研发，促使企业加速环保技术研发进程。而在长期，当环保技术的研发可以持续稳定地投入生产时，碳税的征收比率及力度可以适当减小，一方面环保技术的使用使得排放量直接减少，另一方面政府也间接降低了企业的生产成本，有利于企业生产规模的进一步扩大。在我国碳试点的试运行中并没有征收碳税，但是碳税征收的议题在国内也是进行了很多的讨论，至于在 2020 年全国统一碳市场运行阶段是否要征收碳税还是要依我国的国情而定，仅以本书的研究结论为政策的制定提供参考。

　　碳期货等衍生品价格的冲击对于碳市场的影响类似于政府碳税的冲击，在改善环境质量的同时却抑制了经济的发展。碳期货价格冲击使得企业间接成本上升，利润下降，居民收入下降，消费和投资相应减少，企业规模缩小，劳动力在行业间进行转移，金融部门就业增多；企业缩减规模，碳排放量减少，政府碳税收入减少，环境质量得到改善。但是由于"看不见的手"在市场中对于碳期货量价的供求影响，最终会使碳期货的价格达到一个相对均衡的水平，这不仅促进了碳价的发现，还使得企业的发展与环境的改善也达到一种相对均衡的状态。考虑到碳期货价格在三类冲击的持续期及反应程度最强，应更多地关注碳期货等衍生品的交易，完善交易机制，促进碳价的发现。这对于我国统一碳市场的运行也提供了借鉴，在统一碳市场的建立中要加大对于碳衍生品以及碳金融市场的关注，使得统一碳市场的运行更加平稳，运行机制更加完善。

第六节　本章小结

　　对以往研究中影响碳排放权交易市场波动的因素进行机理分析，结合我国减排的现实、统一碳排放权交易市场运行的重要性，本书选取了环保技术、碳税及碳期货价格三个因素进行研究。在传统的三部门 DSGE 模型框架中引入金融部门从而构建了四部门 DSGE 模型框架，把碳交易在金融市场的交易也包含到整体的碳排放交易市场中进行考虑，是真正意义上进一步在 DSGE 研究框架中完善了对碳排放市场波动的研究。并根据脉冲响应结果分析了各影响因素对碳市场的作用以及各市场因素之间的关联，从这个角度考虑如何使减排环保与经济发展更加协调。

第四章　欧盟碳排放权交易市场波动率预测研究

第一节　引言

在碳排放权市场中，除了碳排放权的价格外，收益率和波动率都是交易者观察市场整体状况与变化的维度，与价格和收益率一样，波动率对市场参与者来说也是至关重要的。然而不同参与者的目的并不完全一致，对于资产管理者，波动率越大意味着对应的风险越高，相应的仓位应该降低；套期保值者希望能对错误反应的市场进行套利；对于市场投机者，波动率对未来市场的走势有重要参考意义，预测波动率对其获利至关重要。尽管目的不完全相同，但波动率的预测对其交易都有重大的影响。

波动率是一个被创造出来的统计学概念，一般用来衡量标的资产价格或收益率波动的剧烈程度。较为常见的波动率理解是资产收益率的方差值，有时候波动率也取为价格极差的方差数值，不同的衡量方法对波动率有着不同的定义，但其本质不变。波动率有多种类型，但最重要的是可比性，即能做到同一体系下可比即可。关于波动率的类型的发展，相较于低频波动率，高频波动率所携带的原始数据信息更多；相较于传统的利用一维的收盘价数据或利用二维的最高价最低价数据的波动率，例如历史波动率和已实现波动率，基于 OHLC（开盘价、最高价、最低价和收盘价四维数据集）数据的波动率估计所携带的原始数据信息更多。所以，基于 OHLC 数据的高频波动率估计能够更好地对未来波动率做出预测。

目前，我国正在启动全国碳交易工作，激发市场参与者的热情是促进碳排放权市场交易流动性和有效性的必要手段，套期保值者与投机者是市场参与者中的重要组成部分，碳排放权波动率的预测能够对市场的不确定性树立一定的预期，从而削减市场参与者的不确定性，这对以上两类碳市场参与者进行风险管理和交易来说至关重要。因此，借鉴西方发达国家碳减排市场化交易经验，进行欧盟碳排放权波动率的预测研究，对今后我国开展碳排放权期货市场具有重要借鉴意义，能够为我国碳排放权期货市场价格波动率的预测提供一定程度上的经验，同时对其他金融资产波动率的预测也具有一定的参考意义。

首先，本章进行欧盟碳排放权价格波动率的分解。研究波动率的分解对碳排放权价格波动率预测是否有帮助，以及研究波动率分解后的波动成分与原波动率的关系。对波动率分解后的分量进行重构，研究重构是否有助于对波动率的预测。通过对波动率的分解和重构将波动率细分和重归类，以此来达到精细预测和提升预测准确度的目的。其次，进行欧盟碳排放权价格波动率的拟合与预测。对比 BP 神经网络预测方法、GA 遗传算法优化 BP 神经网络预测方法和 SVM 支持向量机预测方法对波动率拟合与预测准确度的差异，以及比较利用动态滚动预测方式和动态非滚动预测方式对波动率预测准确度的差异。通过以上的预测对比，研究比较不同预测方式和预测模型方法对不同特征的波动率预测的准确度的差异，并根据数据特征探寻最优的预测手段。再次，研究交易量、收益率和宏观经济变量等因素对波动率的影响以及研究它们是否对波动率的预测的准确度的提升是否有所帮助。研究对短期波动率的降噪处理是否能提高对短期波动率的预测准确度。实质上是在研究各种影响因子对波动率预测准确度的提升效果。最后，分析对比"分解—重构—预测"系统方法的适用性以及最终的预测效果。分析其对波动率这类具有复杂模式的数据类型的预测效果，如果预测结果表现良好则可以将此预测系统推广到其他金融资产交易市场上进行波动率的预测研究。

碳排放权市场价格波动率对碳市场交易参与者的风险管理具有重要作用。在碳排放权交易市场化的道路上，欧盟走在我国前列。因此，研究欧盟碳排放权市场的波动率预测方法对我国今后开展碳排放权期货交易、套期保值等活动具有重要借鉴意义。

通过本章的研究，（1）运用一套"分解—重构—预测"的系统性预测方法。相较于传统的预测方法，分解—重构—预测方法更加科学：先将波动率进行分解，再将分解后的波动率进行重构，最后按照重构后的波动率数据特征进行预测，同时也兼顾了高频波动率数据的降噪问题。这种预测方法具有一定的科学性，采取分步骤方式进行预测，相较于以往的单步骤直接预测方法或仅分解不重构的预测方法，此方法有着更大的概率会提升预测结果的准确度。（2）运用不同的预测方法和预测方式，对分解重组后的具有不同特征的波动率进行预测，探究每种数据特征下的波动率的最优预测模式。对分解后的波动率分量进行深入剖析，探究波动率分量与总量之间的关系，同时也细分波动率分量的特征进行重构。针对分解分量的数据特征选择预测方法是一种趋势，这在一定程度上也为在其他市场条件下的资产波动率成分预测提供了借鉴。

从而实现：（1）采用15min采样高频数据对欧盟ICE ECX EUA碳排放权期货的OHLC极差波动率进行估计和预测问题进行分析，同时分析交易量、收益率和宏观经济指标等因素对波动率预测的影响。有利于扩展市场参与者的认知，有利于短期投资者对短期波动率的成因和影响因素形成认识，有利于欧盟碳排放权市场参与者对碳排放权波动率的影响因素形成认识，有利于参与者对市场的运行规律和各因素间的相互作用形成认知，各投资者认清自身需求与风险，对可能造成自身损失的风险进行提前预防。（2）通过对波动率分解后的波动分量与原波动率之间关系的分析，有助于碳排放权市场参与者了解波动率的成分及其特点，有助于其了解波动率成分的结构特征，也有助于参与各方对市场的运行及本质进行深入了解，不局限于市场价格、收益率和波动率的表层维度，而是将其打碎再细致研究。（3）可以激发市场参与者的市场参与热情。套期保值者与投机者是市场中的重要参与者，波动率的预测有助于套期保值者进行风险管理，有助于投机者借助波动率的预测进行后市研判，也有助于市场管理者对市场进行干预，所以波动率的预测能够减轻市场参与的不确定性，也就能够激发市场参与者的热情。

本章主要研究欧盟碳排放权期货市场的碳排放权期货价格波动率短期预测问题。为此，选取欧盟碳排放权期货品种ICE ECX EUA（连续）作为标的，因其成交量大、交易频繁和数据可得性较好的特征。本书采用分解—重构—预测方法，先通过原始碳排放权的开盘价、最高价、最低价和收盘价（OHLC）数据估计出碳排放权价格波动率，再通过EMD经验模态分解模型将其分解成不同频率的经验模态（Intrinsic Model Function，IMF）分量，然后按照波动周期对分解后的经验模态进行重构，同时对短期波动率成分数据进行降噪处理，将去噪后的分量用遗传算法优化的 BP 神经网络、SVM 支持向量机等方法进行预测，同时区分了动态滚动预测与动态非滚动预测，最后分别输出各个分量的预测结果，采用加和集成的方法将分量集成，得到最终的预测结果。本章采用了分解—重构—预测式预测原理，先对数据进行分解、重构、降噪处理，然后再对分量进行预测，最后将预测结果加和集成或者通过再预测方式得到最终预测结果。整个预测过程为：分解—重构—降噪—预测—集成。相比于传统的线性预测方法，采用分步骤组合式预测有更大概率能够提高预测的准确度。

第二节　文献综述

一　波动率估计方法的相关研究

金融资产波动率的估计问题是金融计量研究领域当中最重要的部分，过去几十年得到了较为丰富的研究成果。早期的波动率估计主要运用历史收益率序列的方差或标准差来度量。例如，在马科维茨的投资组合理论当中，将收益率序列总体方差的无偏估计作为对真实波动率的一种估计。但是历史方差法有一个缺陷，它对不同时期的历史数据进行等权重的平均，且假定波动率是固定值，而在实际市场中，不同时期的数据对未来波动率可能会有不同程度的影响，即越是近期的数据，对未来波动的影响可能就越大。因此，在估计波动率时，对不同时期的历史数据赋予不同的权重值。

ARCH 类模型是目前金融研究中居于统治地位的一类波动率测度方法。该方法最早起源于 Engle（1982）提出的自回归条件异方差模型（Auto-regressive Conditional Heteroscedastics，ARCH），随后 Bollerslev（1986）又在 ARCH 模型的基础上进行了拓展，提出了广义自回归条件异方差模型（GARCH）。在一般的 GARCH 模型提出之后，众多学者为了将影响金融波动的其他特征或因素考虑进来，又将 GARCH 模型进行了改进。例如，Engle 等（1987）提出了波动率能够直接影响收益率均值的 ARCH-M 模型，Nelson（1990）提出了指数 GARCH 模型来描述波动的非对称效应，而 Engle、Bollerslev（1986）提出了单整 GARCH 模型，为了描述具有单位根特征的波动率函数，此模型即 IGARCH 模型。

以上模型都是基于历史数据，而另一种方法是基于期权价格数据求得隐含波动率，由于期权价格中包含了对未来价格预期的因素，其具有一定的未来信息意义，在著名的 Black-Scholes 期权定价模型中，波动率变量可以由其他 5 个变量通过公式反推出来，但在运用过程中，隐含波动率模型的预测准确度严重依赖期权定价公式的正确性，而现有期权定价公式又有很多局限性。以布莱克斯科特期权定价模型为例，它要求标的资产价格遵循几何布朗运动、资产无风险收益率为常数，这常常造成出现"波动率微笑"等现象，给资产波动率的预测带来了很大困难。

近些年来，随着金融高频数据的普及，一种新的对高频波动率的估计方法成为研究热点。已有文献对高频波动率的估计构造，大多数是基于日内分钟的收盘价数据，其中最为常见的是已实现波动率（Realized Volatility，RV）估计。利用高频的价格极差（例如，几分钟内最高价与最低价的差值）可以改进波动率的估计，Christensen 和 Podolskij（2007）利用 Parkinson（1980）的结果构造了已实现极差波动率（Realized Range-based Volatility，RRV），该极差波动率和收益率方差波动率相比，收益率方差波动率的均方误差数值为极差波动率的 4.9 倍，这也说明采用极差数据计算波动率的结果更精确。然而实际的高频数据由于受到微观结构噪声等因素影响，使得直接由高频的原始价格构造出来的已实现波动率往往并不能给出波动率的合适估计量（Zhang et al.，2005）。与上文一致，Garman 和 Klass（1980）利用开盘价、最高价、最低价和收盘价四种价格数据（简称 OHLC）进行波动率的估计，结果显示传统的收益率方差类波动率的均方误差是其 7.4 倍，也就是说 OHLC 极差波动率更有效。

在研究了波动率的长记忆性特点之后，近些年众多学者提出应用 ARFIMA 和 FIGARCH 等分整可积模型对波动率的动态特征进行描述和估计。但这类模型的一个缺点是过于强调数学推导的理论过程，而忽略了其所代表的实际经济意义。分整差分算子的应用加长了模型区间的长度，但这同时也造成了更多的数据损失。另外，这类模型往往只能针对波动率的单重分形特征进行描述，而对更普遍存在的多重分形特征则往往不能描述，为了克服以上这个缺陷，Corsi（2004）提出异质市场假说并进行应用，他将市场上的交易者按照交易目的分为三类，这三类交易者的投资行为各不相同，其对波动率的影响也有差异，这三种市场影响因素分别为日度、周度和月度周期交易因素，由此提出了由不同的波动率成分的简单叠加而来的异质波动率模型。

我国对高频波动率方面的研究，在众多学者文献中基于金融高频数据的已实现波动率较为常见，在此基础上又演变出了已实现双幂次变差波动率和已实现极差波动率等，徐正国、张世英（2004，2005，2007），李胜歌（2007，2008），唐勇（2005）等将简单对三种波动率进行总结和区分。鉴于波动率的长记忆性，提出了异质性以实现波动率模型（HAR-RV），并得到广泛应用（张波等，2009；龚旭等，2017）。

二 经济变量分解的相关研究

经济时间序列数据中通常包含了趋势项、随机波动项、季节项和循环项等，根据研究目的的不同通常要将时间序列中的这些成分单独分离出来以剔除其他不相关成分的干扰。例如，在分析 GDP 的变动趋势时通常要进行季节调整，通常要将季节项影响因素剔除以反映经济时间序列的实际运动规律。

就经济变量的分解方法而言，现有研究较为常用的方法有 EMD 类方法、HP 滤波方法、BP 滤波方法以及小波分解（wavelet decomposition）方法进行经济量的分解。

1. H-P/B-P 滤波方法

H-P/B-P 滤波方法，在经济类分析中经常使用，它是一种经济变量分解方法，常被用来将经济变量分解为趋势项和波动项成分，分解之后的成分常为趋势平稳型数据。

国内运用 H-P 滤波方法对经济变量分解获得经济周期的较为早期和典型的文献有对 GDP 增长率序列（刘金全、刘志刚，2004）、宏观经济波动（董进，2006）的分解。随后杜婷（2007）也是运用 HP 滤波法以及 BP 滤波法对中国主要经济变量序列的长期趋势项进行分解。国外文献部分还包含了大量对 H-P/B-P 滤波算法的改进研究。例如，Kubanek 等（2018）运用最小二乘法误差分析方法确定了最接近 HP 和 BP 滤波器响应的传递函数，并且提出了依据 HP 滤波改进的 L（1）趋势滤波（Kim, S. J. et al.，2009），非常适合对具有潜在的分段线性趋势特征的时间序列数据进行分解。

从研究的对象来看，最初的研究大多是利用 H-P 滤波法对宏观经济变量进行分解，之后逐渐扩展到对猪肉（毛学峰、曾寅初，2008）、粮食（程杰、武拉平，2007；高帆，2009）、奶制品、中药（闫桂权等，2018）等消费品（Yan F. F.，Qi W. E.，2017）价格波动周期的研究，以及对电价（韩晓宇，2018）以及股票价格（李竹薇、史永东，2014）波动的研究。

2. 小波分解（wavelet decomposition）方法

小波分解方法是一种利用滤波器概念进行经济变量分解的数学分析方法。小波分解方法是分析数据的时间域和频率域特征的一种手段，不同类型的数据在这两个维度上具有不同的特征，如在低频部分具有较高的频率分辨率和较低的时间分辨率，而在高频部分则正好与之相反（袁修贵、李英，2004；王帅，2010）。

国内对小波分解方法比较早的文献介绍了几种常用的小波去噪方法，并通过对几种方法优缺点的比较，进行仿真信号的去噪处理（张静远等，2000；文莉等，2002），为小波去噪的方法选择提供了一个参考依据。国外部分对小波分解较早的文献有 Khadra，L.（1991）等利用小波分解获得心音图（pcg）信号时频特性的定性和定量测量，以及 Bradshaw，G. A.（1994）将小波分解应用于降水和流量记录中，识别出流量记录中的气候成分。Gencay，R.，Selcuk，F.（2001）利用小波分解进行季节分解，去除数据中的季节性因素。

小波分解方法最初主要应用在故障诊断（何正友等，2001；罗忠辉等，2005；刘清清等，2018；林近山等，2018）与图像处理（蔡念等，2001；Pajares，G.，2004；Elad，M.，2006；张平等，2012；邱鹏等，2018）等方面，目前也有少量对经济数据，例如，通货膨胀率（沈达，2016）、GDP（刘晏玲等，2008）及金融数据，包括大宗商品期货价格（李彬，2006；许拟，2015）、股票价格（Diamantides，N. D.，2001；黄冬冬，2011）进行分解的研究。

3. EMD 类分解方法

经验模态分解（Empirical Mode Decomposition，EMD）方法是处理非线性和非平稳特征信号的时域和频域分析方法。该方法可以在不需要知道任何先验知识的情况下，依据输入信号自身的特征，自适应（不用预先设定分解得到的分解分量数目）地将输入信号分解成若干个本征模态函数（Intrinsic Mode Function，IMF）之和。EMD 通常被认为是对以线性和平稳性假设为基础的傅立叶变换分析和小波变换分析等传统时域和频域分析方法的一项重大突破。该方法在多年的发展过程中，逐渐展露出了在非平稳特征信号处理中的独特优势，具有非常重要的理论研究价值和广泛的应用前景。邓拥军等（2001）结合神经网络分析方法利用三次样条函数得到原始信号的上下包络线和平均包络线，实现了准确的 EMD 分解。

EMD 经验模态分解的思想是，假设输入的时间序列数据是由多个频率特征不同的波函数（也称为 IMF 本征模态函数）构成，而 EMD 的目的是将这些波函数分解出来，通过对数据进行希尔伯特变换求得其频率振幅谱，由此分析其波动特征。根据前人（邓拥军、王伟，2001；熊学军等，2002；杨世锡等，2003；刘慧婷等，2004）的研究可知，EMD 方法对非线性数据进行分解时，通常具有如下优势：EMD 方法根据数据的一定特征对数据进行分解，这样就能保证人为设定因素较少，分解的结果相对比较客观；根据 EMD 的分解方法，对各个分量每分解一次都是将其余项或者说均值项分离出来，分解的结果为本征模态函数，每一个本征模态函数具有不同的频率特征和信号强度特征；相比于其他的分解方法，经验模态分解方法分解出来的分量相对更容易理解，即不同频率特征的分量，且各个分量均有稳定性特征。

前人在运用 EMD 时，若时间序列数据的时间尺度存在跳跃性的变化，IMF 分量中会有个别分量包含不同的时间尺度（郭喜平、王立东，2008），这种情况通常称为模态混叠现象。同时在进行 EMD 分解过程中，所分解的时间序列数据的结果有时会出现发散效应，导致结果的失真，这种现象被称为端点效应（刘慧婷等，2004；邓斌等，2018）。针对以上 EMD 分解方法的不足之处，Zhaohua W. U.，Huang N. E. 等（2011）提出了集成经验模态分解模型（EEMD）。其基本思想是：在 EMD 数据分解前，在确保不改变数据特征的前提下加入一组低尺度白噪声数据（原数据的标准差的 0.1—0.2 倍），对增加白噪声后的信号数据进行经验模态分解，获得 IMF 分量的平均值。这样的做法大幅平滑了时间尺度跳跃现象的影响，削弱了模态混淆现象，提升了原来 EMD 分量的分解效率。

近年来基于经验模态分解（EEMD, Ensemble Empirical mode decomposition）的研究逐渐增多。就被分解的变量来看，对宏观经济变量的分解方面，陈思霖等（2017）运用 EEMD 经验模态分析方法，分解出经济增长波动性构成要素特征的 4 个具有不同频率特征的本征模态函数（in-trinsic mode function，IMF）和 1 个趋势平稳的残差项。由此得出经济增长的波动机制是由短、中、长期经济增长波动影响因素和一个相对平稳的基本要素的影响而形成的。对价格时间序列数据的分解方面，Yu L.，Wang Z. Tang L.（2015）；Yu L.，Dai W. Tang L.（2016）；Ling T.，Yao W.（2018）等人都对能源价格进行了分解；而 Li J.，Tang L. Sun X.（2012）则对原油出口国的国家风险进行了分解。随后的学者又对海浪数据（熊学军等，2002）、股指期货高频数据（龚旭等，2017）、碳排放权交易价格数据（崔焕影、窦祥胜，2018）进行了分解。熊学军等（2002）利用 EMD 方法对海浪观测资料进行处理，并在信号降噪方面取得了研究成果（王婷，2010）。目前 EMD 方法在金融领域也有少量的研究（Zhang X.，Lai K. K.，2008；Zhang X.，Yu L. Wang S. et al.，2009；汤铃等，2012；孟磊、郭菊娥、郭广涛，2011），这些研究主要是对金融资产的价格分析和预测，并取得了不错的效果。

　　有关分解的依据，Yu L.，Wang Z. and Tang L.（2015）提出了依据数据特征驱动分解建模，基于"数据特征驱动建模"的原理，提出了一种数据特征驱动重构方法，包括两个子步骤：深入分析所有分解模式以捕获关键数据特征，并进一步进行重构根据自身不同的数据特征，重构成一些有意义的组件。时间序列数据的数据特征一般可以分为两大类，即自然特征（nature characteristics）和模式特征（pattern characteristics）。自然和模式特征从不同的角度探索时间序列数据。自然特征直接从系统整体的角度研究数据动力学，其中复杂度特征是部件重构的重要判据之一。具体地说，复杂性包括各种非线性特征，如混沌性、分形性、不规则性和长程记忆性。模式特征旨在发现驱动数据动态的主要隐藏因素，包括周期性、季节性、突变性（或可变性）等。复杂性（complexity）描述了完全规则过程和完全随机过程之间的中间状态（intermediate state）。通常，较低级别的复杂性指示所观察的序列数据更可能遵循确定性过程，其中可以精细地捕获和预测，而较高级别的复杂性表示控制序列数据的规则较少，否则这些规则可能更不可预测和难以预测。通常，隐藏在经济数据中的主要因素可以指周期性（包括季节性）模式、可变模式（极端事件的突然变化）和中心趋势。

三 分解后分量的重构相关方法研究

在对波动率分解后，有时会将分解后的波动率进行重构，即根据某种特征将分解后的数据进行分类组合。对经济变量分解后，常常把分解后的分量分为三种类型，短期、中期和长期，具体内涵要结合具体的分析标的来确定，例如，对价格进行分解重构后的分量为短期价格成分、中期价格成分和长期价格成分。对价格和收益率分解后的分量重构的依据包括但不限于：①将收益率分量显著异于 0 的成分划分为中期成分，将余项划分为长期趋势成分，将分量均值不显著异于 0 的成分划分为短期成分；②根据分解后的波动函数的游程个数，将分解后的分量划分为短期（游程数最多）、中期和长期成分（趋势项）；③根据分解后分量的平均周期划分，平均周期由每个分量除以其峰值点的个数得到，将分解后的分量划分为短期、中期和长期成分。对三种重构成分的称谓在不同文章中有所不同，例如随机项、周期项和趋势项；短期项、中期项和长期项；市场波动价格、重大事件价格和趋势价格等。虽然名称不一致，但其实质都是相同的，都是根据其数据特征来划分，例如频率、周期和均值等特征，根据研究目的的不同将其与研究内容相结合。

四 常用的波动率预测方法相关研究

线性预测方法与非线性预测方法。常见的预测方法有线性预测方法与非线性预测方法，线性预测方法通常包括 GARCH 类模型，非线性预测方法主要指神经网络与支持向量机等非传统的人工智能类预测方法。根据 Box-Jenkins 的分类方法，可将随机时间序列的模型分类为自回归模型（AR）、移动平均模型（MA）、自回归移动平均模型（ARMA）和求和自回归移动平均模型（ARIMA）。

GARCH 模型在波动率预测领域具有独到的优势，因为其定义了波动率的估计方式，同时又能进行波动率的预测。GARCH 模型既可以单独使用对波动率进行预测（郑振龙、黄薏舟，2010；魏宇，2010），也可以和其他模型结合使用进行拓展（刘威仪、孙便霞、王明进，2016）。例如，GARCH 模型可以和 MIDAS 模型结合构造混频数据抽样预测模型（郑挺国，2014）。

异质自回归模型（HAR）与已实现波动率（RV）的组合使用也是比较常见的波动率预测方式之一。mtiller（1993）先提出了异质市场假说，随后 Corsi（2004）又在此基础上使用已实现波动率作为波动率的估计值来替换原来异质波动率中的波动率值，由此提出了 HAR-RV 模型，其实质和原异质波动率假说无异，致使波动率的估计值被替换。该模型利用线性自回归模式来刻画不同时期的波动率对各自未来的影响，短期波动率影响中期波动率，而中期则影响长期。随后又有基于不同情形下的对 HAR-RV 模型的拓展，例如，引入了跳跃和结构转换的 HAR-RV 模型（吴恒煜、夏泽安，2015），基于四次幂差修正 HAR 模型（陈声利、关涛、李一军，2018），将表示隐含波动率的市场波动率指数（CVX）作为影响因子引入高频数据 HAR 模型，构成 HAR-CVX 模型（刘晓倩、王健、吴广，2017）等。

在使用时，GARCH 模型与 HAR 模型的设定比较严格，应用模型时对前提假设条件要求比较严格，相比之下，无模型的预测方式更能反映动态多变的情形，如神经网络等预测手段。神经网络预测方法其原理是模仿人类的大脑神经元处理电信号的方式，构造多层神经网络，每层网络上有一个或多个"神经元"构成，以此来对数据进行处理，这种预测方式对模式比较复杂的数据更为有效，现已有学者将其应用于风电场风速和发电功率预测研究当中（杨秀媛等，2005；张贺民，2017）、空气质量预测（赵李明，2016）以及股价预测（鹿天宇、都莱娜、张雪伍，2019）等多种预测用途上。

目前应用最广泛的是多层前馈神经网络，即 BP 神经网络（董安正、赵国藩，2005；韩力群，2002；Liu, L. H., Chen, J., 2008），神经网络通常由三层构成，第一层为输入层，将信号或数据进行输入；第二层为隐含层，在这层上进行信号的处理；第三层为输出层，输出经计算的结果，各个神经层之间相互独立。各个神经网络层之间通常由激活函数进行连接，输入层和隐含层之间通常由 Sigmoid 函数连接，而隐含层和输出层之间通常由 Purelin 函数连接。人工神经网络的计算过程是一个动态调整的过程，往往需要进行多轮计算，将结果进行反馈，根据结果和真实值的误差对模型的权值和阈值进行调整，通常要达到设定的误差标准才能停止网络的学习训练，或者达到了预先设定的训练回合也将停止运行。经过神经网络训练的网络对数据的处理具有较强的泛化性，比较适合对数据进行预测分析。

由于神经网络传统 BP 算法存在一些内在的缺陷，如容易陷入局部极小值，学习收敛速度慢等，所以学者提出了诸多改进方法（李晓峰、刘光中，2000；苏高利、邓芳萍，2003；丁明、王磊、毕锐，2012）。其中最常用的方法是利用遗传算法（Xie，L. M.，2011；高玉明、张仁津，2014；Wang，S. L.，2018；张坤等，2019）以及粒子群算法等算法（徐以山等，2009；Wei，C.，Peng，F.，2015；沈艺高，2019）对 BP 神经网络的参数进行优化。其他影响 BP 神经网络预测效果的因素还包括输入、输出层和隐含层的节点数以及隐含层的层数（Mei，L.，2018）。

目前已有大量文献证明在处理复杂数据时，神经网络的预测效果要优于传统的时间序列预测模型。例如，杨秀媛、肖洋、陈树勇（2005）的试验表明，运用该神经网络模型进行风速预测的效果优于时间序列法。张晓瑞等（2013）以合肥市建成区面积预测为例，分析表明，在预测精度上，RBF 网络>BP 网络>多元线性回归模型>一元线性回归模型。张景阳、潘光友（2013）与于帅、王红丽（2019）分别以农村居民纯收入和南宁市房地产数据预测分析的实例，数据结果都表明 BP 神经网络预测模型的预测准确度要明显优于多元线性回归预测模型的预测准确度。

关于波动率的估计部分，波动率的估计方法经历了由历史方差模型到指数加权移动平均模型，最后到 ARCH 类模型、随机波动模型、隐含波动率和已实现波动率模型的转变，波动率的估计也由低频波动率的估计转向高频波动率的估计。相比较于传统的波动率估计方法，例如，极差波动率与已实现波动率（RV）等，基于 OHLC 数据的波动率估计运用到了更多的原始数据信息，从而能够得到更好的波动率估计效果，故高频波动率估计部分可以采用基于 OHLC 数据的波动率估计方法。同时，OHLC 极差波动率也可以像已实现极差波动率（RRV）一样，估计过程较为简便。

将变量分解有一定概率可以提高预测精度与预测效果，同时还可以对高频数据进行降噪处理，具有诸多优势，目前比较常用的经济变量分解方法有 EMD 分解方法、小波分解方法与 BP/HP 滤波分解方法。对于 BP 与 HP 滤波方法，其只能将原始数据分解为趋势项与周期项两部分，分解得到的分量较少，相对于 EMD 分解方法和小波分解方法，其对变量的分解不够充分。对于小波分解方法，小波变换要选择合适的母小波以及设置可行的分解层数，而 EMD 分解方法则不存在这样的情况。故对比三种经济变量分解方法，EMD 模态分解方法对变量分解充分，且模型参数设置较少，更适用于本书的欧盟碳排放权期货市场价格波动率的分解。

关于经济变量预测方法，BP 神经网络预测方法具有独到的优势，它在线性预测领域通常优于传统的线性预测方法，同时又能应用于非线性预测领域，相比较于传统波动率预测方法，如 GARCH 模型等，BP 神经网络预测方法具有应用领域广泛、模型约束条件少等优点，比较适合于本书应用。同时，相较于 SVM 支持向量机方法，BP 神经网络更适用于对具有复杂非线性特征数据的预测，而 SVM 则更适用于对线性及平稳趋势性特征数据进行预测。

第三节　欧盟碳排放权市场波动率的估计

一　数据来源与指标选取

在波动率的计算过程中，当数据量过少或交易不频繁时，容易产生数据"跳跃"现象，故在数据选取时应选择交易量大且交易频繁的市场。在所有进行碳排放权交易的资产市场中，按照交易量的大小排序为，期货市场的交易量最大，其次是现货市场，再次是期权市场。

由于期货市场成交量大，且交易较为频繁，同时由于具有远期合约的性质，期货市场的波动率也反映了未来标的资产的波动率的预期，是一种具有前瞻性质的波动率。在所有的期货合约品种当中，欧洲的 ICE ECX 交易所的 EUA 期货合约交易量最大，交易最为频繁。故本书选取伦敦国际石油交易所上市交易的商品期货月合约价格作为碳排放权收益率波动率的计算标的，交易品种为商品 ICE ECX EUA 期货连续合约。碳排放权期货价格与交易量数据来源于欧洲 ICE ECX 交易所的 EUA 期货连续合约，本书选取的数据频率为 15min。

交易时间：ICE ECX EUA 期货每天交易 10 小时，交易时间从 7：00—17：00。合同系列：每季 6 份，每月 2 份，或者由交易所不时决定和公布的其他合约。到期日期：合同月的最后一个星期一，但是，如果最后一个星期一是非营业日，或者在最后一个星期一之后的 4 天内有非营业日，则交易的最后一天将是交货月的倒数第二个星期一。

本书所用数据时间从 2018 年 12 月 24 日 14：15 到 2020 年 1 月 17 日 9：30，共 10757 组数据，包含了开盘价、最高价、最低价、收盘价以及交易量信息。

表 4-1 是具体的各月数据量信息。

表 4-1　　　　　　　　　　各月数据量信息

时间	次数
2018 年 12 月	133
2019 年 1 月	880
2019 年 2 月	818
2019 年 3 月	847
2019 年 4 月	817
2019 年 5 月	934
2019 年 6 月	820
2019 年 7 月	936
2019 年 8 月	860
2019 年 9 月	826
2019 年 10 月	921
2019 年 11 月	689
2019 年 12 月	814
2020 年 1 月	462
合计	10757
均值	768. 285714

二　数据的描述性统计分析

表 4-2 为原数据的描述性统计分析，包含了均值、中位数、最大值、最小值、标准差、偏度、峰度、J-B 统计量及相应的伴随概率 p、数据加总和、标准差加和、数据个数以及数据平稳性等信息。

由表 4-2 中数据可知，开盘价（open）、最高价（high）、最低价（low）和收盘价（close）的峰度接近于 3，而偏度不为 0，J-B 统计量显著大于 0，伴随概率 p 为 0，显示其不符合正态分布特征。交易量数据的偏度远远偏离 0 值，峰度远远偏离 3，且 J-B 统计量为 20645579，说明交易量数据也不符合正态分布，而是表现为"尖峰肥尾"分布。

交易量数据自身表现为平稳状态，不存在单位根。对开盘价、最高价、最低价和收盘价取对数后，数据仍然不平稳，一阶差分后数据表现为平稳状态。

表 4-2	原始数据描述性统计分析				
变量	开盘价	最高价	最低价	收盘价	成交量
均值	24.9004	24.9604	24.8390	24.8996	515
中位数	25.0900	25.1400	25.0300	25.0900	353
最大值	29.8900	29.9500	29.8300	29.8800	20107
最小值	18.4800	18.5700	18.4000	18.5200	1
标准差	2.0981	2.0964	2.0997	2.0976	658
偏度	-0.3522	-0.3462	-0.3612	-0.3525	10
峰度	3.1540	3.1504	3.1605	3.1554	216
J-B 统计量	233.0303	224.9637	245.4918	233.6520	20645579
p 值	0.0000	0.0000	0.0000	0.0000	0
数据总和	267853.8000	268499.1000	267193.1000	267844.7000	5549203
标准差加和	47349.2800	47271.2000	47421.5300	47325.8000	4670000000
数据个数	10757.0000	10757.0000	10757.0000	10757.0000	10757
平稳性	一阶差分平稳	一阶差分平稳	一阶差分平稳	一阶差分平稳	一阶平稳

　　由于同一时期内的开盘价、最高价、最低价与收盘价相差较小、走势相似，故以收盘价走势图为例展示样本期间内价格的变动情况。如图 4-1 和图 4-2 所示，图 4-3 则展示了样本期间内交易量的变动趋势。

图 4-1　收盘价走势

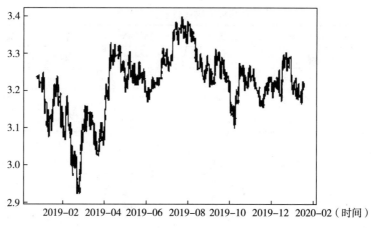

图 4-2 对数收盘价走势

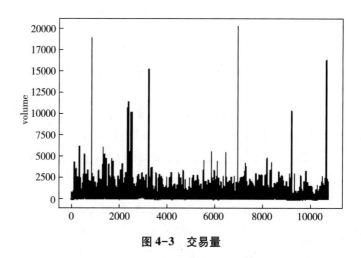

图 4-3 交易量

收盘价的对数收益率的描述性统计分析如表 4-3 所示。均值为 $-1.03E-06$，接近于 0；中位数为 0。偏度为 0.024，峰度为 8.66，J-B 统计量为 14362，J-B 伴随概率 P 为 0，说明收盘价的对数收益率为非正态分布，更接近于"尖峰肥尾"状态。收盘价对数收益率显示出平稳状态，不存在单位根。

表 4-3　　　　　　　　　　　　　对数收益率

指数	返回值
均值	$-1.03E-06$

续表

指数	返回值
中位数	0
最大值	0.04689
最小值	-0.028597
标准差	0.004019
偏度	0.024394
峰度	8.660738
J-B 统计量	14362.1
p 值	0
数据总和	-0.011107
标准差加和	0.17371
数据个数	10756
平稳性	一阶平稳

图 4-4 为收盘价对数收益率的图像。由图 4-4 可以看出，收益率在以 0 为均值、0.02 到-0.02 范围内波动。

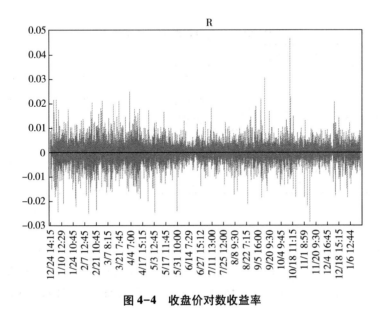

图 4-4　收盘价对数收益率

对对数收益率做假设检验，原假设为：R 均值为 0；备择假设为：R

均值不为 0。检验结果显示，t 值为 -0.026648，伴随概率 p 值为 0.9787，说明不能拒绝原假设，在一定程度上说明对数收益率 R 的漂移项为 0。而对数收益率的漂移系数 μ 为 0，正好符合下文 OHLC 极差波动率计算公式的前提假设。

表 4-4 对数收益率假设检验

指标	值
均值	-1.03E-06
方差	0.004019
t 统计量	-0.026648
p 值	0.9787

三 欧盟碳排放权市场波动率的特征分析

1. 波动率的持续性检验

用 GARCH（1，1）模型估计收盘价的对数收益率与收益率滞后项，回归方程系数显著。方差方程的系数 $\alpha + \beta = 0.9967 < 1$，说明波动具有持续性，且持续性较强（系数的和非常接近于 1）。

表 4-5 GARCH（1，1）模型估计结果

变量	系数	标准差	Z 统计量	p 值
C	-7.99E-07	3.70E-05	-0.021583	0.9828
RE（-1）	0.063973	0.008881	-7.202971	0.0000
方差方程				
C	5.39E-08	5.78E-09	9.324644	0.0000
RESID（-1）^2	0.015347	0.000706	21.73584	0.0000
GARCH（-1）	0.981456	0.000791	1240.732	0.0000

2. 波动率的非对称性检验

利用 TGARCH（1，1）模型检验波动率的非对称性，表 4-6 结果显示系数 $\gamma = 0.005683 > 0$，且结果显著，说明碳排放权期货价格波动存在非对称效应，即绝对值相同的负收益率相比于正收益率，对波动率的影响更大。

表4-6	TGARCH（1，1）模型估计结果			
变量	系数	标准差	Z 统计量	p 值
C	-8.13E-06	3.70E-05	-0.219402	0.8263
RE（-1）	-0.064204	0.008957	-7.168172	0.0000
方差方程				
C	5.55E-08	5.96E-09	9.313280	0.0000
RESID（-1）^2	0.012539	0.000819	15.31604	0.0000
RESID（-1）^2 *（RESID（-1）<0）	0.005683	0.001097	5.178808	0.0000
GARCH（-1）	0.981296	0.000820	1196.182	0.0000

3. 波动率的长记忆性检验

赫斯特是英国水文学家，以他命名的 HURST 指数，现被广泛用于资本市场的混沌分形分析。对具有赫斯特数据特征的时间序列进行分析不需要通常概率统计学的独立随机事件假设，它反映的是一长串事件之间的因果联系，过去发生的事件对现在有影响，现在发生的时间对未来有影响。这正是目前我们分析金融资本市场的复杂性所需要的方法，而传统的概率统计学理论对此类问题无较好的应对方法。

Hurst 指数数值有三种取值范围，分别是：（1） $H=0.5$；（2） $0 \leqslant H < 0.5$；（3） $0.5 < H \leqslant 1$。

当 $H=0.5$ 时，这意味着此时间序列数据为一个独立过程。数据由稳定帕累托分布退变为正态分布，数据特征满足随机游走过程。

当 $0 \leqslant H < 0.5$ 时，意味着此时间序列满足反持久性特征，也就是"均值回复"特征。反持久性特征的强度依赖于赫斯特指数接近零值的程度，数值越接近于 0，则反持久性越强。即如果前一个时间期间数值是上升的，则它在下一个时间期间数值大概率会下跌；反之亦然。

当 $0.5 < H \leqslant 1$，意味着此时间序列数据满足稳定的分形状态，具有持久性，且持久性的强度取决于赫斯特指数接近1的程度，越接近于1则持久性越强。如果上一个时间期间数值是上升的，那么，下一个时间期间数值将大概率继续上升；反之亦然。

Hurst 指数计算步骤：

第一步：输入数据长度为 M 的数据序列。对它取对数，做差分，变为长度为 $N=M-1$ 的对数差分序列：

$$N_i = \lg\left(\frac{M_{i+1}}{M_i}\right), \quad i=1, 2, \cdots, M-1 \tag{4-1}$$

第二步：将长度为 N 的对数收益率序列等分为 A 个子集，每个子集的长度为 $n=N/A$. 计算内个自己的均值，记为 e_a，$a=1, 2, \cdots, A$。

第三步：在每个子集 a 内，计算前 k 个点（$k=1, 2, \cdots, n$）相对该子集均值 e_a 的累计离差：

$$X_{k,a} = \sum_{i=1}^{k} (N_{i,a}-e_a), \quad k=1, 2, \cdots, n \tag{4-2}$$

第四步：计算每个子集 a 内对数收益率序列的波动范围 R_a，它等于累积离差最大值和最小值的差值：

$$R_a = \mathrm{Max}(X_{k,a}) - \min(X_{k,a}), \quad 1 \leqslant k \leqslant n \tag{4-3}$$

第五步：计算每个子集 a 内对数收益率序列的标准差 S_a。

第六步：对每个子集 a 内，使用其标准差 S_a 对其波动范围 R_a 进行标准化，得到重标极差 R_a/S_a。从第二步开始，对于选取的长度 n，一共有 A 个子集，因此有 A 个重标极差。取它们的均值作为该原始对数价格序列在长度为 n 的时间跨度上的重标极差，记为 $(R/S)_n$：

$$(R/S)_n = \frac{1}{A}\sum_{a=1}^{A}\frac{R_a}{S_a} \tag{4-4}$$

第七步：增大 n 的取值，并重复前六步，得到不同长度 n 的时间跨度上对数价格序列的重标极差 $(R/S)_n$。

第八步：根据 Hurst 指数 H 的定义，我们知道它是描述 $(R/S)_n$ 和 n^H 的正比例关系，即：

$$(R/S)_n = C \times n^H \tag{4-5}$$

因此，对 n 和 $(R/S)_n$ 进行双对数回归，即使用 $\log(n)$ 对 $\log((R/S)_n)$ 进行线性回归。回归方程的截距就是上面关系中的常数 C，而斜率就是 Hurst 指数 H。

本书对 OHLC 极差波动率采用重标极差法计算得出的 Hurst 指数为 0.89847，说明 OHLC 极差波动率具有长记忆性特征，也就是如果上一个时间期间波动率是上涨的，那么下一个时间期间将继续上涨，反之亦然。波动率的长记忆特性给波动率的预测带来了可能性，在一定程度上说明可以利用过去的历史波动率数据来预测未来的波动率。

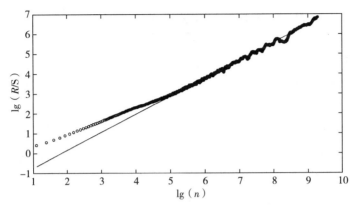

图 4-5　lg（n）对 lg（（R/S）$_n$）进行线性回归

　　赫斯特指数式计算一段时间内的数值，而有时我们需要观察连续时间上的赫斯特指数的动态变化情况，这时就要计算移动赫斯特指数，其本质是计算移动窗口下的赫斯特指数值。对每一个历史区间内的序列分别计算出它们的 Hurst 指数值，这样对于每一个收益率都有了一个基于历史的 Hurst 指数值。

　　本书计算移动窗口为 40 个数据点大小，每个数据抽样频率为 15min，所以窗口大小为 10h，即时间窗为一天。

　　经计算，移动 Hurst 指数的均值为 0.6575，这也说明了以一个交易日时间为移动窗口大小的 OHLC 极差波动率同样具有长记忆性特征。

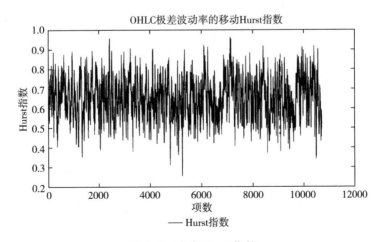

图 4-6　移动 Hurst 指数

四　基于 OHLC 数据的已实现极差波动率估计

1. 波动率的估计

OHLC 极差波动率的估计公式：

假设资产价格运动符合布朗运动，记 S_t 为资产价格，且 $p_t = \ln S_t$，那么 p_t 将服从

$$dp_t = \mu dt + \sigma dW_t \tag{4-6}$$

其中，W_t 是标准布朗运动；μ 是漂移系数；σ 是扩散系数。如果记 $r_t = p_t - p_{t-1}$ 表示时间段的收益率，则上式意味着 $r_t \sim N(\mu, \sigma^2)$。

当漂移系数 μ 为 0 时，极差波动率可以定义为：

$$\sigma^2 = (1/n) \sum_{t=1}^{n} X_t \tag{4-7}$$

$$X_t = 0.511(u_t - d_t)^2 - 0.019[c_t(u_t + d_t) - 2u_t d_t] - 0.383 c_t^2 \tag{4-8}$$

$$u_t = H_t - O_t, \ d_t = L_t - O_t, \ c_t = C_t - O_t \tag{4-9}$$

其中，O_t，H_t，L_t，C_t 分别为时间段（取对数后的）的开盘价、最高价、最低价与收盘价。

2. 波动率的描述性统计分析

OHLC 极差波动率的描述性统计分析如表 4-7。OHLC 极差波动率的 J-B 统计量远大于 0，伴随概率 p 值为 0，说明不符合正态分布。偏度为 6.6，峰度为 89.4，显示出"尖峰厚尾"分布状态特征。

表 4-7　　　　　　　OHLC 极差波动率的描述性统计分析

指数	OHLC
均值	0.007037
中位数	0.003952
最大值	0.298185
最小值	0
标准差	0.010905
偏度	6.586832
峰度	89.36437
J-B 统计量	3420565
p 值	0
数据总和	75.69139

续表

指数	OHLC
标准差加和	1. 278878
数据个数	10756
平稳性	一阶平稳

从图 4-7 中可以看出，经计算的欧盟碳排放权期货市场的 OHLC 极差波动率呈现出明显的波动集聚效应，即大的波动的出现呈现出聚集式的状态。

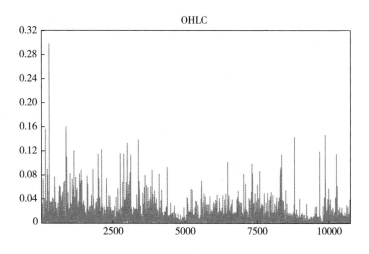

图 4-7　OHLC 极差波动率

第四节　欧盟碳排放权市场波动率的分解与重构

一　基于 EMD 的欧盟碳排放权市场波动率分解

1. EMD 方法概述

EMD 方法有如下假设：

（1）任何信号都可以分解为若干个 IMF 分量；

（2）各个 IMF 分量可以是线性的或非线性的，局部的零点数和极值点数相同，且上下包络关于时间轴局部对称；

（3）一个信号可包含若干个 IMF 分量。

每个 IMF 分量的计算步骤为：

首先，计算原信号 $x(t)$ 的极值点，然后用三次样条函数拟合出极大极小值包络线 $e_+(t)$ 及 $e_-(t)$。原信号的均值包络线 $m_1(t)$ 是上下包络线的平均值。

$$m_1(t) = \frac{e_+(t) + e_-(t)}{2} \tag{4-10}$$

将原信号减去 $m_1(t)$，然后得到了去掉低频的信号 $h_1^1(t)$：

$$h_1^1(t) = x(t) - m_1(t) \tag{4-11}$$

若 $h_1^1(t)$ 不满足 IMF 定义的条件，则它不是平稳信号，继续重复上述过程 k 次，直到找到符合 IMF 定义的 $h_1^k(t)$，则 $x(t)$ 的一阶 IMF 分量为：

$$c_1(t) = IMF_1(t) = h_1^k(t) \tag{4-12}$$

接下来，用原信号 $x(t)$ 减去 $c_1(t)$，得到去掉高频成分的新信号 $r_1(t)$，则：

$$r_1(t) = x(t) - c_1(t) \tag{4-13}$$

将 $r_1(t)$ 作为原始数据，再将得到的第二个 IMF 分量 $r_2(t)$，以此类推，得到 n 个 IMF 分量，直到 $r_n(t)$ 是单调函数或常量时，记为余项，EMD 分解过程停止。

最后，X（t）经 EMD 分解后得到：

$$x(t) = \sum_{i=1}^{n} c_i(t) + r_n(t) \tag{4-14}$$

其中，$r_n(t)$ 为趋势项，代表信号的平均趋势或均值。

2. 基于 EMD 方法的波动率分解实证分析

对第三章中估计得到的 OHLC 极差波动率进行经验模态分解，如图 4-8 所示，结果得到 15 个 IMF 分量，其中第 15 个 IMF 分量为波动率的趋势项，而第一行 X0 项为原始的未分解的波动率。据图 4-8 中所示，分解后的分量按照波动频率（此频率是指物理学意义上的频率，和数据的抽样频率的概念相区别）的高低由上到下呈现出递减趋势，尤其是将 IMF1 与 IMF15 对比起来更加明显。

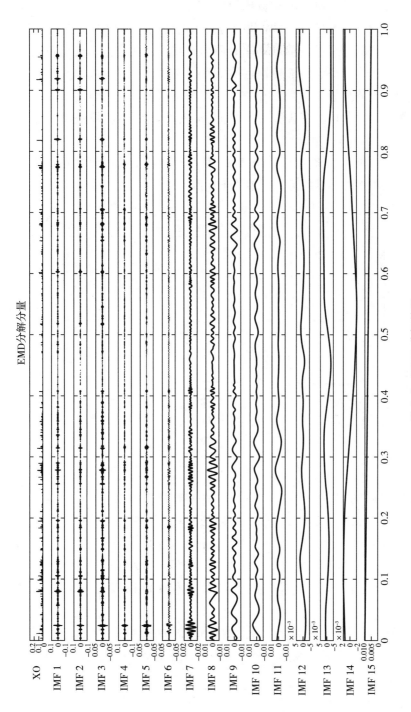

图 4-8 EMD 分解结果

二 欧盟碳排放权市场波动率重构

在将波动率分解过后，本书将对分解后的波动率分量进行细致分析，包括波动率分解分量的均值、频率和周期等特征，并根据分解分量的特征将其进行重构，即按照某种特定的条件（波动率分量的波动周期）将具有相似特征的分解分量加和汇总，以此来精简波动率的分量数目，同时降低了波动率分量的复杂度，有利于后续的波动率分量预测过程。

1. 波动率分解分量分析

由图 4-9 所示，经 EMD 分解后的各个 IMF 分量的均值都在 0 值附近，只有余项例外，其均值显著地异于 0 值。

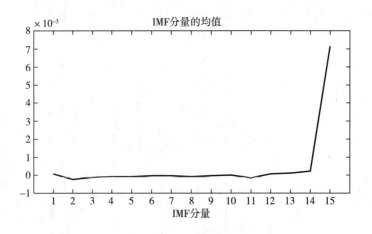

图 4-9 IMF 分量均值

对分解后的 IMF 分量做时—频、时—幅分析。以 IMF1 为例，由图 4-10 可以看出，IMF1 分量随着时间的变动，频率与幅值也在剧烈地发生变化，说明对于频率较高的 IMF 来说，其波动较为剧烈。

再对 IMF 分量进行快速傅里叶变换，进行波动率分量的频幅分析，从频率—幅值图 4-11 中找到幅值最大的数据点以确定 IMF 分量的频率。

经 EMD 分解后的各个 IMF 分量的最大振幅如图 4-12 所示，从 IMF1 到 IMF15，OHLC 极差波动率分解分量的振幅逐渐变大，从整体上来看呈现出上升趋势。

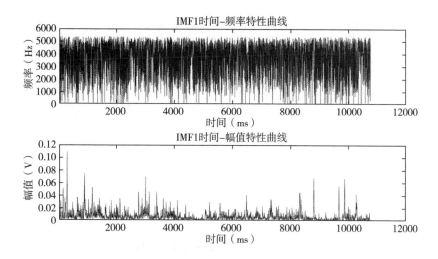

图 4-10　时—频、时—幅

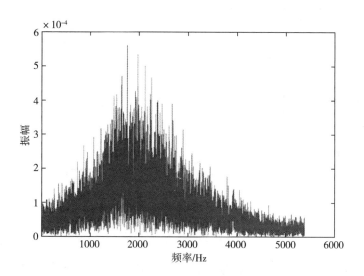

图 4-11　IMF2 的频率—幅值

在频率—幅度分析图中，由最大振幅点确定分量频率。各个 IMF 分量的频率如图 4-13 所示。从 IMF1 到 IMF15，各个波动率分量的频率数值逐渐降低，期初呈现快速下降态势，随后逐渐趋于平缓状态。

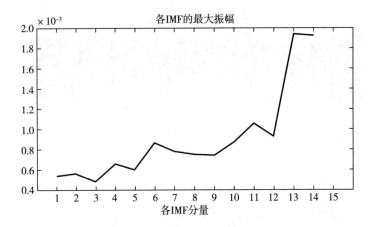

图 4-12 各 IMF 分量的最大振幅

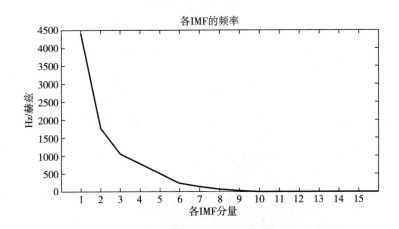

图 4-13 各 IMF 分量的频率

随后由 IMF 波动率分量的频率可以确定各个 IMF 分量波动的周期长度，由公式 $T = \dfrac{1}{f}$ 可确定其周期长度。以 IMF1 为例，周期 $T = \dfrac{10756}{4.45E+03} \times$ 15÷60＝0.6 小时。其中 10756 为数据点个数，数据抽样频率为 15 分钟。计算结果由图 4-14 所示，各个 IMF 波动率分量的波动周期总体上呈现出上升趋势，由 IMF1 到 IMF14，其波动周期数值呈现出平缓状态，随后从 IMF7 开始逐渐快速上涨，到 IMF14 达到最大值。

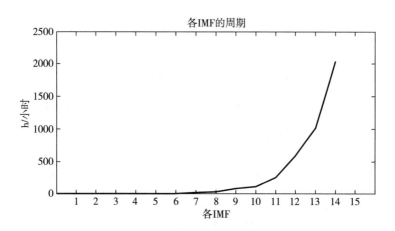

图 4-14　各 IMF 周期

各个 IMF 波动率分量的最大振幅、频率和周期长度如表 4-8 所示，因为余项（IMF15）为趋势项，没有周期，故不包含在内。

表 4-8　　　　　　　各 IMF 波动率分量的最大振幅、频率和周期

IMF	最大振幅	频率	周期（h/小时）
IMF1	5.33E-04	4.45E+03	0.6
IMF2	5.61E-04	1.76E+03	1.53
IMF3	4.75E-04	1.06E+03	2.54
IMF4	6.54E-04	7.95E+02	3.38
IMF5	6.00E-04	5.22E+02	5.15
IMF6	8.62E-04	2.63E+02	10.24
IMF7	7.79E-04	1.58E+02	17.07
IMF8	7.47E-04	8.67E+01	31.03
IMF9	7.40E-04	3.41E+01	78.77
IMF10	8.68E-04	2.43E+01	110.7
IMF11	1.05E-03	1.05E+01	256
IMF12	9.26E-04	4.60E+00	585.14
IMF13	1.94E-03	2.63E+00	1024
IMF14	1.92E-03	1.31E+00	2048

对各个 IMF 波动率分量与 OHLC 极差波动率之间的关系做进一步分

析。分别计算各个 IMF 波动率分量与未经分解的 OHLC 极差波动率的逼近度、相似度和波动贡献度。

逼近度 $=\dfrac{1}{\text{MSE}}$。其中 MSE 为对 IMF 波动率分量与 OHLC 极差波动率求得 mse 的数值，其倒数为逼近度，表现了 IMF 分量对 OHLC 极差波动率的复刻能力。其数值越大表示 IMF 波动率分量对原未分解的波动率的复刻能力越强。

相似度为 IMF 分量与 OHLC 极差波动率的 pearson 相关系数的数值。体现了 IMF 分量与 OHLC 极差波动率的相似度，即 IMF 波动率分量与原为分解波动率之间样本期间内走势的相似度。其数值越大表示 IMF 波动分量与原未分解波动率之间走势越相似。

波动贡献度 $=\dfrac{\text{VAR}_{\text{IMF}}}{\text{VAR}_{\text{OHLC}}}$。数值为各个 IMF 波动率分量的方差数值与原为分解波动率的方差数值的商数，体现了 IMF 波动率分量对 OHLC 极差波动率的波动贡献程度。其数值越大表示 IMF 波动率分量对原为分解波动率的波动贡献度越大。

从逼近度、相似度和波动率贡献度来看，由图 4-15 与表 4-9 的计算结果来看，从 IMF1 到 IMF15，这三个指标经历了先下降再上升的趋势。从具体数值来看，分量相似度与波动贡献度都是 IMF1 分量最大，而逼近度则是 IMF15 分量最大。

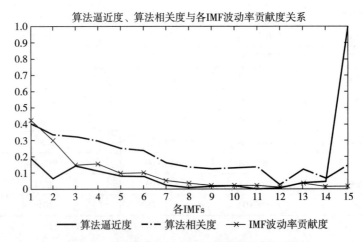

图 4-15　IMF 逼近度、相似度和波动率贡献度

表 4-9　　　　　　　　**IMF 逼近度、相似度和波动率贡献度**

IMF	逼近度	相似度	波动贡献度
IMF1	0.1881	0.4032	0.4208
IMF2	0.0625	0.3336	0.2964
IMF3	0.1415	0.3215	0.1468
IMF4	0.1066	0.2928	0.1529
IMF5	0.079	0.2496	0.0956
IMF6	0.0748	0.2356	0.097
IMF7	0.0241	0.1585	0.0513
IMF8	0.0087	0.1345	0.0354
IMF9	0.0157	0.1223	0.021
IMF10	0.0221	0.1272	0.0205
IMF11	0	0.1354	0.0224
IMF12	0.005	0.0243	0.0109
IMF13	0.0374	0.1206	0.0332
IMF14	0.0434	0.0669	0.0147
余项	1	0.1486	0.0158

2. 波动率的重构分析

按照异质波动率假说，不同类型交易者的交易期限是有差别的，分为短期、中期与长期交易者，从而对资产价格产生影响，不同期限的交易者对不同时间尺度上的价格或收益率具有不同的影响。本书参考异质波动率假说思想，将波动率分量按照波动周期的长短分为短期波动率、中期波动率与长期波动率。

本书假设一天的交易时间为 10h，一周五个交易日为 50h，一个月 22 个交易日为 220h，一个季度 66 个交易日为 660h，一年 264 个交易日为 2640h。以此为时间标准对经分解的 IMF 波动率分量进行长、中、短期波动率重构。

IMF1—6 为日度周期级别波动率，IMF7—8 为周度周期级别波动率，IMF9—10 为月度周期级别波动率，IMF11—12 为季度周期级别波动率，IMF13—14 为年度周期级别波动率，IMF15 为单调趋势项。

$$\text{day} = \text{imf}(1) + \text{imf}(2) + \text{imf}(3) + \text{imf}(4) + \text{imf}(5) + \text{imf}(6);\qquad (4-15)$$

$$\text{week} = \text{imf}(7) + \text{imf}(8);\qquad (4-16)$$

$$\text{month} = \text{imf}(9) + \text{imf}(10)\,; \tag{4-17}$$

$$\text{quarter} = \text{imf}(11) + \text{imf}(12)\,; \tag{4-18}$$

$$\text{year} = \text{imf}(13) + \text{imf}(14)\,; \tag{4-19}$$

$$\text{trend} = \text{imf}(15)\,; \tag{4-20}$$

再由此将日度级别分量与周度级别分量定义为短期波动率，将月度级别分量与季度级别分量定义为中期波动率，将年度级别分量与趋势项分量定义为长期波动率。

$$\text{short\_term} = \text{day} + \text{week}\,; \tag{4-21}$$

$$\text{medium\_term} = \text{month} + \text{quarter}\,; \tag{4-22}$$

$$\text{long\_term} = \text{year} + \text{trend}\,; \tag{4-23}$$

现有的文献大多把余项 S 直接认定为低频趋势分量，但这样划分是否合理目前仍未可知。余项 S 的定义为极值点与零点的差≤1，即要么单调增（减），要么先增后减或先减后增。但波动率的长期趋势显然不是只有这两种模式。本书对长期波动率成分的划分是根据其波动周期的长短来划分，而不是简单地将余项定义为长期项成分，相比于以往的长期项划分方法，本书所采用的方法更具有合理性。

重构后的长、中、短期波动率描述性统计分析如表 4-10 所示。短、中、长期波动率均不符合正态分布，均为"尖峰肥尾"分布状态。数据的平稳性方面，短期波动率为平稳状态（不存在单位根），中期波动率经过一阶差分后平稳，而长期波动率经过二阶差分后平稳。

表 4-10　　　　　　　短、中、长期波动率描述性统计分析

变量	短期波动率	中期波动率	长期波动率
均值	-0.0005	0.0000	0.0075
中位数	-0.0022	-0.0002	0.0077
最大值	0.2830	0.0112	0.0120
最小值	-0.0211	-0.0084	0.0030
标准差	0.0104	0.0030	0.0027
偏度	6.4888	0.6384	-0.1270
峰度	93.4948	4.2142	1.7759
J-B 统计量	3745658.0000	1391.3740	700.4323
p 值	0.0000	0.0000	0.0000

续表

变量	短期波动率	中期波动率	长期波动率
数据总和	-4.9319	-0.2816	80.9049
标准差加和	1.1561	0.0968	0.0784
数据个数	10756.0000	10756.0000	10756.0000
平稳性	一阶平稳	一阶差分平稳	二阶差分平稳

　　短期、中期、长期波动率走势图如图4-16所示。短期波动率成分波动状况剧烈，极端值较多，比较接近噪声分布状态；中期波动率成分波动状况有所减弱，呈现出类周期波动状态；长期波动率成分波动状况最弱，趋势较为平滑。

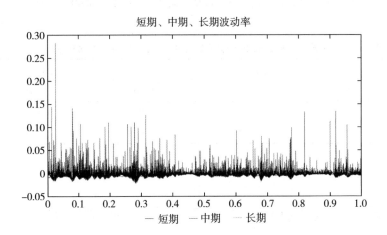

图4-16　短期、中期、长期波动率

　　从逼近度、相似度和对波动率的贡献度来看，如图4-17和表4-11所示，短期波动率、长期波动率与原始波动率的三个指标数值比较高，中期波动率的三个指标数值最低。说明原始OHLC极差高频15min波动率更多体现的还是短期的波动，对于长期以及中期的波动体现较少，这在一定程度上和数据的采样频率有关。这同时也说明了，要想提高对OHLC极差波动率的预测准确度，首先应该考虑提高短期波动率的预测准确度，其次是长期波动率，最后是中期波动率。

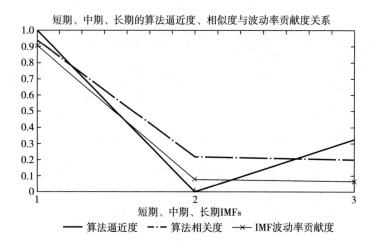

图 4-17 短期、中期、长期波动率逼近度、相似度和波动贡献度

表 4-11 短期、中期、长期波动率逼近度、相似度和波动贡献度

成交量	逼近度	相似度	波动贡献度
短期	1	0.9387	0.904
中期	0	0.2135	0.0757
长期	0.321	0.1969	0.0613

第五节 欧盟碳排放权市场波动率的拟合与预测

一 拟合与预测方法概述

本书经过对参考文献的梳理，并结合波动率的非线性的复杂特征，选择运用 BP 神经网络和 SVM 支持向量机来进行波动率的预测，并且辅以 GA 遗传算法对参数进行优化。具体的方法概述如下文所示。

1. BP 神经网络预测方法概述

BP 神经网络是一种多层神经向前反馈的网络，该网络通常由三层构成，第一层的输入层，负责数据和信号的输入；第二层的隐含层，负责数据的处理；第三层的输出层，负责数据或信号的输出。神经网络各个层之间还有反应函数进行连接，数据由输入层输入，经隐含层处理进行输出，网络会将结果与真实值进行比对，误差会沿着神经网络进行反向传播，以此来更新网络中的权值和阈值，通常误差达到一定的数量级后将停止网络运算，或者运行次数达到设定的次数为止。BP 神经网络的拓扑结构如图 4-18 所示。

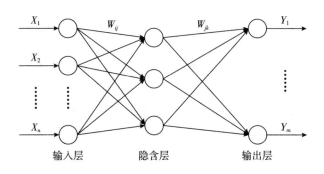

图 4-18　BP 神经网络的拓扑结构

在图中，X_1，X_2，$\cdots$，X_n 是 BP 神经网络的输入值，Y_1，Y，$\cdots$，Y_n 是 BP 神经网络的预测值，ω_{ij} 和 ω_{jk} 为 BP 神经网络权值，从图中可以看出，BP 神经网络可以看成一个非线性函数，网络输入值与预测值分别为该函数的自变量与因变量。当输入节点个数为 n、输出节点个数为 m 时，BP 神经网络就表达成了从 n 个自变量到 m 个因变量的函数映射关系。

BP 神经网络预测前首先要训练网络，通过训练使得网络具有联想记忆和预测能力。BP 神经网络的训练过程包括以下几个步骤。

步骤 1：网络初始化。根据系统输入输出序列 (X, Y) 确定输入层节点数 n、隐含层节点数 l，输出层节点数 m，初始化输入层、隐含层和输出层神经元之间的连接权值 ω_{ij} 和 ω_{jk}，初始化隐含层阈值 a，输出层阈值 b，给定学习速率和神经元激励函数。

步骤 2：隐含层输出计算。根据输入变量 X，输入层和隐含层间连接权值 ω_{ij} 以及隐含层阈值 a，计算隐含层输出 H。

$$H_j = f\left(\sum_{i=1}^{n} \omega_{ij} x_i - a_j \right), \; j = 1, 2, \cdots, l \qquad (4\text{-}24)$$

式中，l 为隐含层节点数；f 为隐含层激励函数，该函数有多种表达形式。本书选取函数为：

$$f(x) = \frac{1}{1+e^{-x}} \tag{4-25}$$

步骤 3：输出层输出计算。根据隐含层输出 H，连接权值 ω_{ij} 和阈值 b，计算 BP 神经网络预测输出 O。

$$O_k = \sum_{j=1}^{l} H_j \omega_{jk} - b_k \quad k=1, 2, \cdots, m \tag{4-26}$$

步骤 4：误差计算。根据网络预测输出 O 和期望输出 Y，计算网络预测误差 e。

$$e_k = Y_k - O_k \quad k=1, 2, \cdots, m \tag{4-27}$$

步骤 5：权值更新。根据网络预测误差 e 更新网络连接权值 ω_{ij}，ω_{jk}。

$$\omega_{ij} = \omega_{ij} + \eta H_j (1-H_j) x(i) \sum_{k=1}^{m} \omega_{jk} e_k \quad i=1, 2, \cdots, n; \ j=1, 2, \cdots, l \tag{4-28}$$

$$\omega_{jk} = \omega_{jk} + \eta H_j e_k \quad j=1, 2, \cdots, l; \ k=1, 2, \cdots, m \tag{4-29}$$

其中，η 为学习速率。

步骤 6：阈值更新。根据网络预测误差 e 更新网络节点阈值 a，b。

$$a_j = a_j + \eta H_j (1-H_j) \sum_{k=1}^{m} \omega_{jk} e_k \quad j=1, 2, \cdots, l \tag{4-30}$$

$$b_k = b_k + e_k \quad k=1, 2, \cdots, m \tag{4-31}$$

步骤 7：判断算法迭代是否结束，若没有结束，则返回步骤 2。

2. GA 遗传算法概述

遗传算法（Genetic Algorithms）是 1962 年由美国密歇根大学 Holland 教授提出的以特定机制模拟自然界生态的进化与变异过程以此来对参数进行优化。它把自然界"优胜劣汰，适者生存"的生物进化原理引入优化参数形成的编码串联群体中，按照所选择的适应度函数并通过遗传中的选择、交叉和变异对个体进行筛选，使适应度值好的个体被保留，适应度差的个体被淘汰，经过遗传和变异过程之后的新群体的适应度与之前的代别相比有显著的提高。遗传算法基本的操作分为以下几个步骤：

（1）选择操作

选择操作实质上是一种随机抽样行为，在样本中抽取一定数量的个体，而抽取个体的概率与每个个体的适应度相关，适应度越高则抽取的概率越大，这体现了"适者生存"的概念，优秀的个体将被遗传下来。

（2）交叉操作

交叉操作是同时选择两个样本个体，将个体中的染色体部分进行交换，以此类产生更加优秀的个体。交叉操作如图4-19所示。

A:1100 0101 1111 　交叉　 A:1100 0101 0000
B:1111 0101 0000 ────→ B:1111 0101 1111

图4-19　交叉操作

（3）变异操作

变异操作是指选择一个样本个体，对其染色体部分进行替换，以此来产生遗传信息不同的个体。变异操作如图4-20所示。

A:1100 0101 1111 ──变异──→ A:1100 0101 1101

图4-20　变异操作

遗传算法具有随机性，符合"适者生存"的理念，将个体进行变异和互换操作，对个体基因进行改良，部分个体适应度有所提升，其本质上就是在优化个体特征。这种方法可以用来进行参数优化和生产配置优化等诸多方向。

遗传算法的基本要素包括染色体编码、适应度函数调整、遗传操作和运行参数。染色体编码通常采用二进制数位编码方式，其操作起来较为方便，本质是将个体的染色体排列替换为二进制的0和1，一次来代替个体遗传代码。适应函数是根据具体优化目标的需要来编写，对每个个体都能计算出一个适应度，最终要寻找最佳的适应度即最优的参数优化结果。遗传操作是指将个体携带的机芯进行变异和交叉等过程对个体编码进行优化，求得其适应度，最终得到最优个体，达到优化的目的。

运行参数是遗传算法在初始化时确定的参数，主要包括群体大小 M、遗传代数 G、交叉概率 P_c，和变异概率 P_m。

3. SVM 支持向量机预测方法概述

支持向量机（Support Vector Machine，SVM）由 Vapnik[1]首先提出，

---

[1]　Corinna Cortes，VladimirVapnik. Support－Vector Networks，Machine Learning，1995，20（3）.

与神经网络类似，它由多层网络和径向基函数构成，支持向量机常用来进行分类处理和线性回归预测分析。支持向量机主要思想是构建一个多维度的超平面，将低维度的数据映射到高维度上，这样就实现了将低维度不可分问题在高维度可分。它通常会先建立一个分类超平面作为决策曲面，使得不同类别之间距离最大，与超平面之间的距离也最大，同种类别之间距离最小；支持向量机 SVM 利用统计学理论作为基础，其目的是将数据的结构风险进行优化，使其最小化。这个原理基于这样的事实：学习机器在测试数据上的误差率，即泛化误差率，以训练误差率和一个依赖子 vc 维数（Vap11ik-Chervonenkis dimension）的项的和为界，在可分模式情况下，支持向量机对于前一项的值为零，并且使第二项最小化。支持向量机在线性预测领域及分类问题的解决方面具有一定的优势，并具备以下几个特点：

（1）通用性：适应性强，可应用于多种场景计算优化；

（2）鲁棒性：结果稳定；

（3）有效性：解决问题时其结果常常是最优的；

（4）计算简单：只需要对参数进行简单优化即可；

（5）理论上完善：基于 VC 维数理论推广出的框架。

在"支持向量"$x(i)$ 和输入空间抽取的向量 x 之间的内积核这一概念是构造支持向量机学习算法的关键。支持向盘机是由算法从训练数据中抽取的小的子集构成。支持向量机的体系结构如图 4-21 所示。

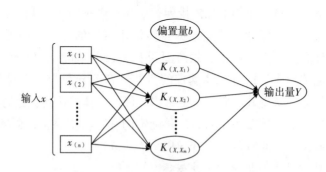

图 4-21 支持向量机的体系结构

其中 K 为核函数，其种类主要有：

线性核函数：$K(x, x_i) = x^T x_i$；　　　　　　　　　　　　　　(4-32)

多项式核函数：$K(x, x_i) = (\gamma x^T x_i + r)^p$，$\gamma > 0$；　　　　(4-33)

径向基核函数：$K(x, x_i) = \exp(-\gamma \|x - x_i\|^2)$，$\gamma > 0$；　(4-34)

两层感知器核函数：$K(x, x_i) = \tanh(\gamma x^T x_i + r)$。　　　　(4-35)

二分类支持向量机

C-SVC 模型是比较常见的二分类至尺寸向量机模型，其具体形势如下：

（1）设已知训练集：

$$T = \{(x_1, y_1), \cdots, (x_l, y_l)\} \in (X \times Y)^l \tag{4-36}$$

其中，$x_i \in X = R^n$，$y_i \in Y = \{1, -1\}$（$i = 1, 2, \cdots, l$）；x_i 为特征向量。

（2）选取适当的核函数 $K(x, x')$ 和适合的参数 C，构造并求解最优化问题：

$$\min_\alpha \frac{1}{2} \sum_{i=1}^{j} \sum_{j=1}^{l} y_i y_j \alpha_i \alpha_j K(x_i, x_j) - \sum_{j=1}^{l} \alpha_j \tag{4-37}$$

$$\text{s. t.} \sum_{i=1}^{l} y_i \alpha_i = 0, \ 0 \leq \alpha_i \leq C, \ i = 1, \cdots, l \tag{4-38}$$

得到最优解：$\alpha^* = (\alpha_1^*, \cdots, \alpha_l^*)^T$。　　　　　　　(4-39)

（3）选取 α^* 的一个正分量 $0 < \alpha_j^* < C$，并根据此计算阈值：

$$b^* = y_i - \sum_{i=1}^{l} y_i \alpha_i^* K(x_i - x_j) \tag{4-40}$$

（4）构造决策函数：

$$f(x) = \text{sgn}\left(\sum_{i=1}^{l} \alpha_i^* y_i K(x, x_i) + b^*\right) \tag{4-41}$$

对时间序列预测的本质其实也是分类，二分类的原理是计算每一个数据点的决策函数值，然后根据数值决定将数据点划分为哪一类。时间序列预测相比于二分类来说，少了确定数据点的类别这一步骤，数据的预测值就是决策函数的函数值。

4. 拟合与预测效果的评价指标

为了评价模型的预测能力，本书采用了 MSE、MAE 与 pearson 相关系数 Corr 三个指标。

$$\text{MSE} = \frac{1}{n} \sum_{t=1}^{n} |Y_t - \dot{Y}_t|^2 \tag{4-42}$$

MSE 是真实值与预测值的差值的平方然后求和平均。通过平方的形式便于求导，所以常被用作线性回归的损失函数。在实际运用过程中，MSE 数值越小表现为预测准确度越高。

$$\text{MAE} = \frac{1}{n}\sum_{t=1}^{n}|Y_t - \dot{Y}_t| \tag{4-43}$$

MAE 是绝对误差的平均值。可以更好地反映预测值误差的实际情况。和 MSE 相似，MAE 数值越小说明预测准确度越高。

$$\begin{aligned}\text{corr} = \rho(X,\ Y) &= \frac{E[(X-\mu_X)(Y-\mu_Y)]}{\sigma_X \sigma_Y} \\ &= \frac{E[(X-\mu_X)(Y-\mu_Y)]}{\sqrt{\sum_{i=1}^{n}(X_i-\mu_X)^2}\sqrt{\sum_{i=1}^{n}(Y_i-\mu_Y)^2}}\end{aligned} \tag{4-44}$$

Corr 取 pearson 相关系数，体现了两组数据之间的相关性。在其他条件相同的情况下，预测的数值与真实值的相关系数越大，说明预测效果越好。

二　欧盟碳排放权市场波动率分解—重构—预测方法的拟合及预测比较分析

1. 模型拟合分析

用长、中、短期 IMF 波动率分量作为模型输入值拟合 OHLC 极差波动率，同时采用 BP 与 GA-BP 方法，并对比拟合结果。先对数据采取随机化处理，然后采用前 10000 个数据作为训练集，后 756 个数据作为测试集，查看模型的拟合效果。

本书提到的拟合是指相对预测而言，预测是站在 t 时刻，利用 t 时刻训练集的信息预测 $t+1$ 时刻测试集及以后的数据，而拟合是利用 $t+1$ 时刻测试集的信息作为输入变量拟合 $t+1$ 时刻测试集的输出变量数据。拟合的目的是检验模型对输入输出数据的适应度，如果拟合效果好，同时也是对预测方法和预测结果的双重检验，这样对预测效果也有了一定的保障。

运用 BP 神经网络与经过 GA 遗传算法优化的 BP 神经网络进行波动率拟合效果的对比研究，如图 4-22（拟合结果与真实值对比）与图 4-23（两种方法拟合结果的绝对误差对比）所示，BP 方法与 GABP 方法相较而言，经过 GA 遗传算法优化的 BP 神经网络的拟合误差更小，拟合效果更好。

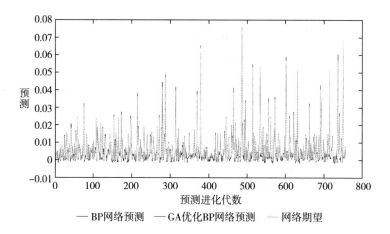

图 4-22　BP 与 GA 优化 BP 拟合结果

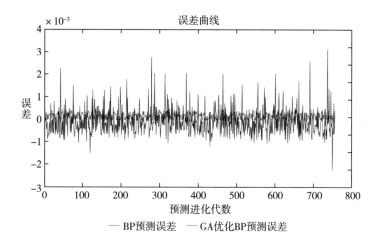

图 4-23　BP 与 GA 优化 BP 拟合绝对误差

　　从随机数据的拟合结果（MSE 和 MAE 的数值，越小越好）（由表 4-12 所示）来看，用短、中、长期三部分 IMF 波动率分量作为神经网络的输入值来拟合波动率的效果最好（MSE 为 4.3232E-08，MAE 为 0.00016707），运用所有单个 IMF 波动率分量作为输入值拟合效果次之（MSE 为 2.2895E-07，MAE 为 0.00025515），短期加长期的 IMF 波动率分量作为输入值拟合效果再次（MSE 为 7.0125E-06，MAE 为 0.00205220），运用 OHLC 极差波动率的滞后一期项（OHLC（-1））作为输入值的拟合效果最次（MSE 为 8.8804E-05，MAE 为 0.00608000）。

表 4-12 对 OHLC 极差波动率的拟合结果

Var./IMF	BP 建模仿真时间	GA-BP建模时间	BP 的均方差	GA-BP 的均方差	BP 的平均绝对误差	GA-BP 的平均绝对误差
OHLC（-1）	7.7969s	0.89063s	8.8188E-05	8.8804E-05	0.00585360	0.00608000
所有单个 IMF	10.2969s	6.8906s	7.3098E-07	2.2895E-07	0.00079374	0.00025515
短期+长期 IMF	9.8438s	3.0156s	7.1666E-06	7.0125E-06	0.00210380	0.00205220
短期+中期+长期 IMF	11.7656s	0.82813s	3.5536E-07	4.3232E-08	0.00045975	0.00016707

　　这说明分解后数据拟合效果更好（由未分解的 OHLC 滞后项作为输入值拟合效果最差可知），而分解后重构的拟合效果比只分解不重构的效果还要更好（由短中长期 IMF 波动率分量作为输入值比所有未经重构的 IMF 分量作为输入值的拟合效果好可知）。

　　以上结果表明分解加重构的方式对波动率的拟合是有效的，可以提升拟合的准确度，但是否对预测的准确度的提升有帮助还需要检验。

　　运用 SVM 支持向量机方法，以 OHLC 极差波动率的滞后一期值作为输入变量，以此来拟合 OHLC 极差波动率。拟合结果如图 4-24（拟合结果和真实值对比）、图 4-25（拟合结果的绝对误差）、图 4-26（拟合结果的相对误差）和表 4-13 所示，SVM 支持向量机方法与 GA-BP 方法相

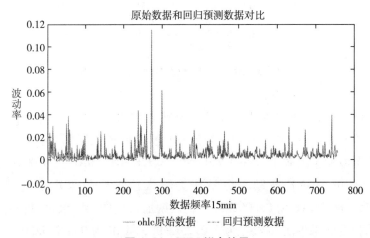

图 4-24　SVM 拟合结果

比，从建模仿真时间、MSE 到 MAE 的数值都要逊色（建模时间长，MSE 和 MAE 的数值相比较大）。故下文进行预测时将考虑主要采用 BP 神经网络及 GA 优化 BP 神经网络方法。

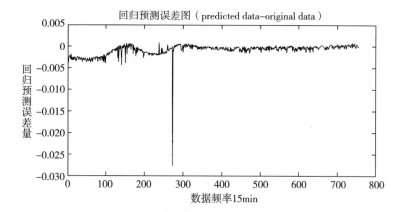

图 4-25 SVM 拟合结果的绝对误差

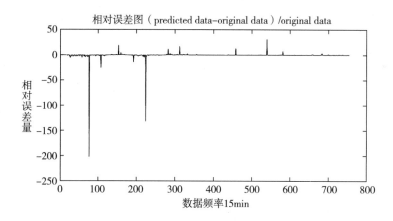

图 4-26 SVM 拟合结果的相对误差

表 4-13　　　　　　　　　　　BP 方法与 SVM 方法拟合比较

Var. /IMF	BP 建模仿真时间	GA-BP 时间	BP 的均方差	GA-BP 的均方差	BP 的平均绝对误差	GA-BP 的平均绝对误差
OHLC（-1）	7.7969s	0.89063s	8.8188E-05	8.8804E-05	0.00585360	0.00608000

续表

Var. /IMF	BP 建模仿真时间	GA-BP 时间	BP 的均方差	GA-BP 的均方差	BP 的平均绝对误差	GA-BP 的平均绝对误差
15 个 IMF	10.2969s	6.8906s	7.3098E-07	2.2895E-07	0.00079374	0.00025515
短期+长期 IMF	9.8438s	3.0156s	7.1666E-06	7.0125E-06	0.00210380	0.00205220
短+中+长 IMF	11.7656s	0.82813s	3.5536E-07	4.3232E-08	0.00045975	0.00016707
SVM	—	408.572806s	—	1.9725E-04	—	0.00088894

　　已有文献表明，成交量对波动率正相关关系，并且对波动率有促进作用。用成交量作为输入变量来拟合短、中、长期波动率，用以探究成交量与长、中、短期波动率之间的关系。结果如图4-27（成交量拟合短期波动率），图4-28（成交量拟合中期波动率），图4-29（成交量拟合长期波动率）和表4-14（拟合结果汇总表）所示。总的看来，长期波动率与成交量相关度最高（相关系数为0.116），成交量对中期波动率的解释程度最强（拟合结果与原波动率相关系数为0.19），对长期波动率解释程度次之（相关系数0.15），对短期波动率解释程度最弱（相关系数0.05）。

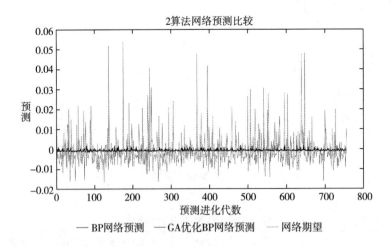

图 4-27　成交量拟合短期 IMF

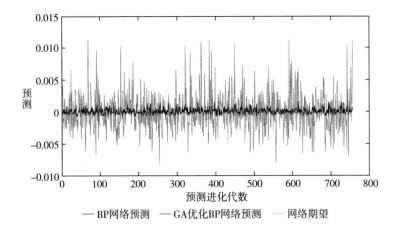

图 4-28 成交量拟合中期 IMF

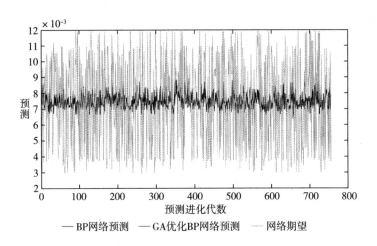

图 4-29 成交量拟合长期 IMF

表 4-14 成交量对长、中、短期波动率的拟合结果

成交量	与交易量的相关系数 corr	BP 的均方差	GA-BP 的均方差	BP 的平均绝对误差	GA-BP 的平均绝对误差	拟合结果与原波动率的相关系数
短期	0.030161	1.24E-04	1.2448E-04	0.005737	0.0056906	0.0477
中期	0.096518	8.43E-06	8.47E-06	0.0021676	0.0021788	0.19436
长期	0.11574	7.41E-06	7.45E-06	0.0023274	0.002339	0.15264

以成交量的波动率作为模型的输入变量来分别拟合短中长期波动率

成分，拟合结果如表 4-15 所示，就成交量的波动率而言，成交量的波动率与短期波动率相关度最高（相关系数为 0.058），同时对短期波动率的解释程度最大（拟合结果与原波动率的相关系数为 0.039）。

表 4-15　　　　　成交量波动率对长、中、短期波动率的拟合结果

成交量的波动率	与交易量波动率的相关系数	BP 的均方差	GA-BP 的均方差	BP 的平均绝对误差	GA-BP 的平均绝对误差	拟合结果与原波动率的相关系数
短期	0.057944	6.71E-05	6.7230E-05	0.0053367	0.0053736	0.039471
中期	-0.001469	9.31E-06	9.30E-06	0.002326	0.0023197	0.010708
长期	0.0087051	7.30E-06	7.29E-06	0.0022953	0.0023016	-0.02483

综上可知，交易量与中期波动率最相关，其次是短期波动率；而交易量的波动率与短期波动率最相关，但相关系数与交易量作为输入变量的拟合结果要小得多，相关度较小。由上文分析结果可知，中期波动率对原未分解 OHLC 极差波动率的贡献度及逼近度等指标均为最低，考虑到此情况，后文主要考虑交易量对短期波动率的影响。

2. 对 IMF 波动率分量的预测分析

本书预测未来一天的波动率，预测集为 40 组数据（10h，一个数据 15min，故一天 40 组数据）。由上文分析可知，OHLC 极差波动率具有持续性和集聚性等特征，故采用波动率自身历史信息能有效地预测出其未来走势。本书分别运用各个 IMF 波动率分量的一期滞后项、二期滞后项、三期滞后项、四期滞后项、五期滞后项的均值、十期滞后项的均值和二十期滞后项的均值作为输入变量，以各个 IMF 波动率分量作为输出变量进行预测。

预测方法采取 BP 神经网络预测、GA 优化 BP 神经网络预测。遗传优化算法部分参数：进化代数，即最大迭代次数为 35；种群规模为 10；交叉概率为 0.3；变异概率为 0.1。BP 神经网络输入层数为 7，隐含层数为 5，输出层数为 1。

预测方式采用动态滚动预测方式以及动态非滚动预测方式。动态预测是指站在 t 时刻，以 t 时刻的数据为输入变量预测 $t+1$ 时刻的数值，然后用 $t+1$ 时刻的预测值作为预测 $t+2$ 时刻数值的输入变量，以此类推。BP 神经网络需要先利用训练集的数据训练神经网络，然后用训练好的神

经网络对测试集的数据进行预测。滚动预测是指，站在 t 时刻，利用训练好的神经网络对 $t+1$ 时刻的数据进行预测，然后把 $t+1$ 时刻的预测数据纳入训练集，再对网络进行重新训练，然后用重新训练的神经网络预测 $t+2$ 时刻的数据，以此类推。相应地，非滚动预测是指训练好神经网络后将不再根据新的预测值进行更新。

由表 4-16 所示，采用 GA 优化 BP 神经网络方法和动态非滚动预测方式对分解后的各个 IMF 波动率分量进行预测，从 MSE 来看 IMF15 与 IMF11 的数值最小，其以 MSE 衡量的预测误差最小；从 MSE 来看 IMF6 之后的波动率分解分量，预测误差比之前要小；从预测结果与真实值的相关系数来看，从 IMF6 之后的相关系数明显大于分量 IMF6 之前的相关系数。以上数据说明，就 MSE、MAE 和 corr 而言，IMF 波动率分量越靠后预测误差越小，预测相关度越高。图 4-30 和图 4-31 分别展示了将各个预测的 IMF 分量加和后的原 OHLC 极差波动率预测值和真实值的对比，以及其绝对预测误差。可以明显看出，预测误差在后 20 组预测值时明显大于前 20 组预测值的绝对误差。

表 4-16　　　　　　　　　GABP 动态非滚动预测

IMF	均方差	平均绝对误差	相关系数
IMF1	1.93E-05	3.58E-03	-0.124030
IMF2	9.19E-06	2.51E-03	0.157280
IMF3	1.65E-05	2.99E-03	0.096930
IMF4	1.40E-05	3.21E-03	0.064149
IMF5	3.11E-05	3.84E-03	-0.039410
IMF6	1.27E-06	8.45E-04	-0.487400
IMF7	3.45E-05	3.10E-03	0.629670
IMF8	5.12E-07	5.61E-04	-0.685930
IMF9	1.60E-06	8.61E-04	-0.323170
IMF10	2.40E-06	8.22E-04	-0.059376
IMF11	2.16E-08	1.28E-04	0.368340
IMF12	1.17E-06	5.91E-04	0.335940
IMF13	1.04E-05	1.90E-03	0.606690

续表

IMF	均方差	平均绝对误差	相关系数
IMF14	8.37E−06	2.46E−03	0.022075
IMF15	5.37E−08	2.06E−04	−0.657300
IMF1−15 加总	1.43E−04	7.71E−03	−0.611440

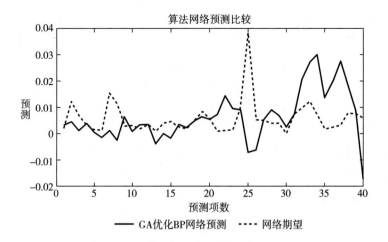

图 4-30　IMF 分量 GABP 动态非滚动预测 OHLC 极差波动率

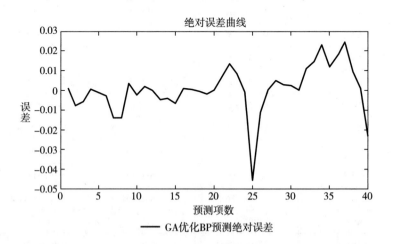

图 4-31　绝对误差曲线

　　采用 BP 神经网络预测方法和动态滚动预测方式对 IMF 波动率分量进行预测，结果见表 4-17，从 MSE 误差指标来看，IMF11、12 和 14 数值最小；从 MAE 来看，IMF11 及之后的分量预测误差均较小；从相关系数 corr 来看，IMF6 之后的分量预测值与真实值之间相关度最大。将各个 IMF 波动率分量预测值加总得到的 OHLC 价差波动率预测值和真实值的对比如图 4-32 所示，其预测绝对误差如图 4-33 所示，相比于 GABP 方法加动态非滚动预测方式，BP 动态滚动预测在预测误差上要小得多，预测准确度较高。

表 4-17　　　　　　　　　　　BP 动态滚动预测

IMF	均方差	平均绝对误差	相关系数
IMF1	1.77E-05	3.40E-03	-0.130940
IMF2	9.18E-06	2.55E-03	0.133500
IMF3	1.61E-05	2.99E-03	0.102500
IMF4	3.13E-05	4.67E-03	0.089524
IMF5	1.46E-05	2.88E-03	0.086202
IMF6	1.55E-06	1.04E-03	-0.563500
IMF7	3.58E-07	4.69E-04	0.726960
IMF8	6.00E-08	1.81E-04	0.939080
IMF9	2.82E-08	1.45E-04	0.940110
IMF10	4.13E-08	1.84E-04	-0.912040
IMF11	7.04E-10	2.36E-05	0.984740
IMF12	4.32E-10	1.83E-05	0.026089
IMF13	1.60E-09	3.14E-05	0.892840
IMF14	4.15E-10	1.57E-05	-0.828650
IMF15	3.44E-08	1.55E-04	-0.951350
IMF1-15 加总	7.97E-05	6.16E-03	-0.869950

　　由以上的预测结果可以看出，短期 IMF 波动率预测精度低，中、长期 IMF 预测精度高。加总各个 IMF 后得到的 OHLC 极差波动率的预测误差与趋势项相比要大，和 IMF1 的预测准确度接近，这在一方面也验证了上文的结论，短期波动率分量与原始 OHLC 极差波动率逼近度、相似度和波动贡献较高，故其预测误差或预测准确度比较接近。

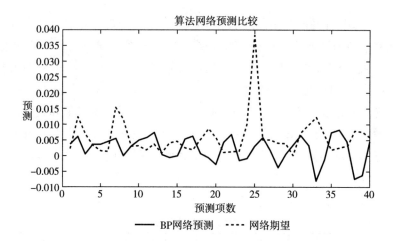

图 4-32　IMF 分量 BP 动态滚动预测 OHLC 极差波动率

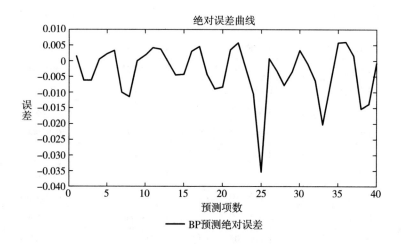

图 4-33　绝对误差曲线

由预测后的 IMF 分量加总得到的 OHLC 极差波动率预测曲线可看出，预测的波动率只能反映出 OHLC 极差波动率的平均波动趋势，而对波动率的异常值体现不足，且预测绝对误差随着时间加长，误差逐渐加大，可以看出后 20 组预测值的误差明显大于前 20 组预测值的误差，这说明仅仅利用自身数据进行长期预测是不现实的，短期预测则较为可行。

3. 对短期、中期、长期波动率的预测分析

再用相同的方法对短期、中期、长期波动率进行预测。采用 GA 遗传

算法优化 BP 神经网络方法和动态滚动预测方式结合预测短中长期 IMF 波动率分量。预测结果如表 4-18 所示，从 MSE 来看，长期和中期 IMF 波动率分量的预测误差较小，短期、中期、长期 IMF 波动率预测值加和的结果与短期加长期的预测结果相差不大（并没有达到一个数量级的差距），但从绝对值上来看去掉中期波动率预测成分的预测值误差较大；从 MAE 得到的结果与 MSE 类似；从预测结果和真实值的相关系数来看，长期波动率成分的预测效果要明显好于短期和中期（相关系数分别为 0.67、0.099 和 -0.0089）。

表 4-18   GABP 动态滚动预测结果

成交量	均方差	平均绝对误差	相关系数
短期	5.12E-05	4.14E-03	-0.008961
中期	1.19E-07	2.71E-04	0.099717
长期	2.15E-06	9.75E-04	0.674530
短、中、长期加总	4.90E-05	4.05E-03	-0.069445
短期+长期	5.70E-05	4.24E-03	-0.056908

图 4-34 为将长期、中期、短期 IMF 波动率分量预测值加和求得的原未分解 OHLC 极差波动率的预测值和真实值对比图，而图 4-35 为预测的绝对误差图。运用相同的预测方法和预测方式，和未重构的 IMF 波动率分

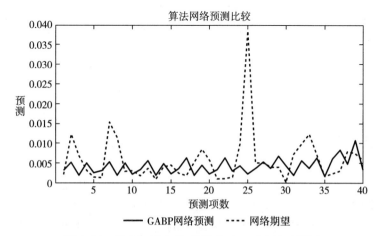

图 4-34 长中短期 IMF 分量 GABP 动态滚动预测

量相比，利用重构后的波动率分量进行预测，以 MSE 和 MAE 衡量的预测值准确度更高。

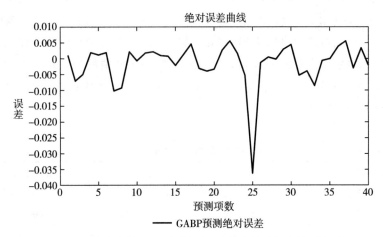

图 4-35 长中短期 IMF 分量 GABP 动态滚动预测绝对误差

与前文类似，采用 GA 遗传算法优化 BP 神经网络方法和动态非滚动预测方式结合预测短中长期波动率，从预测准误差来看，中期波动率最小，其次是长期波动率。图 4-36 与图 4-37 分别为对 OHLC 极差波动率的预测值与真实值的对比图和预测绝对误差图。

表 4-19   GA 优化 BP 动态非滚动预测

成交量	均方差	平均绝对误差	相关系数
短期	4.86E-05	3.89E-03	0.028036
中期	2.08E-05	3.20E-03	-0.743950
长期	4.11E-05	4.44E-03	0.205690
短、中、长期加总	1.18E-04	7.16E-03	-0.288630
短期+长期	1.06E-04	6.73E-03	-0.212620

采用 BP 神经网络预测方法结合动态滚动预测方式，预测误差如表 4-20 所示，预测结果和绝对误差如图 4-38 和图 4-39 所示。相比于上文 GA 遗传算法优化的 BP 动态滚动预测误差，未经优化的 BP 神经网络预测效果更好。

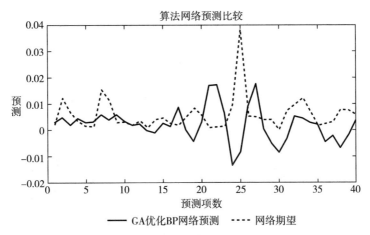

图 4-36　短期、中期、长期 IMF 分量 GABP 动态非滚动预测

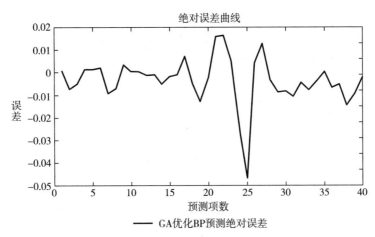

图 4-37　短期、中期、长期 IMF 分量 GABP 动态非滚动预测绝对误差

表 4-20		BP 动态滚动预测	
成交量	均方差	平均绝对误差	相关系数
短期	5.31E-05	4.22E-03	-0.050094
中期	6.65E-08	2.21E-04	-0.857920
长期	2.86E-08	1.32E-04	-0.836780
短、中、长期加总	5.27E-05	4.02E-03	-0.069193
短期+长期	6.60E-05	4.82E-03	-0.069862

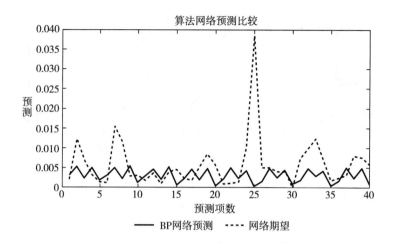

图 4-38　短期、中期、长期 IMF 分量 BP 动态滚动预测

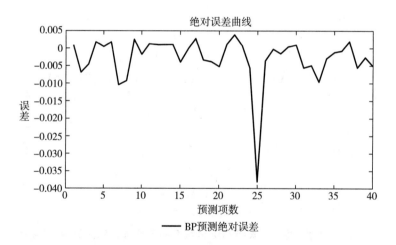

图 4-39　短期、中期、长期 IMF 分量 BP 动态滚动预测绝对误差

　　综上图表结果显示，运用 GABP 动态滚动预测、GABP 动态非滚动预测和 BP 动态滚动预测三种方法预测 OHLC 极差波动率的结果并无数量级上的差距，但从绝对值来看 BP 动态滚动预测效果较好。并且运用短期加长期波动率预测 OHLC 极差波动率的效果和长期、中期、短期加总预测 OHLC 极差波动率的预测效果无数量级上的差距，但从绝对值上看去掉中期波动率成分后预测误差变大。说明中期波动率对 X0 的预测贡献不大，和之前的结论一致（从逼近度、相似度、波动率贡献度来看，中期波动

率都最低，对 OHLC 极差波动率解释力不强）。同时，短期波动率预测相对来说预测难度大（精度低），长期波动率预测相较来说预测准确度要高一些，预测误差较小。

以原来的训练集数据训练网络，用经 BP 动态滚动预测后的中长短期波动率作为测试集输入变量，预测 OHLC 极差波动率。结果如表 4-21 所示。结果显示，用短期、中期、长期 IMF 波动率作为输入值预测 OHLC 极差波动率，和简单地将短期、中期、长期 IMF 波动率相加得到的预测结果精度差距不明显。且去掉中期波动率后再预测其结果与运用中、长、短期波动率数据预测的结果没有达到数量级上的差距，从绝对数值上来看则是去掉中期波动率成分的预测值误差较大，这也说明了中期波动率对 OHLC 极差波动率的预测解释力不强。在模型预测消耗时间上，GA 优化后 BP 再建模时间要比不经过优化的 BP 建模时间短很多，但如果考虑 GA 优化耗费的时间，则总体耗费时间不确定。

表 4-21　以预测后的波动率分量再预测 OHLC 极差波动率

输入变量	预测方法	均方差	平均绝对误差	时间
短期、中期、长期	BP	5.05E−05	3.95E−03	7.875s
	GABP	5.20E−05	4.00E−03	0.78125s
长+短期	BP	5.45E−05	4.03E−03	14.9688s
	GABP	5.83E−05	4.27E−03	3.7031s

采用相同的方式分别对短期、中期、长期波动率以及 OHLC 极差波动率进行预测。上文所有的预测结果对比结果见表 4-22，由预测结果可看出，短期波动率预测效果与 OHLC 极差波动率的预测效果相差不多，而中期波动率和长期波动率预测准确度明显高于短期波动率与 OHLC 极差波动率，这说明数据的模式越简单预测准确度越高。对 OHLC 极差波动率分解的目的也是将一个复杂的模式分解成多个简单模式，从而提高预测精度。

就模型预测效果而言，GA 优化 BP 动态预测效果要劣于 BP 动态滚动预测的准确度。

表 4-22 对短期、中期、长期波动率及 OHLC 极差波动率的预测

预测对象	动态预测	均方差	平均绝对误差	相关系数
短期	GABP 滚动预测	5.12E-05	4.14E-03	-0.008961
	GABP 非滚动预测	4.86E-05	3.89E-03	0.028036
	BP 滚动预测	5.31E-05	4.22E-03	-0.050094
中期	GABP 滚动预测	1.19E-07	2.71E-04	0.099717
	GABP 非滚动预测	2.08E-05	3.20E-03	-0.743950
	BP 滚动预测	6.65E-08	2.21E-04	-0.857920
长期	GABP 滚动预测	2.15E-06	9.75E-04	0.674530
	GABP 非滚动预测	4.11E-05	4.44E-03	0.205690
	BP 滚动预测	2.86E-08	1.32E-04	-0.836780
OHLC 极差波动率	GABP 滚动预测	5.13E-05	4.17E-03	-0.004008
	GABP 非滚动预测	5.13E-05	4.15E-03	-0.019704
	BP 滚动预测	2.36E-05	4.03E-03	-0.059897

4. 对短期与长期波动率的再预测

对 OHLC 极差波动率的分解结果可知，在短期、中期和长期波动率成分中，短期波动率成分对 OHLC 极差波动率的刻画与预测最重要，其次是长期波动率成分，最后是中期波动率成分。那么，要想提高模型的预测效果，就要先从短期波动率成分的预测准确度的提高入手，其次是长期波动率。故本书将对短期波动率成分与长期波动率成分进行再预测以提高预测准确度。

（1）对短期波动率的再预测

根据已有文献的研究，将经济变量分解后可根据数据频率的高低将 IMF 分量分为高频、中频和低频分量，那么按照此定义，且频率与周期呈现倒数关系，本书分解 OHLC 极差波动率得到的短期、中期和长期波动率与之分别对应。高、中、低频分量的特点如下：高频分量：常常表现为白噪声（均值为 0，频率与幅值固定，有规律）特点，反映为短期供求波动和市场结构噪声；中频分量：市场重大突发事件、政策的实施、金融危机、市场的改革等（均值显著偏离 0，预测难度较大，重大事件不可提前预知）；低频分量：反映波动率的长期趋势变化（常常为平稳且线性状态），且常与宏观变量相关；据此，已有文献表明，在资产价格急剧变动时往往伴随着巨大的成交量，交易量对波动率有影响，成交量与波动率呈正比。再根据已有的行为金融学理论判断，交易量主要影响短期的价格变动，故对短期波动率影响较大。

综合交易量数据的滞后项与短期波动率的滞后项对短期波动率进行预测，运用 GABP 动态滚动预测方法。预测结果如表 4-23 所示。经过两次预测，结果显示，预测结果具有稳健性。相比于只运用短期波动率自身的数据信息，加上交易量后再预测，均方误差 MSE 有所下降，而平均绝对误差 MAE 变化不明显，说明加入交易量后对短期波动率的预测有所帮助，但不明显。图 4-40 为将短期波动率的预测结果和上文长期、中期预测结果求和的图像。

表 4-23　　　　　交易量和短期波动率滞后项预测短期波动率

序号	均方差	平均绝对误差	相关系数
1	1.00E-05	4.31E-03	0.13212
2	2.48E-05	4.32E-03	-0.064655

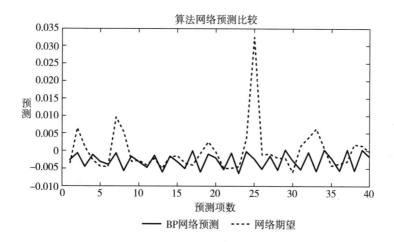

图 4-40　交易量和短期波动率滞后项预测 OHLC 极差波动率对短期波动率的降噪处理

　　高频数据的微观噪声问题始终是影响波动率预测准确度的一个难题，有研究表明，剔除微观噪声的干扰能提高波动率预测的准确度。本书分析各 IMF 分量的波动周期可知，见表 4-24，只有 IMF1 的波动周期在 1 小时以内，属于短期噪声波动成分。故本书尝试从短期波动率成分中去除 IMF1 分量以达到降噪效果。

表 4-24　　　　　　　各 IMF 分量的波动周期及所属成分

分量	周期/小时	成分	
IMF1	0.6	日	短期
IMF2	1.53		
IMF3	2.54		
IMF4	3.38		
IMF5	5.15		
IMF6	10.24		
IMF7	17.07	周	
IMF8	31.03		
IMF9	78.77	月	中期
IMF10	110.7		
IMF11	256	季	
IMF12	585.14		
IMF13	1024	年	长期
IMF14	2048		
IMF15		趋势	

　　为了对比起见，本书也将去除 IMF1 与 IMF2 成分的短期波动率预测作为结果对照。对短期波动率降噪后的稳健性预测结果，进行 10 次预测求得均值、中位数与标准差，如表 4-25 所示。由降噪结果可见，去掉 IMF1 成分后短期波动率的预测误差有所下降，然后同时去掉 IMF1 与 IMF2 成分，预测结果与只去掉 IMF1 成分的结果比较，可以看出预测误差没有明显变化，说明本书之前对短期噪声成分（即 IMF1）的定义是合理的。

表 4-25　　　　　　　　　　　短期波动率降噪处理

分量	变量	均方差	平均绝对误差	相关系数
短期-IMF1	均值	4.28E-05	3.63E-03	0.106280
	中位数	4.29E-05	3.62E-03	0.077702
	标准差	9.76E-07	5.64E-05	0.144130
短期 t-IMF1-IMF2	均值	4.39E-05	3.68E-03	0.145820
	中位数	4.37E-05	3.62E-03	0.127260
	标准差	2.26E-06	1.54E-04	0.181300
短期	均值	5.21E-05	4.20E-03	-0.006400
	中位数	5.15E-05	4.19E-03	-0.007487
	标准差	3.01E-06	2.42E-04	0.042181

（2）对长期波动率的再预测

同样，根据已有文献研究，长期波动率与宏观经济水平相联系，且在宏观经济向好时，波动率倾向变大。但要用宏观经济变量预测长期波动率，难度较大。用来预测的经济变量必须与长期波动率存在因果关系或相关性，必须是长期波动率的产生原因，而且必须是长期波动率的提前指标（不是滞后指标或者同时发生）。这样才能用过去的信息预测未来的信息。

前文已对 PPI 和长期波动率进行过相关度检验，结果显示两者 pearson 相关系数为 0.6，并且格兰杰因果检验的结果显示 PPI 是长期波动率的格兰杰原因，如表 4-26 所示。再考虑到进行碳减排的行业以及碳排放量的大小，制造业的占比最大，故本书采用欧盟制造业景气度指数 PPI 反映制造业的宏观景气变化。

表 4-26　　　　PPI 与长期波动率的格兰杰因果检验结果

原假设	观测值	F 统计量	p 值
PPI 是 LONG 的格兰杰原因	107	2141.14	0.0000
LONG 不是 PPI 的格兰杰原因	54	2.66558	0.0696

由于 PPI 为月度数据，而长期波动率为采样频率 15 分钟的数据，本书将 PPI 转化为与长期波动率相同采样频率的数据，具体做法是，将两

月之间的 *PPI* 做差，除以两月之间交易日乘以 40 的数量，得到每日 *PPI* 增量，然后将前一月 *PPI* 数据加上增量得到 15 分钟频率的数据。

$$\Delta PPI = \frac{PPI_t - PPI_{t-1}}{N_{(t-1,t)}} \tag{4-45}$$

其中，$N_{(t-1,t)}$ 为 $t-1$ 到 t 月的交易日个数乘以 40，即

$$N_{(t-1,t)} = DAY_{trade} \times 10 \times 60 \div 15 \tag{4-46}$$

综合 PPI 滞后项与长期波动率滞后项作为输入变量，运用 GABP 动态滚动预测方法对长期波动率进行预测。结果如表 4-27 所示，经过两次预测，结果显示，预测结果具有稳健性。相比于只运用短期波动率自身的数据信息，加上交易量后再预测，均方误差 MSE 有所下降，而平均绝对误差 MAE 变化不明显，说明加入制造业景气度指数 PPI 后对长期波动率的预测有所帮助，但不明显。图 4-41 为长期波动率的预测结果，可以看出前期，特别是前 10 期的预测效果较差，而后期预测效果尚佳。

表 4-27　PPI 滞后项与长期波动率滞后项对长期波动率的预测结果

序号	均方差	平均绝对误差	相关系数
1	8.78E-10	6.06E-04	-0.34205
2	3.95E-10	5.82E-04	-0.43118

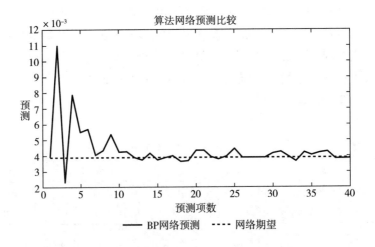

图 4-41　PPI 和长期波动率滞后项对长期波动率的预测结果

　　利用 SVM 对长期波动率预测。基于以往学者的研究结论，SVM 支持向量机与 BP 神经网络相比，BP 神经网络更适用于对高频数据的预测，而 SVM 支持向量机更适用于对低频趋势项等数据的预测。对比本书分解出来的短期、中期和长期波动率特征，只有长期波动率符合低频、趋势项与趋势平滑的特征，故本书尝试应用 SVM 支持向量机动态非滚动预测方法对长期波动率项进行预测，采用的输入变量与前文一致，为长期波动率的滞后项。考虑到长期波动率的走势特征，本书 SVM 支持向量机采用多项式核函数。具体预测结果见表 4-28，相较于 BP 方法中预测效果最好的 BP 动态滚动预测方法，SVM 动态非滚动预测方法对长期波动率的预测结果显著更优。这与以往学者的研究结论一致。图 4-42 为预测结果与真实值的对比，虽然从图上看来预测值和真实值相差较多，但这是由于纵轴刻度过小造成的，由图 4-43 可以看出整个区间内的拟合值与预测值和真实值的比较。

表 4-28　　　　　　　　　　　　SVM 预测长期波动率结果

方法	均方误差	平均绝对误差	相关系数
SVM 动态非滚动	1.15E-10	1.07E-05	0.39897
BP 动态滚动预测	2.86E-08	1.32E-04	-0.836780

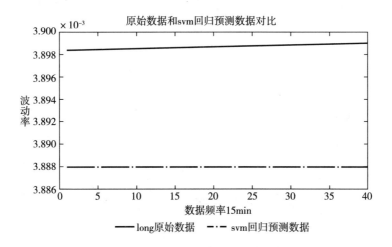

图 4-42　SVM 预测结果与原长期波动率

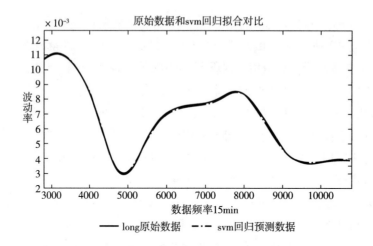

图4-43 SVM预测长期波动率拟合与预测结果

（3）对 OHLC 极差波动率的再预测

综合以上预测结果，以降噪后的短期波动率预测值，原中期波动率以及 SVM 预测的长期波动率作为 GA-BP 模型的输入变量预测 OHLC 极差波动率。由图4-44可以看出，降噪之后，OHLC 极差波动率的预测曲线变得更加平缓，且以 MSE 和 MAE 衡量的误差绝对值变小，预测准确度有所提高。表4-29则显示经过短期降噪后的波动率预测值，其预测误差要小于未经降噪的波动率，也小于直接用 OHLC 极差波动率滞后项作为输入

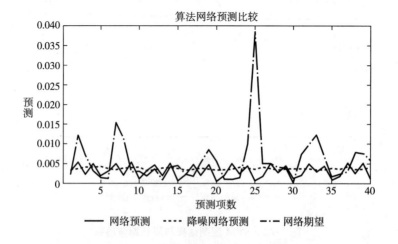

图4-44 OHLC 极差波动率预测结果

值预测的结果。这说明将波动率分解分量进行重构，简化了波动率分量的模式，对具有不同特征的波动率采用不同的再预测手段就能提高整体的预测准确度，也说明了本书采取的波动率"分解—重构—预测"的思路是正确的。

表 4-29　　　　　　　OHLC 极差波动率预测结果对比

项目	均方误差	平均绝对误差	相关系数
短期、中期、长期	5.17E-05	3.97E-03	-0.050545
短期降噪+中长期	4.56E-05	3.74E-03	-0.159030
短期降噪+中长期（运用 GABP 再预测）	4.41E-05	3.70E-03	-0.187946
OHLC 极差波动率	5.08E-05	4.09E-03	0.028994

5. 模型预测输出值的稳健性检验

精确度是判断一个模型好坏的标准之一，它是指相同的输入值输入模型后得出的输出结果的稳定性。因本书经对比得知 BP 神经网络动态滚动预测效果最佳，故对 BP 神经网络预测模型的输出结果稳健性进行检验，进行了短中长期波动率分量即 OHLC 极差波动率的预测。见表 4-30 所示，本书以模型预测结果的 MSE、MAE 和 CORR 的均值、中位数以及标准差来衡量输出结果的稳健性，并以短期波动率分量的预测结果为例，如图 4-45、图 4-46 和图 4-47 所示，由结果可见，输出结果的均值与中位数差异并不明显，且方差较小，说明模型输出结果具有稳健性。

表 4-30　　　　模型预测值的稳健性检验（模型精确度检验）

成交量	变量	均方差	平均绝对误差	相关系数
短期	均值	5.21E-05	4.20E-03	-0.006400
	中位数	5.15E-05	4.19E-03	-0.007487
	标准差	3.01E-06	2.42E-04	0.042181
中期	均值	6.66E-08	2.16E-04	-0.568200
	中位数	6.01E-08	2.05E-04	-0.727220
	标准差	3.28E-08	5.63E-05	0.439690
长期	均值	1.74E-08	8.39E-05	0.173780
	中位数	7.91E-09	7.05E-05	0.240830
	标准差	2.52E-08	6.35E-05	0.57761

续表

成交量	变量	均方差	平均绝对误差	相关系数
OHLC	均值	5.08E-05	4.09E-03	0.028994
	中位数	5.07E-05	4.10E-03	0.040965
	标准差	1.29E-06	1.36E-04	0.042817

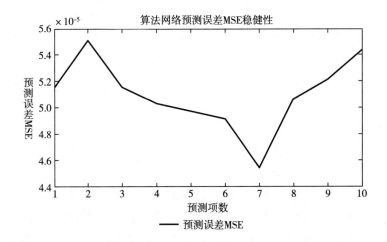

图 4-45　短期波动率预测 MSE 稳健性

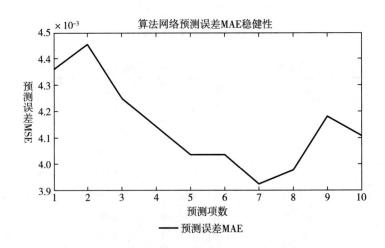

图 4-46　短期波动率预测 MAE 稳健性

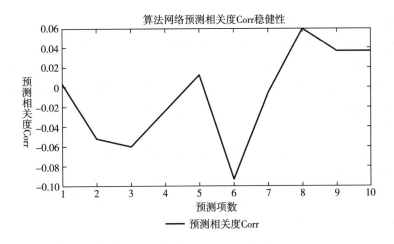

图 4-47　短期波动率预测 Corr 稳健性

第六节　研究结论

实证阶段的各项结果表明：（1）欧盟碳排放权期货市场的价格波动率存在集聚性、持久性、长记忆性及非对称性等特点。（2）波动率分解过后，以逼近度、相似度和波动贡献度来衡量波动率分量对 OHLC 极差波动率的贡献，结果显示，短期波动率对 OHLC 极差波动率的刻画能力最强，长期波动率次之，中期波动率最次。（3）根据模型的拟合结果显示，对波动率的分解有助于提高预测精度，对分解后的波动率分量进行重构能再次提升预测准确度。（4）对比 BP 模型、GA 优化 BP 模型以及 SVM 模型的拟合效果，得出 SVM 模型在预测精度和建模时间上都劣于 BP 与 GA 优化 BP 模型。（5）对比 BP 动态滚动预测方法、GA 优化 BP 动态滚动预测方法和 GA 优化 BP 动态非滚动预测方法，得出 BP 动态滚动预测方法在预测精度及预测时间上都具有优势。（6）利用长、中、短期波动率预测 OHLC 极差波动率，结果显示中期波动率对 OHLC 极差波动率的预测准确度提升效果不明显。（7）通过对分解的 IMF 分量预测，结果显示对短期波动率的预测误差要大于对中期和长期波动率预测的误差，说明数据模式越复杂，预测效果越差。（8）在对短期波动率的预测中加入交易量变量、在对长期波动率的预测中加入欧盟制造业 PPI 指数，结果显示以上变量的添加提升了预测准确度，但效果不够明显。（9）BP 神经网络预测方法与 SVM 支持向量机预测方法相比，BP 神经网络更适合对复杂非线性特征的数据进行预测，而 SVM 更适合对相对平稳趋势性数据进行预测。（10）短期波动率的降噪处理能够提高短期波动率预测的准确度。说明高频波动率成分中确实存在微观噪声成分。（11）对 OHLC 的预测结果显示，采用分解—重构—预测方法得出的 OHLC 极差波动率预测值能反映出波动率的平均波动趋势，但对突变的波动率预测效果较差。经过分解重构后的波动率再根据其数据特征进行预测的准确度要高于直接对波动率进行预测的效果。

实证结果表明，本书所采用的分解—重构—预测的方法体系对欧盟碳排放权市场价格波动率的预测是有效的，与直接对波动率进行预测相比，该方法可以提升对波动率的预测准确度。此外，本书通过分解和重构过程，得出短期波动率成分对原始 OHLC 极差波动率的预测是最重要的，其次是长期波动率成分，中期波动率成分对波动率的预测准确度提升效果并不明显。由于波动率的特征大多比较类似，故本书所采用的预测方式也可以拓展到对其他金融资产波动率的预测过程中，同时本书的研究结论在一定程度上也适用于其他金融资产的波动率分析。此外，本书中对波动率分量成分之间关系的分析可能会由于所采取的采样频率不同而产生不同的结论，例如，对于数据采样间距较大，采样频率低的数据估计出来的波动率成分，可能会得出长期波动率成分与原始波动率的各项指标更接近，从而刻画度较高。

以本书的研究结论来看，宏观因素主要影响长期波动率成分，而长期波动率成分对原始的未分解 OHLC 极差波动率贡献度较低，因此欧盟的短期碳排放权配额价格波动率受宏观因素影响较小，政府想通过宏观调控影响短期的波动率难度较大，实施的结果大概率是收效甚微。从历史经验来看，政府能做的最有效的举措是调控碳配额的供给，尽量使得碳排放权配额供给与需求达到相对平衡状态，既不要供给过剩，也不要供给不足，这对政府的调控考验比较大。因此，建立一套动态平衡的碳排放配额分配制度，并且保证制度的良好执行至关重要。这对政府的制度创新要求比较高，也要求了政府在市场当中适当地充当"无形的手"，这样才能使得市场稳定。

对于碳排放权配额市场的交易者而言，从短期来看，波动率主要与自身因素相关，同时也受外界黑天鹅等重大利空事件影响。从预测的角度来看，类似的事件大概率是不能提前预测的，故交易者应该提高风险防范意识，平时应对极端情况做好预案和准备，例如，进行压力测试和极端场景假设下的情景分析，避免重大损失。本书的预测方法能够给短期投资者一些关于波动率的未来一天趋势的走势参考，对短期投资者的交易而言具有一定程度的参考作用。同时投资者应关注交易量等信息，其对碳排放权配额的波动率有一定的影响。对于短期投资者也应关注一些长期影响因素，例如，本书中的制造业 PPI 指数，多维度考虑对碳排放权波动率的影响。

波动率的特征相较于价格数据而言比较复杂，其预测难度也较大，已有文献的预测问题多集中于价格的预测，而对波动率的预测研究较少，且预测效果不佳。如何将波动率的预测准确度提升是一个比较棘手的问题，本书尝试了采用分解—重构—预测的系统性预测方法，预测欧盟碳排放权配额市场的价格波动率，结果显示本书采用的方法能够提升波动率的预测准确度

第七节　本章小结

本章围绕欧盟碳排放权期货市场，对碳排放权价格波动率预测问题进行了深入研究。本书对碳排放权波动率进行分解及重构操作，深入分析波动率分解分量自身特征以及其与原始未分解波动率之间的关系，运用多种预测方法和预测方式对分解分量及重构分量进行预测，并对预测结果进行比较研究。

第二篇

我国碳排放权交易市场波动研究

第五章　我国碳排放权交易市场发展状况研究

第一节　我国碳排放权交易市场的发展历程

一　发展阶段

1998 年 5 月，中国签署《京都议定书》。根据其规定，我国积极探索绿色金融，发展低碳经济，利用市场机制对温室气体排放量进行调控。2007 年，《中国应对气候变化国家方案》作为首个解决气候变化问题的方案，阐明了中国需遵循的基本原则。总结中国碳排放权交易市场由地方试点的运行到全国碳排放权交易市场的建设历程，可以大致分为下述四个阶段①。

1. 为全国统一碳排放权交易市场建设做准备（2011—2017 年）

2011 年，北京、上海、广东、天津、深圳、湖北、重庆被设定为国内的七省市碳排放权交易试点，采取以碳配额交易为主、以中国核证减排量为辅的交易体制。根据不同地区面临的实际情况，我国七省市试点各自开展了大量的基础性工作并积极进行创新尝试。2013 年 11 月，建设全国碳排放权交易市场成为全面深化改革的重要任务之一。

2. 建设、模拟、完善全国统一碳排放权交易市场（2017—2020 年）

由于电力行业的产品拥有排放占比高、数据基础好以及监管体系完备的优势，其被作为发展全国统一碳市场的起点。2018 年是全国碳排放权交易市场基础建设阶段，我国碳排放权交易市场需完成有关全国统一的交易系统建设；2019 年是全国碳排放权交易市场模拟运行阶段，将发展发电业配额的模拟交易作为首要任务，并对市场不同要素环节的可靠

① 中国碳排放交易网，http://www.tanpaifang.com/tanguwen/2020/0309/68793.html。

性和有效性进行检查；2020 年是全国碳排放权交易市场深化完善期，这是全国碳排放权交易市场发展的关键时期，国务院要求 2020 年全国碳排放权交易市场应实现"制度完善、交易活跃、监管严格、公开透明"。

自 2017 年底全国碳排放权交易市场正式启动，已经历了数年时间。按照原有计划应于 2018 年完成基础建设、2019 年完成模拟运行、2020 年深化完善期并实现全国碳排放权交易市场的正式运行。但截至 2019 年底，尚未完成全国碳排放权交易市场的全部基础建设工作，未能如期进行模拟运行，换言之，建设全国碳排放权交易市场的工作进度存在滞后情况。生态环境部于 2019 年 11 月称目前正积极谋划"十四五"期间碳排放权交易市场相关工作，期望在此期间能够基本建成全国碳排放权交易市场①。

3. 全国统一碳排放权交易市场逐步发展至成熟（2020—2030 年）

根据我国于 2030 年左右实现碳排放峰值的要求，自 2020—2030 年近十年的时间将用来逐步完善全国碳排放权交易市场的建设。具体措施包括：进一步扩大市场的覆盖范围，逐步引入钢铁、化工、有色金属等重点行业，丰富交易方式及品种。此外，还应引入碳金融衍生产品以及碳金融国际合作等工作。

4. 全国统一碳排放权交易市场成熟（2030 年以后）

2030 年，当我国碳排放达到峰值水平后将会面临碳排放绝对量较为迅速下滑的情况，在这一阶段，应进一步提高市场价格、提高初始配额中的有偿分配比例并增强碳交易产品的种类、市场规模等，除此之外，还应注意加强国际合作的广度与深度。

二　相关政策汇总

我国从开展碳交易市场试点开始，已经积累了很多经验，碳排放权交易市场的日渐成熟离不开强有效的政策支持，表 5-1 是对发展我国碳排放权交易市场过程中制定的相关政策的梳理。

表 5-1　　　　　　我国碳排放权交易市场的相关政策

时间	政策文件/相关会议	主要内容
2010 年 7 月	《关于开展低碳省区和低碳城市试点工作》	采取市场机制实现减排目标

---

① 中国碳排放交易网，http：//www.tanpaifang.com/tanjiaoyi/2019/1130/66574.html。

续表

时间	政策文件/相关会议	主要内容
2011 年 10 月	《关于开展碳排放权交易试点工作的通知》	批准上海、北京、广东、天津、深圳、湖北及重庆七省市为碳交易试点
2011 年 12 月	《"十二五"控制温室气体排放工作方案》	提出探索建立碳排放权交易市场的要求
2012 年 10 月	《温室气体自愿减排项目审定与核证指南》	规范 CCER 交易体系
2012 年 11 月	党的十八大报告	积极发展碳排放权交易试点
2013 年 11 月	党的十八届三中全会	进一步提出推进碳排放权交易制度
2014 年 12 月	《碳排放权交易管理暂行办法》	指明了全国统一碳排放权交易市场的发展方向及框架制定
2015 年 9 月	《中美元首气候变化联合声明》	2017 年正式启动覆盖六个重点工业行业的全国碳排放交易体系
2016 年 8 月	《关于构建绿色金融体系的指导意见》	积极发展多样性的碳金融产品、探索碳排放权期货交易、加快全国统一及具有国际地位的碳定价中心的建设
2016 年 10 月	《"十三五"控制温室气体排放工作方案》	强调建立全国碳排放交易体系，2017 年正式启动全国碳排放权交易市场，2020 年争取建立制度完善、交易活跃、监管严格、公开透明的全国碳排放权交易市场
2017 年 12 月	《全国碳排放权交易市场建设方案（发电行业）》	将发电行业作为切入点正式发展全国碳排放权交易体系

资料来源：中国碳排放交易网，http://www.tanpaifang.com/tanguwen/2019/1013/65849.html。

第二节　碳排放权交易试点市场的基本运行情况

　　我国碳排放权交易市场除七省市试点碳排放权交易市场外，还包括四川和福建两省建立的非试点碳排放权交易市场。2016 年 12 月 16 日，四川省成都碳排放权交易市场正式启动，交易平台设立在四川省联合环境交易所，四川成为我国第八家拥有碳排放权交易市场的省份，但并未披露相关交易数据。2016 年 12 月 12 日，以海峡股权交易中心为交易平台的福建碳排放权交易市场正式开市，市场从启动至正式运行仅仅用了 8

个月的时间，这在全国是前所未有的，除此之外，该市场具有注册登记系统、数据直报系统及交易系统零故障等优势。

一　基本数据

我国在建设碳市场过程中，选择了北京、上海等城市作为碳排放权交易试点市场，在这些试点市场成功运行一段时间并取得一些经验后，2017 年 12 月全国碳排放交易体系正式启动。按照国家发改委发布《全国碳排放权交易市场建设方案（发电行业）》的部署，2019 年应进入模拟运行阶段，但由于受 2018 年 3 月国务院机构改革影响，碳交易市场的发展也受到一定程度的影响。此时，全国碳市场正处在发展初期，很多事情还未形成正式的执行措施，因此导致市场的建立落后于原计划。直到目前，我国建立统一碳市场的计划仍然处于理论阶段。我国各省份碳市场交易产品为碳排放配额（EA）与核证自愿减排量（CCER），并且主要以碳配额产品现货交易为主，CCER 常用于各控排机构在履约时抵消一定比例的碳配额。目前，七个地方碳交易试点的基本运行情况见表 5-2。

表 5-2　　　我国部分试点碳市场（除福建省）基本运行情况

试点碳市场	启动时间	抵消机制（%）	准入门槛（吨 CO_2/年）	企业覆盖数量（个）	配额分配模式	是否开展远期交易	累积成交量（亿吨）	累积成交额（亿元）
深圳	2013 年 6 月 18 日	10	>3000；>10000 平方米(建筑)	824	混合模式	否	0.76	7.25
上海	2013 年 11 月 26 日	10	>20000(工业)；>10000(非工业)	368	无偿分配	是	0.15	4.26
北京	2013 年 11 月 28 日	5	>5000	981	混合模式	否	0.13	7.95
广东	2013 年 12 月 19 日	10	>20000	244	混合模式	是	0.56	9.92
天津	2013 年 12 月 26 日	10	>20000	109	无偿分配	否	0.03	0.42
湖北	2014 年 4 月 2 日	10	>120000	236	无偿分配	是	0.64	12.88
重庆	2014 年 6 月 19 日	8	>20000	242	无偿分配	否	0.08	0.48

注：表中数据整理自各碳市场碳排放权交易所与中国碳排放交易网；累积成交量与累积成交额时间跨度为各试点开始交易截至 2019 年 12 月。

首先，从整体来看，碳交易市场准入门槛设定的数值越低，企业覆盖的数量越多，碳交易市场的流动性越强，市场效率就越高。表 5-2 中由于北京与深圳两个市场的准入门槛设定较低，其企业覆盖范围远高于其他市场。此外可以发现，虽然天津碳市场的启动时间相比湖北、重庆与福建的启动时间要早，且准入门槛数值远低于湖北碳市场，但其企业覆盖范围数量却最低，仅有109家，这可能与天津碳市场的地区发展水平和市场建设、成熟度等因素有关。

其次，各碳交易试点均引入了抵消机制并规定了可以抵消一定比例碳配额的上限。其中北京碳市场由于能源消费与覆盖企业数量等因素的影响，对应的抵消比例最为严格，仅为5%，之后是重庆，抵消比例为8%，其余碳市场均为10%。同时，为了避免碳收益过度波动，丰富碳市场风险管理的内容，广东、湖北和上海市场还推出了碳配额现货远期产品，加快了其市场的运行效率。此外，虽然深圳与北京的市场流动性较好，但可能受产业分布结构与企业覆盖数量较多的影响，其市场并未开展远期交易。

再次，碳配额的分配方式会影响碳配额的供给进而影响碳交易价格与碳交易市场运行效率。从整体看，深圳、北京与广东碳市场采用的是免费分配与拍卖机制的混合分配模式，其余碳市场采用的是无偿分配模式。结合各个市场的企业覆盖数量与累积成交量看，企业覆盖率较低的适宜进行免费分配，而类似于深圳与北京这种高覆盖率的市场，应该采用混合分配，因为采用这种分配方式的市场有效性较强，成交量较高。

最后，如图5-1与图5-2所示，从累积成交量来看，深圳、湖北与

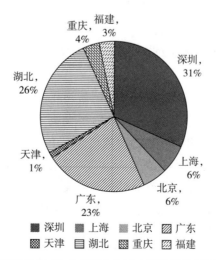

图5-1 截至2019年12月中国8个试点碳市场的累积成交量占比

广东 3 个碳交易市场的所占百分比远高于其他碳市场；从累积成交额来看，湖北、广东、北京与深圳所占的百分比高于其他碳市场。从中可以发现，深圳碳市场的累积成交量占比达 31%，而累积成交额占比却只有 16%，北京碳市场的累积成交量占比仅是 6%，而累积成交额占比却超过深圳达到 18%，这表明我国各区域碳市场单独交易，且北京作为我国首都，因其碳排放权的稀缺性使得北京的碳排放权交易价格过高。此外，从各区域碳市场开始启动交易至 2019 年 12 月，8 个碳排放试点市场累计成交量为 2.44 亿吨二氧化碳，累计成交额达 44.80 亿元。

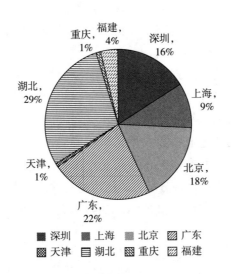

图 5-2　截至 2019 年 12 月中国 8 个试点碳市场的累积成交额占比

在探索碳市场的发展过程中，我国做出了相当多的努力，完善制度体系、加强履约管理、优化交易方式、扩大覆盖范围等措施不断在碳市场中展现。我国早在 2018 年就已完成"十三五"控制温室气体排放目标任务，碳排放强度比 2005 年下降 45.8%，非化石能源占一次能源消费比重达 14.3%。并且在我国启动全国统一碳交易体系后，从市场整体的累积成交量与累积成交额来看，各试点市场交易日趋活跃，规模逐步扩大，如图 5-3 与图 5-4 所示。

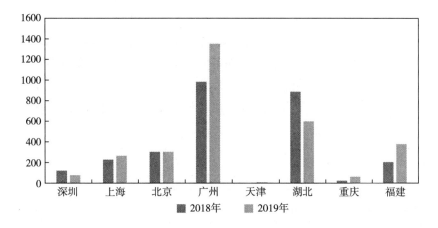

图 5-3   2018 年与 2019 年中国 8 个试点碳市场的累积成交量

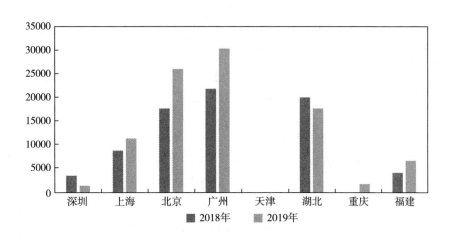

图 5-4   2018 年与 2019 年中国 8 个试点碳市场的累积成交额

二 我国试点碳排放权交易市场交易情况

我国 7 个碳排放权交易试点自 2014—2019 年交易量占比情况如表 5-3 所示。广东及湖北碳排放权交易市场的交易量在 2014—2019 年占全国各试点碳排放权交易市场总交易量的比例最高，广东省为 29.94%、湖北省为 34.42%，其与试点本身拥有较大规模的配额有关；天津碳排放权交易市场的交易量占比最低，仅达到 1.64%，该试点在 2018 年全年碳排放权交易市场成交量仅有 0.07 万吨，在全国碳交易总量中占比可忽略不计。北京碳排放权交易市场交易量占比在 2015 年时下降，但在之后的年份中缓步上升；上海碳排放权交易市场交易量占比呈现出连续波动态势，但波动幅度较小；广东碳排放权交易市场交易量占比于 2019 年达到峰值，占全国交易总量的 50.46%；天津和重庆碳排放权交易市场交易量始终低迷；深圳碳排放权交易市场与 2016 年之后交易量占比呈现出逐年下降的趋势；湖北碳排放权交易市场交易量在 2014 年占全国交易总量的 56.89%，之后开始走弱，2019 年其占比仅达 22.27%。

表 5-3　　　　　　我国 7 个碳排放权交易市场交易量占比　　　　单位：%

地区	2014 年	2015 年	2016 年	2017 年	2018 年	2019 年	2014—2019 年
北京	6.69	4.73	5.57	5.08	10.70	11.55	7.17
上海	10.84	6.35	9.57	5.23	7.35	10.04	8.13
广东	6.69	17.50	32.15	26.35	40.04	50.46	29.94
天津	6.27	1.98	0.71	2.47	0.00	0.16	1.64
深圳	11.7	16.54	25.37	14.73	5.03	3.00	14.15
湖北	56.89	52.41	25.57	31.68	35.81	22.27	34.42
重庆	0.92	0.48	1.06	14.45	1.06	2.53	4.56

三　成交价格变化趋势

我国 7 个碳排放权交易市场 2013—2019 年的日成交价格走势见图 5-5。总体来看，北京碳排放权交易市场的成交价格位于各试点省市首位，其价格走势稳中有升，该试点 2019 年的成交价格稳定在 80 元/吨；上海碳排放权交易市场价格变化较大，2014 年年中价格呈现下滑趋势，其价格于 2016 年中下滑至七试点中的最低位，2017 年后开始逐步回升；广东碳排放权交易市场在初期的成交价格较高，而后价格走低并维持在 20 元/吨左右；天津碳排放权交易市场成交价格始终处于其他试点碳排放权交易市场成交价格的低位，自 2017 年后其价格几乎无变化，稳定在 15 元/吨左右；深圳碳排放权交易市场成交价格于 2014 年达到峰值后开始下降，2019 年其价格下降到最低点，仅有 15 元/吨；湖北碳排放权交易市场成交价格整体呈上涨趋势，2018 年后其价格显著上升，达到 30 元/吨左右；重庆碳排放权交易市场价格波动剧烈，2016 年下半年及 2018 年上半年都显著的上升，其成交价格目前为 25 元/吨左右。

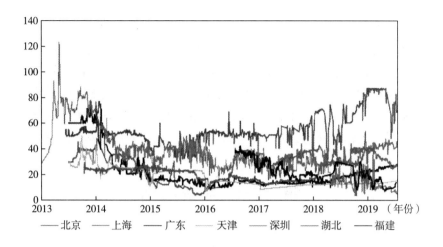

图 5-5　2013—2019 年我国 7 个碳排放权交易市场日成交价走势

资料来源：碳 K 线，http://k.tanjiaoyi.com。

四　各试点碳排放权交易市场运行状况

总体来看，我国各试点碳排放权交易市场运行情况差异较大，这与不同碳排放权交易市场的监管机制、配额分配机制等有关。

运行情况较好的试点北京碳排放权交易市场拥有最多的控排企业及最丰富的交易产品。除此之外，北京碳排放权交易市场还采取 MRV 监管机制，它对交易体系做出了多方面的详细规定，并将历史法及基准法结合来分配配额，这使得配额分配随行业发展不断调整，可避免由于配额宽松而出现市场不活跃的情形。同样有较好表现的上海碳排放权交易市场拥有 7 个试点中最大的对违约企业的处罚力度和最详细的监管制度，其规定若企业不能按时完成履约应缴纳 5 万—10 万元的罚款。广东碳排放权交易市场采取"稳中偏紧"的配额分配方案，并根据不同行业的需求采用不同的分配方式，该方法具有一定的科学性和公平性。广东还借鉴欧盟碳排放权交易市场的经验，第一个引进配额拍卖机制，即发放配额时采用部分有偿的方式，使控排企业更加重视履约，积极参与减排。深圳碳排放权交易市场配额分配方法采用竞争博弈和总量控制相结合的方式，该配额分配方式能够激励更多企业参与节能减排任务，从而提高市场活跃度。湖北碳排放权交易市场始终采用的分配策略具有"低价起步、适度从紧"的特性，逐步收紧行业控排系数及市场调节因子，在纳入范围不断扩大、门槛不断降低的背景下，该策略能提高市场活跃度。

天津与重庆碳排放权交易市场相较于其他市场并不活跃。近些年来，天津市经济增速放缓，2018 年、2019 年的 GDP 增速分别为 3.6%、4.8%，经济发展减速和市场配额分配方式宽松是天津碳排放权交易市场表现低迷的原因。同天津碳排放权交易市场相似，重庆碳排放权交易市场始终处于不活跃状态，其原因可能是采取先松后紧的配额分配方式。

第三节　本章小结

本章对我国碳排放权交易市场的发展历程及运行状态进行介绍。首先对我国碳排放权交易市场的发展阶段进行划分并梳理了碳市场运行过程中的相关政策，然后从市场的基本运行情况、交易情况、成交价格变化趋势及监管配额机制四个方面对我国碳排放权交易市场的运行状态进行了细致描述。

第六章 我国碳排放权交易市场波动特征研究

第一节 引言

2017 年 6 月，美国宣布退出《巴黎协定》，部分国家因难以实现减排控温的目标而陷入逐底竞争的恶性循环，全球碳排放权交易市场一度陷入低迷状态。但 2019 年 12 月，第二十五届联合国气候变化大会召开，欧盟发布"绿色协议"，规定 2060 年应实现二氧化碳排放量为零的目标，该协议为国际碳排放权交易市场的发展注入积极力量。我国统一碳排放权交易市场的启动必将助力全球碳排放权交易体系的发展，形成主导全球碳减排的重要力量。基于试点市场的波动特征研究能够为统一碳排放权交易市场的风险管理对策提供理论和实证的支撑。因此，本章对我国碳排放权交易市场价格的波动特征进行实证研究，探寻碳市场价格波动的差异性，分析基于数据周期特征的波动形成原因，把握碳排放权价格波动规律。

首先，本章采用集合经验模态分解方法（EEMD）对我国碳排放权交易市场的碳价序列进行分解，得到各自的趋势项及 IMF 分量。其次，利用 Fine-to-coarse reconstruction 方法对所得 IMF 分量做高低频判别，得到各碳排放权交易市场相应的高频序列与低频序列。再次，分析了我国碳排放权交易市场价格波动的分形特征，分别利用 R/S 分析法及 MF-DFA 分析法对我国 7 家碳排放权交易市场的碳价原序列及不同周期波动分量进行了单分形实证分析及多重分形实证分析。最后，探究了我国碳排放权交易市场价格波动的时空异质性。通过赋予高频分量、低频分量及趋势项的序列相应的经济学含义，分别从时间及空间维度上，对我国不同碳试点价格波动特征产生的差异性进行分析。

第二节 文献综述

碳排放权价格是碳市场的核心要素，因此，很多学者很早就对国外市场的碳排放权价格的波动特征进行研究。Mansanet 等（2007）从内部定价的角度进行研究，结果表明，碳排放权价格的波动特征与股票价格相似，均存在持续性与非对称性的特征。在对 EUA 期货价格的收益率序列进行分析时，学者发现，这种序列的波动率具有显著的聚集特征，并且这种波动存在非对称性与长期记忆性。Chevallier（2009）、Chevallier（2011）通过使用 GARCH 族模型对 EU ETS 配额现货价格的收益率进行研究，结果发现，这种实证方法能更好地处理原序列存在的异方差性。Palao 和 Pardo（2012）对欧盟碳市场中的碳排放权价格进行分析，研究发现随着碳交易成本与减排技术成本的增加，碳交易价格的波动性聚集效应会越来越强。Feng 等（2011）通过对 EUA 期货价格的波动特征进行研究，结果表明碳排放权价格的波动并不是随机游走的，其具有短期记忆性且存在混沌特征。Fan 等（2015）也得出了类似的结果，发现欧盟碳市场第三阶段碳交易价格序列具有分形和混沌特征。此外，Gil 等（2016）指出，碳排放权价格不仅具有非线性特征，还存在结构性断点。Chang 等（2017）通过使用 GARCH 族模型对中国的碳排放权价格的波动进行研究，结果表明，这种波动存在持续性与非对称杠杆效应，除此之外这种价格的走势还具有区制转换行为。类似的，在对欧盟碳排放权交易市场进行研究时，学者发现欧盟 EUA 市场的价格波动具有"尖峰厚尾"特性，其收益率波动存在波动持续性（Wang 等，2018；Daskalakis 等，2018；Dhamija 等，2017；Jevnaker 等，2017；Wu 等，2018；Scheel-haase 等，2018）。Segnon 等（2017）运用多种实证模型来对碳排放权价格的波动特征进行比较分析，研究证实每种模型各有优劣，但大部分情况下马尔科夫转换多重模型的描述效果更好。

虽然中国碳市场成立较晚，但随着国内碳交易试点的建立，国内学者也逐渐开始对碳交易市场的价格波动规律进行研究。吕勇斌、邵律博（2015）对国内不同碳交易试点市场的价格进行研究，结果表明，各试点碳市场由于能源消费结构等差异，其碳排放权价格也体现出不同程度的波动特征。魏素豪、宗刚（2016）对国内5个碳排放权试点地区的价格波动率进行研究，结果表明，这5个碳试点市场的收益率的不确定性较大，风险较高。赵圣玉（2016）将国内深圳碳市场中的CER商品的现货价格与欧盟市场中的CER期货价格进行对比分析，研究表明，深圳碳市场的价格的收益率序列平稳，非对称杠杆效应也并不显著。周天芸、许锐翔（2016）也以深圳试点的碳排放权价格为研究对象，并对价格采用对数差分算法，处理成收益率序列，研究发现收益率序列不仅存在自相关性，还存在条件异方差。祝越（2016）对国内6个碳排放权试点市场的价格波动率进行实证分析，结果表明，除广东和天津碳市场外，其余4个碳市场均表现出波动聚集的特点，并且这6个碳市场的价格波动特征不同。张婕等（2018）的研究也发现，国内各碳试点市场价格波动的对称性与持续性也存在显著差异。在研究我国碳排放权交易市场价格的波动特征时，我国学者采取的研究方法较为单一，大都采用ARCH及GARCH族模型来分析碳价的基础统计特征，证明了我国深圳碳排放权交易市场价格波动具有长期记忆性（Ren C. et al，2017），北京、上海、天津及湖北碳试点的碳价有较强的长期记忆特征（夏睿瞳，2018），除此之外，北京碳排放权交易市场碳价具有明显的负杠杆效应（李菲菲等，2019），深圳、广东、上海碳市场有正杠杆效应，湖北碳市场有负杠杆效应（Jian Liu et al.，2020）。

在我国碳交易试点发展过程中，学者在研究我国碳排放权交易市场方面取得了较多的研究成果，这些重要文献不仅对我国碳排放权交易市场健康平稳的运行提供了重要依据，也为建设全国统一的碳排放权交易市场提出了宝贵的建议。但经过对相关文献的梳理发现，国内外学者对碳排放权交易市场价格的研究还存在以下不足：（1）国内外学者在研究碳排放权交易市场价格波动规律时多采用数据驱动方法，即通过线性和非线性的数学模型对已有数据进行回归分析，对碳价进行研究。虽能较好地适应短期分析及预测，但是，因为过度依赖数学统计方法，在解释碳价波动内在原因时有一定的局限性。（2）国内外学者在研究碳排放权交易市场价格波动成因时多采用构建结构模型的方法，即从市场供求角度出发，研究价格的传导机制进而对碳排放权交易市场价格的变化趋势进行分析。其在解释价格形成机制时有一定优势，但是，由于市场参与者结构复杂，使得建模较为困难。（3）目前国内外学者针对碳价波动特征做出的研究多是对其波动聚集性、长期记忆性、杠杆效应以及其他基本统计特征进行描述,难以捕捉价格波动蕴含的详细信息,即在不同周期的波动上,造成价格波动的主要原因是什么。

本书将我国碳排放权交易市场价格序列分解为高低频序列及趋势项后,分别从时间异质性和分形特征两个方面分析我国碳价不同周期的波动特征,在明确波动特征的基础上,对各因素在价格波动中所做贡献进行详细分析。

第三节　我国碳排放权交易市场价格的 EEMD 分解

一　基本概念

1. 碳金融

碳金融的狭义定义是指将碳排放权作为有价格的商品进行买卖,广义定义是指一切为减少温室气体排放以应对全球气候变化所进行的金融交易活动。碳金融的主要目的是通过市场化手段实现投资者高效节能减排的目的,实现国家可持续发展战略。

2. 碳排放权交易市场

碳排放权交易市场,即碳交易市场,可分为自愿交易市场和强制交易市场。因考虑社会责任,企业间签订内部协议,约定各自温室气体排放量,通过配额交易达到协议标准,基于这种交易方式建立的市场被称作自愿碳交易市场。基于法律明文规定进行交易而形成的市场是强制交易市场。

3. 价格波动的分形特征和时空异质特征

为研究中国碳排放权交易市场价格的内在波动规律,本书将价格波动特征界定为分形特征和时空异质特征,前者描述了价格波动形态特征,后者从时间及空间维度对各碳排放权交易市场波动形态的差异性作出解释。

(1) 分形特征

1982 年,Mandelbrot 提出若一个集合的整体与它的组成部分有自相似性,这个集合称为分形。分形理论是非线性研究的重要分支之一,金融市场存在的"异象"使有效市场假说被质疑,根据非线性观点在资本市

场上引入的分形理论强调价格序列存在分形特征，承认时间序列不独立
存在且序列间相关。该理论描述价格波动过程当中的统计特征，且更加
详细地描绘了价格波动过程中所呈现出的内在波动特性。

（2）时空异质性

时空异质性是指事物因时间及空间的不同而表现出的不同特征及状
态。由于我国地幅辽阔，不同碳排放权交易试点间的碳价波动呈现出了
明显的地区差异性，且各碳排放权交易试点处于不同发展阶段时其价格
波动也呈现出了时间维度上的差异。

二 集合经验模态分解理论

1. 经验模态分解（EMD）

EMD 方法根据数据本身特点，将原始序列按振幅不同分解为由高频
至低频的一系列互相独立 IMF 函数，其计算步骤如下：

（1）找到时间序列 $x(t)$ 的全部极大值及极小值；使用插值函数拟合
出序列的两条包络线 $e_{\min}(t)$ 和 $e_{\max}(t)$，并计算出每个点两条包络线的平
均值 $m(t)$：

$$m(t) = (e_{\min}(t) + e_{\max}(t))/2 \tag{6-1}$$

（2）自时间序列中分离出上述均值，定义原序列与均值的差值
为 $d(t)$：

$$d(t) = x(t) - m(t) \tag{6-2}$$

（3）若 $d(t)$ 不符合本征模态函数的两个条件，$d(t)$ 则被视为新的
$x(t)$，重复上述的步骤至满足这两个条件，并定义成一个 IMFi，以 $f_i(t)$
表示，随后分离 $x(t)$ 中的 $f_i(t)$，得出新残余项 $r_i(t)$：

$$r_i(t) = x(t) - f_i(t) \tag{6-3}$$

（4）重复上述步骤，依次得到全部 IMF，记作 $f_i(t)$，直至满足第 n
阶残余项不可再分解新的 IMF 分量：

$$r_n(t) = r_{n-1}(t) - f_n(t) \tag{6-4}$$

（5）最后，IMF 分量可表示为：

$$x(t) = \sum_{i=1}^{n} f_i(t) + r_n(t) \tag{6-5}$$

2. 集合经验模态分解（EEMD）

学者后又提出了 EEMD 方法，在原 EMD 方法的基础上将白噪声引入
原序列，用以解决"模态混叠问题"。充分利用其频率均匀分布的特性来

改进原序列，从而使真正的信号序列得以从原序列里分离出来，该方法步骤如下：

（1）引入白噪声序列到原序列中，需符合下述条件：

$$\varepsilon_n = \frac{\varepsilon}{\sqrt{N}} \tag{6-6}$$

其中，N 是集成次数，ε 是白噪声波幅，ε_n 是标准差。

（2）按照同 EMD 相似的方法把合成的序列分解为各项 IMF；

（3）重复使用上述步骤，引入不同白噪声序列，最终得到的 IMF 序列 $f_i(t)$ 是由每次结果的 IMF 均值构成的，个数记作 m。

根据 EEMD 方法，原序列被分解为一组周期不同、相互独立的本征模态函数以及残余项 $r(t)$。

三　我国碳排放权交易市场价格的 EEMD 分解

1. 数据的选取

本书选取我国 8 家碳排放权交易市场的碳价格数据进行研究，所用数据具有可获得性，全面、真实地反映我国碳排放权交易市场碳价波动特征。目前，我国碳排放权交易市场共有 9 家，分别是 7 家作为试点的碳排放权交易市场以及两家非试点市场。由于我国碳排放交易市场成立时间较短且市场处于试营运状态，仅有现货业务，没有碳期货业务，并且成都碳排放权交易市场暂未公布相关数据，所以本书选取其余 8 家碳排放权交易市场的碳排放配额现货日均价来进行实证研究。为更加全面地分析我国碳排放权交易市场价格的波动特征，本书收集了各试点从该试点开放交易首日到 2019 年 12 月 31 日的非零交易日数据，具体样本情况如表 6-1 所示。

表 6-1　　　　　　中国碳排放交易市场样本选取数据选取情况

交易市场名称	样本时间	样本量（个）
北京碳排放交易市场	2013 年 11 月 28 日至 2019 年 12 月 31 日	951
上海碳排放交易市场	2013 年 12 月 19 日至 2019 年 12 月 31 日	893
广东碳排放交易市场	2013 年 12 月 19 日至 2019 年 12 月 31 日	1184
天津碳排放交易市场	2013 年 12 月 26 日至 2019 年 12 月 31 日	457
深圳碳排放交易市场	2013 年 6 月 18 日至 2019 年 12 月 31 日	1454
湖北碳排放交易市场	2014 年 4 月 2 日至 2019 年 12 月 31 日	1390

续表

交易市场名称	样本时间	样本量（个）
重庆碳排放交易市场	2014 年 6 月 19 日至 2019 年 12 月 31 日	418
福建碳排放交易市场	2017 年 1 月 9 日至 2019 年 12 月 31 日	498

资料来源：碳 K 线，http：//k.tanjiaoyi.com。

2. 碳价序列的 EEMD 分解

本书采取白噪声标准差 ε 为 0.2、集成次数 N 为 100 的参数设定，利用 EEMD 方法对我国 7 个碳排放权交易试点及福建碳排放权市场从各自开放交易首日到 2019 年 12 月 31 日的非零交易日数据进行分解，8 个碳排放权交易市场的价格经过分解后得到各自的趋势项及 IMF 分量。按分解的顺序，IMF 分量周期逐渐拉长，而趋势项是分解后的残余项，其对应着最长周期。由于各试点有效交易日的天数不同、数据量不同，导致各市场碳价格在经历 EEMD 分解后得到的 IMF 分量个数不同。其中，北京和上海碳价序列分解后得到 8 个 IMF 和趋势项；广东、深圳和湖北碳价序列分解后得到 9 个 IMF 和趋势项；天津、福建和重庆碳价序列分解后得到 7 个 IMF 和趋势项。

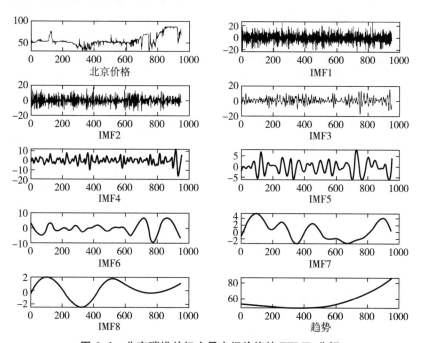

图 6-1 北京碳排放权交易市场价格的 EEMD 分解

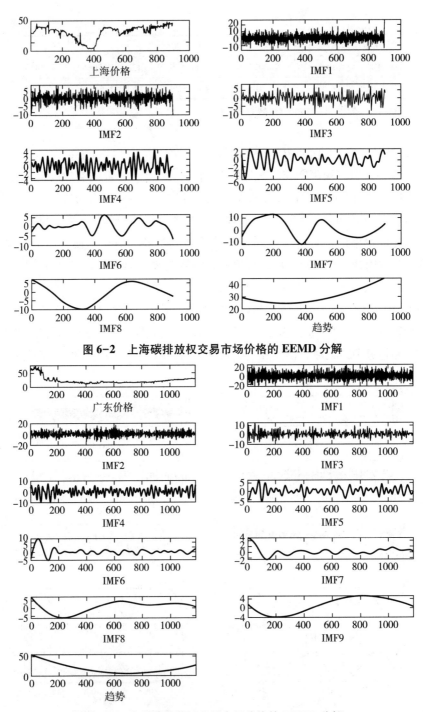

图 6-2　上海碳排放权交易市场价格的 EEMD 分解

图 6-3　广东碳排放权交易市场价格的 EEMD 分解

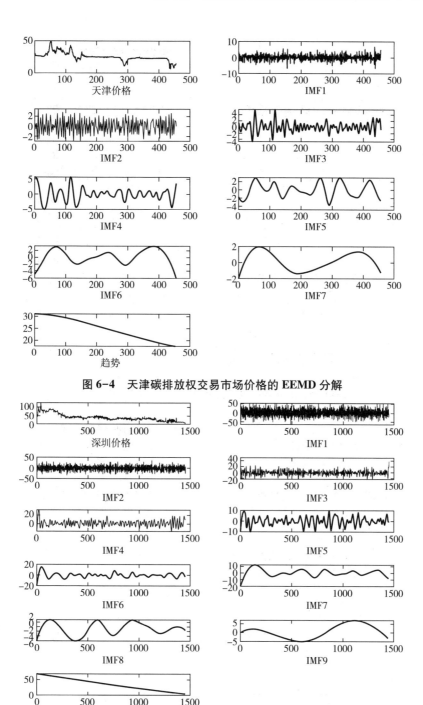

图 6-4 天津碳排放权交易市场价格的 EEMD 分解

图 6-5 深圳碳排放权交易市场价格的 EEMD 分解

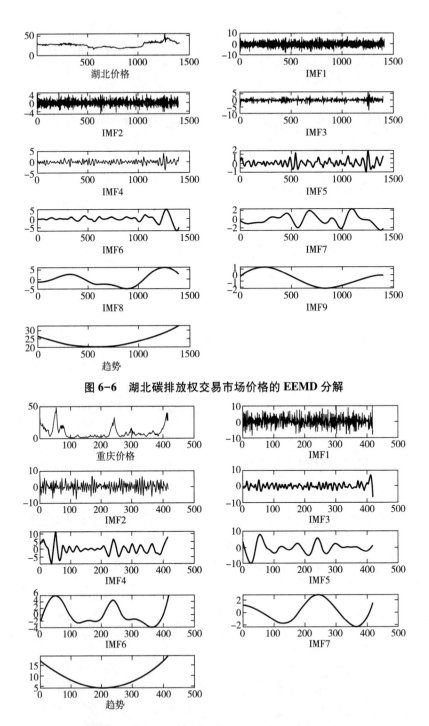

图 6-6　湖北碳排放权交易市场价格的 EEMD 分解

图 6-7　重庆碳排放权交易市场价格的 EEMD 分解

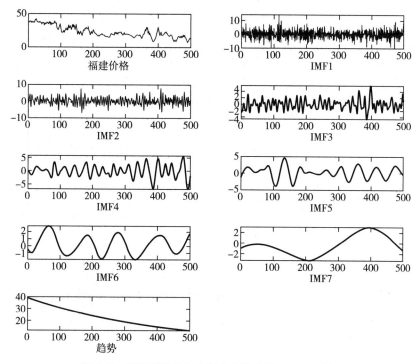

图6-8　福建碳排放权交易市场价格的 EEMD 分解

四　碳价序列 IMF 的重构

1. Fine-to-coarse reconstruction 算法

Fine-to-coarse reconstruction 算法由 Zhang 等（2008）提出，是将高频 IMF 逐个累加到低频 IMF 上来筛选高低频分量的方法，自原序列中分离出的 m 个 IMF 应按照下述步骤进行高低频重构：

（1）计算叠加序列之和 $f_i(t)=\sum_{k=1}^{i} f_k$，计算均值 $\overline{f}_i$；

（2）选定显著性水平 α，利用 t 检验识别出 $\overline{f}_i$ 显著偏离零的序列；

（3）若 $\overline{f}_i$ 显著偏离零，那么 1 到第（$i-1$）个 IMF 均被判定成高频序列，第 i 至 m 个 IMF 分量被判定为低频序列；所有高频分量序列由高频序列叠加得到，低频分量序列由低频序列叠加得到，趋势项分量为残余项 $r(t)$。

2. 高低频分量的判别

根据上文中的 Fine-to-coarse reconstruction 对我国 7 个碳排放权交易市

场的 IMF 分量进行高低频判断，并将同类的 IMF 分量进行加成，即可得到该碳排放权交易市场的高频序列与低频序列，分解后的结果如表 6-2 所示。北京碳排放权交易市场及上海碳排放权交易市场的高频分量均为 IMF1—IMF6，IMF7 和 IMF8 为低频分量；广东碳排放权交易市场和深圳碳排放权交易市场的高频分量为 IMF1—IMF7，IMF8 和 IMF9 为低频分量；湖北碳排放权交易市场的高频分量为 IMF1—IMF6，低频分量为 IMF7—IMF9；天津及福建碳排放市场的高频分量为 IMF1—IMF6，低频分量为 IMF7；其中，重庆碳排放市场各 IMF 分量在进行单样本 t 检验时均不显著偏离零均值，未能成功分解出高频分量及低频分量，究其原因则是该试点交易并不活跃、有效交易日数据较少，它的首个有效交易日为 2014 年 6 月 19 日，而下一个有效交易日日期则是 2015 年 3 月 17 日，因此为保证实验数据的质量，在下文的实证研究中不将重庆碳排放权交易市场作为研究对象。

表 6-2　我国部分碳排放权交易市场（除重庆市）高低频序列分类

城市	IMF1	IMF2	IMF3	IMF4	IMF5	IMF6	IMF7	IMF8	IMF9
北京	√	√	√	√	√	√	○	○	-
上海	√	√	√	√	√	√	○	○	-
广东	√	√	√	√	√	√	√	○	○
天津	√	√	√	√	√	√	○	-	-
深圳	√	√	√	√	√	√	√	○	○
湖北	√	√	√	√	√	√	○	○	○
福建	√	√	√	√	√	√	○	-	-

注：√表示该 IMF 分量为高频分量，○表示该 IMF 分量为低频分量。

在重构后的序列中，高频序列代表了碳价的短期波动，是围绕 0 均值不断波动的序列；趋势项代表了碳价的长期趋势，忽略全部周期性变化；而剩余的 IMF 分量所构成的低频序列则是在排除短期波动和长期趋势后的序列，其代表着碳价的中长期波动。

第四节　我国碳排放权交易市场价格波动分形特征研究

采用经 EEMD 分解及 IMF 重构后得到的我国 7 家碳排放权交易市场

的高频分量、低频分量、趋势项，利用 R/S 分析法对各市场的碳价原序列及对应的不同周期波动分量进行了单分形分析，又利用 MF-DFA 分析法对原序列及波动分量进行多重分形分析。其中，单分形特征采取 Hurst 指数表现序列分形维，形成单分形曲线。而多重分形采取奇异指数来表现分形结构整体特征，能够更全面地刻画碳排放权交易市场价格波动的整体特征。

一 单分形方法

1. 单分形过程

$\{X(t)，t \in T\}$ 被称为单分形过程，满足下述条件：

$$X(t) = \alpha^{-H}X(\alpha t)，t \in T，\forall \alpha > 0 \ 0 < H < 1 \tag{6-7}$$

其中，H 为 Hurst 指数。

2. 重标极差（R/S）分析法

传统的线性分析法不适合分析碳排放权交易市场中的非线性时间序列，因此在这里要介绍一种用以研究复杂系统的非参数方法——R/S 分析法：

$$(R/S)_n = Cn^H \tag{6-8}$$

R/S 是重标极差，C 是常数，H 是 Hurst 指数。

该方法的具体计算步骤如下：

（1）设 P_i 是时间序列，运用对数差分消除序列自相关性，所得新序列 x_i 如下：

$$x_i = \ln P_i - \ln P_{i-1} \tag{6-9}$$

（2）序列 x_i 等分成 n 段，且每段长度为 k，有 $nk = N$，其中 N 是观测值数目。

（3）分别计算每段的均值和标准差。

$$E_i = \frac{1}{k}\sum_{j=1}^{k} x_{(i-1)k+j} \qquad S_i = \sqrt{\frac{1}{k}\sum_{j=1}^{k}\left[x_{(i-1)k+j} - E_i\right]^2} \tag{6-10}$$

（4）计算每段的离差，及累计利差和极差。

$$D_i(r) = \sum_{j=1}^{r}\left[x_{(i-1)n+i} - E_i\right] \qquad R_i = \max(D_I) - \min(D_I) \tag{6-11}$$

（5）计算每段数据的重标极差。

$$(R/S)_i = R_i/S_i \tag{6-12}$$

（6）计算 $(R/S)_n$。

$$(R/S)_n = \frac{1}{n}\sum_{i=1}^{n}(R/S)_i \qquad (6\text{-}13)$$

（7）每段长度的取值为 2 到，针对不同分割长度，不断重复上述步骤。

（8）将下面的公式拟合，得到的斜率是 Hurst 指数。

$$\log(R/S) = \log(c) + H\log(n) + \varepsilon \qquad (6\text{-}14)$$

（9）计算 V 统计量。

$$V_n = \frac{(R/S)_n}{\sqrt{n}} \qquad (6\text{-}15)$$

Hurst 指数衡量了碳价序列分形特征的复杂程度，一般情况下，H 的取值范围在 0 到 1 之间，在 0.5 处作分界线。当 $H=0$，序列有反持续性，表示价格的未来走势同过去相反，值越大包含的波动越多，结构越复杂，碳价所含风险越大。当 $H=0.5$，序列是随机游走过程。也就是说，不同时刻数值之间不存在关系，序列只存在短期记忆，过去信息不影响未来价格，服从正态分布且市场符合有效市场理论。当 $H=1$，序列存在持续性，有长期记忆性。表示价格的未来走势同过去相同，H 值越接近 1，序列记忆性周期越长，波动越小，碳价曲线越平缓，所包含的风险越小。

二 多重分形方法

1. 多重分形过程

若对于连续时间过程 $\{X(t)\}$，有平稳增量过程，且满足：

$$E(\,|X(t+\Delta t)-X(t)\,|^q) = c(q)\Delta t^{r(q)+1} \qquad (6\text{-}16)$$

则将 $X(t)$ 定义为多重分形过程。

2. 奇异指数

奇异指数能够刻画函数局部光滑程度，以描述函数的奇异性。函数 $g(t)$ 在给定时刻 t 内有定义，则称：

$$\alpha(t) = \sup\{\beta \geqslant 0 : \,|g(t+\Delta t)-g(t)\,| = o(\,|\Delta t\,|^\beta),\ \Delta t \to 0\}, \qquad (6\text{-}17)$$

是函数 $g(t)$ 的奇异指数，也可以称作局部 Hölder 指数或标度指数。

3. 多重分形谱

多重分形谱能够刻画碳价格序列不均匀的特征。对于函数 $g(t)$，有：

$$f(\alpha) = \lim_{k\to\infty}\frac{\log N_k(\alpha)}{\log b^k} \qquad (6\text{-}18)$$

当在某范围内取值为正时，$g(t)$ 被称为多重分形，$f(\alpha)$ 为多重分形谱。

4. 多重分形消除趋势波动分析

对价格波动序列进行多重分形分析常采用多重分形消除趋势波动分析法（MF-DFA），具体计算过程如下：

（1）计算时间序列 $x(t)$ 的累计离差序列。

$$y(t) = \sum_{i=1}^{t} x_s(i) - \overline{x}_s \tag{6-19}$$

其中，

$$\overline{x}_s = \frac{1}{n} \sum_{i=1}^{n} x_i(t) \tag{6-20}$$

（2）分解序列 $y(t)$ 为 k 个不重叠数据段，每段长度为 n。

（3）将第 i 段进行多项式拟合，得到拟合式。

（4）消除趋势项，并计算第 i 段的平均残差平方为：

$$F^2(j, n) = \frac{1}{n} \sum_{i=1}^{n} \left[y_{(j-1)n+i} - \hat{y}(i) \right]^2 \tag{6-21}$$

其中，$\hat{y}(i)$ 是 $y_{(j-1)n+i}$ 的拟合值。

（5）重复步骤（3）和步骤（4），计算每段的残差，和均值，q 为给定值，可得：

$$F_q(n) = \left\{ \frac{1}{2k} \sum_{i=1}^{2k} \left[F^2(j, n) \right]^{q/2} \right\}^{1/q} \tag{6-22}$$

（6）分割长度 n 取遍中所有整数，根据

$$F_q(n) \sim n^{h(q)} \tag{6-23}$$

对 $\log(n)$ 及 $\log F_q(n)$ 做线性回归，可以得到斜率 $h(q)$

$$h(q) = \log F_q(n) / \log n \tag{6-24}$$

（7）$h(q)$是广义 Hurst 指数，需要观察 $h(q)$与 q 的波动图来判断序列是否是多重分形。$h(q)$同 q 无关，序列是单分形；$h(q)$同 q 有关，序列是多重分形。

三　我国碳价波动分形特征实证分析

1. 碳价波动单分形特征实证分析

本书分别计算了我国 7 家碳排放权交易市场的原价格、高低频分量及趋势项序列的 Hurst 指数并进行了 R/S 分析，分析我国碳价的单分形特

征。首先要对原价格序列进行对数差分并对波动分量序列做一阶差分，消除短期记忆性的干扰。

表6-3描述了我国7家碳排放权交易市场不同波动序列的 Hurst 指数。其中，上海碳排放权交易市场碳价原序列的 H 值是 0.5816，大于 0.5，说明该市场的碳价原序列具有长期记忆性，未来的碳价走势有较大概率与过去时间段内的价格走势相同。其余6家碳排放权交易市场原序列的 Hurst 指数均小于 0.5，碳排放权交易市场的碳价原序列具有反持续性，即表示价格的未来走势同过去相反。观察各市场高频分量的 Hurst 指数，发现 H 值均小于 0.5，而低频分量及趋势项的 H 值均大于 0.5，可以得到高频分量序列具有反持续性，低频分量及趋势项序列具有长期记忆性，我国碳排放权交易市场价格波动具有明显的单分形特征。

表 6-3　　　　　　　　我国 7 家碳排放权交易市场 Hurst 指数

地区	原价格	高频分量	低频分量	趋势项
北京	0.4093	0.1928	0.9629	0.9734
上海	0.5816	0.1964	0.9652	0.9736
广东	0.3895	0.2060	0.8209	0.9136
天津	0.4980	0.3092	0.7716	0.8305
深圳	0.4044	0.1999	0.8998	0.9336
湖北	0.4810	0.2161	0.8850	0.9136
福建	0.4990	0.2436	0.7986	0.8199

Hurst 指数能够衡量序列分形特征的复杂程度。原价格序列 H 值小于 0.5 的碳排放权交易市场中，按 H 值由高到低排序，依次为福建、天津、湖北、北京、深圳及广东碳排放权交易市场。其中，福建、天津及湖北碳排放权交易市场的 H 值接近 0.5，序列的反持续程度最大，包含波动最多，碳价结构最复杂，即碳价所包含的风险最大。在我国7家碳排放权交易市场中，上海碳排放权交易市场原价格序列的 H 值最高，具有较强长期记忆性，波动相对最小，碳价曲线相对平缓，风险相对最低。

我国7家碳排放权交易市场的碳价序列均存在不同程度的噪声，H 值越大，序列所含长期记忆性越强，包含的噪声也越小。H 值越小，序列所含噪声则越大。高频分量即短期波动的 H 值最小，所含噪声最大，而低频分量及趋势项的 H 值均高于原价格序列的 H 值且接近于 1，即中长期波动及长期波动含有的噪声小，长期波动甚至达到不含噪声的水平，因此，短期波动是造成碳排放权交易市场原价格波动的主要原因。

对我国 7 家碳排放权交易市场的原价格序列、高低频分量以及趋势项序列做 R/S 分析后计算其 V 统计量可以发现，对于原价格序列，除上海碳排放权交易市场外，我国其他 6 家碳排放权交易市场的 V 统计量均呈现下降趋势，证实了原序列反持续性的存在。高频分量序列均有下行趋势，而低频分量及趋势项序列则保持上涨态势，从图形上直观地表现出我国 7 家碳排放权交易市场的低频分量及趋势项序列具有长期记忆性，而高频分量序列存在反持续性，与上文根据 Hurst 指数进行的单分形特征研究得到的结果一致。

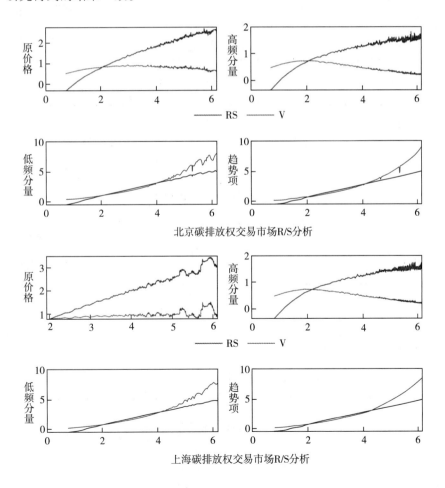

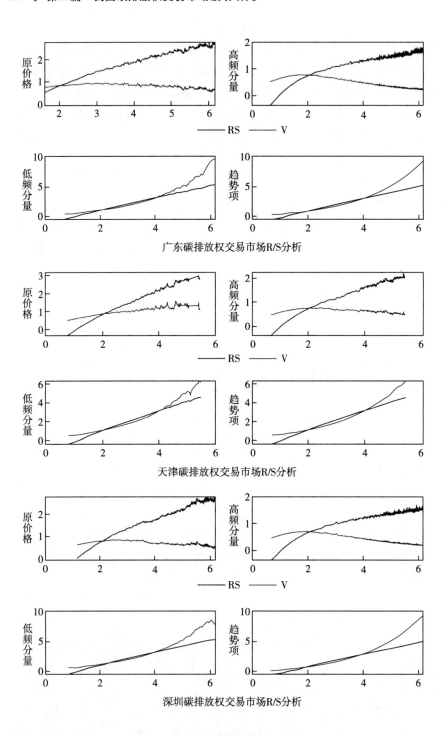

广东碳排放权交易市场R/S分析

天津碳排放权交易市场R/S分析

深圳碳排放权交易市场R/S分析

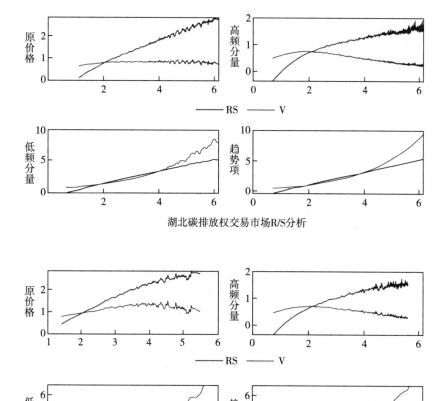

图 6-9 我国 7 家碳排放权交易市场原价格序列与波动分量序列 R/S 分析

2. 碳价波动多重分形特征实证分析

为进一步探索我国碳排放权交易市场价格的波动规律，本书采用 MF-DFA 方法对 7 家碳排放权交易市场的价格原序列及分解后得到的高低频分量、趋势项序列进行多重分形分析。首先需要对各碳排放权交易市场的原序列进行对数差分，以消除序列本身的短期记忆性；之后进行多项式拟合，得到结果如下。

原价格波动图展现了我国各家碳排放权交易市场价格的波动形态，北京碳排放权交易市场碳价格不断波动但总体上升；上海碳排放权交易市场碳价序列波动幅度较大，经历跳水后逐渐回到原本价位状态；广东、深圳、湖北、福建碳排放权交易市场价格则均出现走低趋势；天津碳排放权交易市场价格表现出明显的波动趋势。

MF-DFA Hurst 指数图是描述广义 Hurst 指数 $h(q)$ 与 q 关系的波动图。在我国 7 家碳排放权交易市场中，除广东碳排放权交易市场外，其余各地碳排放权交易市场的两者均呈现出负向变动关系。北京、上海、天津、深圳、湖北及福建碳排放权交易市场的碳价波动具有多重分形特征，而广东碳排放权交易市场碳价的广义 Hurst 指数 $h(q)$ 同 q 无关，仅具有单分形特征。

MF-DFA $\tau(q)$ 是尺度函数 $\tau(q)$ 的波动图，当 $\tau(q)$ 的波动图呈现非线性形态时说明序列有多重分形特征。根据我国 7 家碳排放权交易市场尺度函数波动图，可以看出仅有广东碳排放权交易市场的碳价对数收益率序列表现出线性关系，不具备多重分形特征。

MF-DFA $f(\alpha)$ 是多重分形谱波动图，$f(\alpha)$ 呈现的形状为倒 U 形，开口宽度越宽，多重分形特征越明显。在我国 7 家碳排放权交易市场碳价波动序列中，多重分形特征最明显的是上海和深圳碳排放权交易市场，最不明显的是北京和福建碳排放权交易市场。

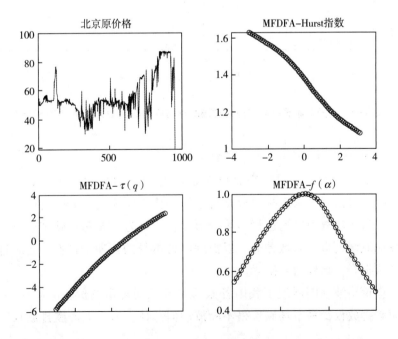

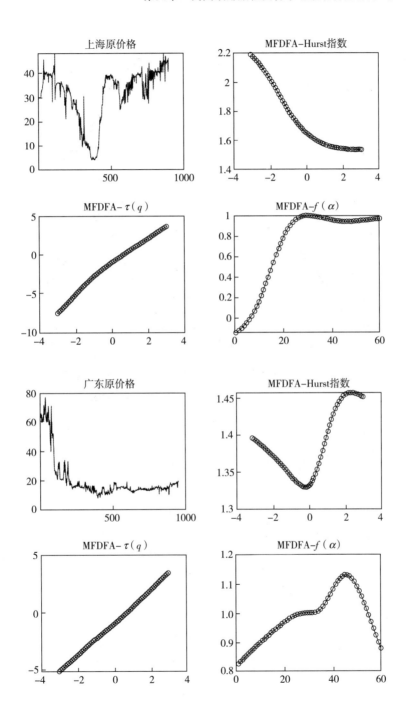

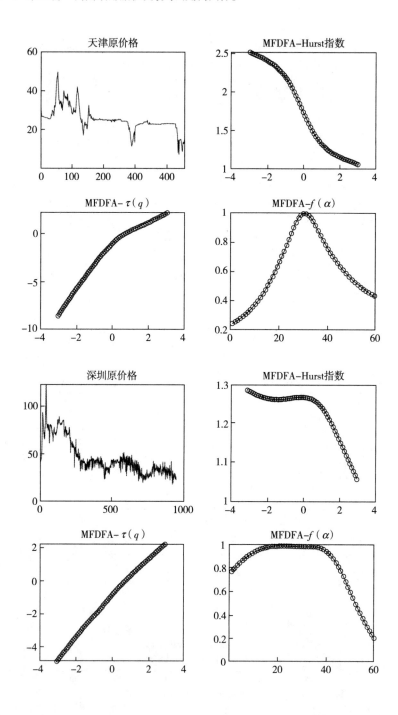

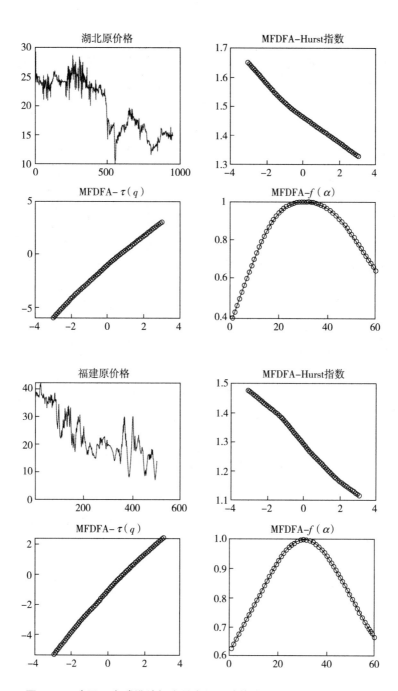

图 6-10　我国 7 家碳排放权交易市场原价格序列 MF-DFA 分析结果

　　接下来对各试点不同周期的波动分量进行 MF-DFA 分析。观察 MF-DFA Hurst 指数图发现，对于短期波动分量，北京、广东及天津碳排放权交易市场的高频分量的 $h(q)$ 会因 q 的不同取值有较小改变，序列具有些许分形特征。而上海、深圳、湖北及福建的高频分量的 $h(q)$ 则不随 q 的取值不同而改变，并不具备多重分形特征。对于中长期波动序列，即低频分量，各试点均具有一定的多重分形特征。对于长期波动序列，除深圳碳排放权交易市场外，其余碳排放权交易市场趋势项的 $h(q)$ 均随 q 取值发生一定改变，具有一定多重分形特征。根据 MF-DFA $\tau(q)$ 尺度函数波动图，我国 7 家碳排放权交易市场三个波动分量的尺度函数同 q 几乎均呈现出线性关系，在某些点上可能会发生变动，但都十分微小。综上所述，相比我国碳排放权交易市场价格的原序列，波动分量的多重分形特征并不明显。

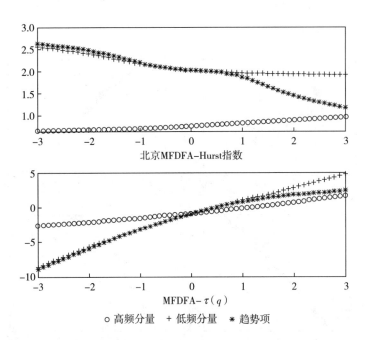

北京MFDFA-Hurst指数

MFDFA-$\tau(q)$

○高频分量　＋低频分量　＊趋势项

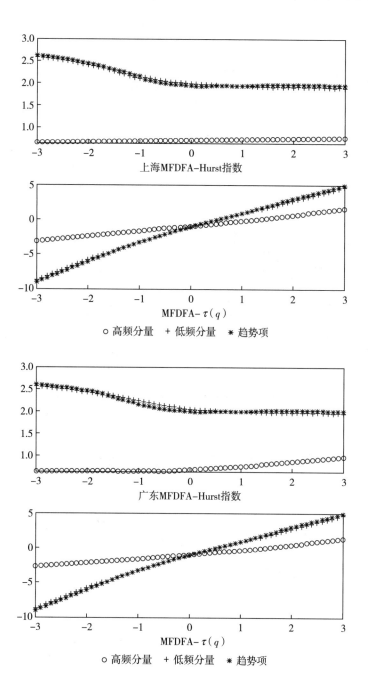

上海MFDFA-Hurst指数

MFDFA-$\tau(q)$

○ 高频分量　+ 低频分量　* 趋势项

广东MFDFA-Hurst指数

MFDFA-$\tau(q)$

○ 高频分量　+ 低频分量　* 趋势项

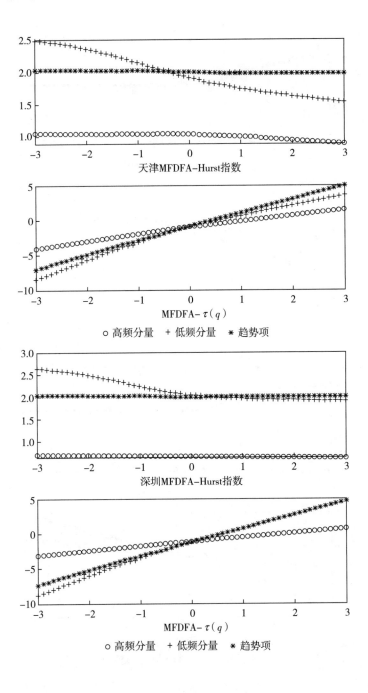

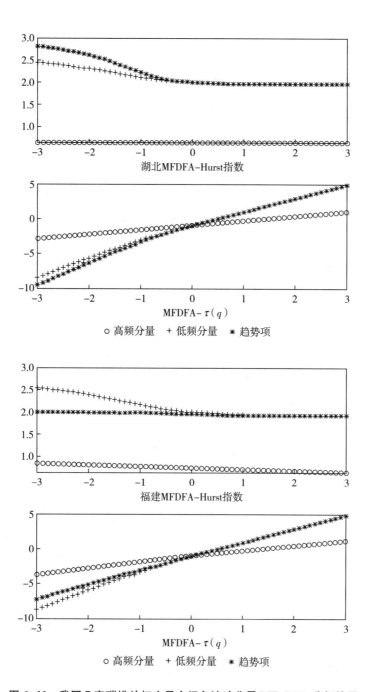

图 6-11　我国 7 家碳排放权交易市场各波动分量 MF-DFA 分析结果

第五节 我国碳排放权交易市场价格波动时空异质性研究

为探究中国碳排放权交易市场价格波动的内在规律性，本书分别对 7 家碳排放权交易市场的时间异质性及空间异质性进行了实证分析。根据高频分量、低频分量及趋势项的序列特征，总结了各分量所代表的价格波动影响因素，分析不同周期波动分量对原价格序列波动的贡献程度，分别从时间及空间维度上对不同碳市场价格波动的差异进行解释。

一 碳排放权交易市场价格波动影响因素

根据 EEMD 方法中高频分量、低频分量以及趋势项的特征和含义，在本书中高频分量表现的是由于碳排放权交易市场中的投机行为以及短期的供需不平衡所产生的短期波动；低频分量表示由于市场外部环境导致的中长期波动，在本书中定义为由于政策制度以及气候环境变化所产生的价格波动；趋势项则是反映了由于宏观经济因素以及试点本身的市场内在机制决定碳价的长期走势。

1. 短期波动的影响因素

由于碳排放权也属于金融产品的品种之一，市场的投机及投资行为同样会对其产生影响。随着人们对节能减排的重视，碳排放权交易市场的发展也蒸蒸日上，越来越多的金融机构涉足该领域，注入大量资金，提供源源不断的发展动力。除此之外，更多的个人及中介机构也加入到碳排放权交易当中，资金的不断涌入，大大增加了市场的流动性。这些投机性资本的投入，使我国尚未成熟的碳排放权交易市场价格极易在短期产生较大的波动。

2. 中长期波动的影响因素

（1）政策制度。首先，各试点市场配额量取决于国家的配额计划，政府的政策导向会直接影响碳价。当配额计划的供给同试点所在地的需求相等时，实现均衡价格；在市场需求不变的前提下，政府配额政策紧缩，均衡价格降低；政府配额政策宽松，即配额供应增加时，均衡价格升高。其次，碳排放权分配方式及比例也会影响碳价。Alberola（2008）证实了 EUA 在 2005 年由于免费碳配额发放量供大于求，价格大幅走低甚至降为零，导致无意义交易的出现。为了避免再次产生该问题，需要严格估计市场参与主体的排放量，并减少免费配额的方式，融入拍卖方式。

（2）气候环境。极端气温及空气污染程度是影响碳价的主要气候因素。面对严寒酷暑，人们使用暖气增加了燃料使用量，空调增加了社会用电量，均使温室气体排放量大幅增加。除此之外，雾霾也是二氧化碳排放量上升的主要原因。在空气污染程度较高时需要严格控制二氧化碳排放量，防止污染加剧而抬高碳排放权价格。

3. 长期波动的影响因素

（1）宏观经济

工业及电力部门在宏观经济发展中起着重要作用，而宏观经济对碳价的影响主要也通过上述两部门传导。宏观经济会直接地影响社会消费及需求，经济上行时期，有活跃的交易和生产建设，随着企业生产规模的扩大，碳排放量也不断上升，在缺乏供给弹性时，需求增加导致碳价上涨；经济下行时期有较少的生产建设，碳排放权需求减少，价格下跌。2008 年国际金融危机发生后，欧洲碳价格从 30 欧元跌至 7 欧元左右，跌幅超 75%，且低价状态持续很长时间。由此可见，经济不景气导致工业部门发展萎缩，碳配额过剩使碳价大幅下跌，宏观经济影响碳价的长期波动。

理论上，在工业进步的过程中，发电量随之增加，目前我国仍以火力发电为主，CO_2 排放增加，碳排放权需求增加，碳价上涨。在控排决心下，我国将大部分火力发电企业纳入控排体系，面对日渐增长的电力需求，这些企业需要技术创新来提高能源使用效率以维持正常运营。发电煤耗率是火力发电厂发出 1 千瓦时电能所消耗的标准煤量，数值越小技术越先进。根据《中国电力年鉴》相关统计数据显示，火力发电仍是各省份的主要发电形式；由于 2018 年后的数据未对外披露，只能收集到 2014—2017 年的数据。上海的发电煤耗率基本不变，北京、广东、天津、湖北均有所下降；北京、广东、天津的发电消耗原煤量逐年大幅递减，上海及湖北该值维持在较为稳定的水平。因为技术水平提高，火力发电所用煤炭量减少，对碳排放权需求下降，导致碳价下降。

表 6-4　各碳排放权交易市场所在地发电煤耗率与消耗原煤量

地区	指标	2014 年	2015 年	2016 年	2017 年
北京	发电煤耗率	231	210	206	204
	发电消耗原煤量	503	157	93	36

续表

地区	指标	2014 年	2015 年	2016 年	2017 年
上海	发电煤耗率	288	287	287	286
	发电消耗原煤量	2821	2750	2782	2925
广东	发电煤耗率	296	292	287	282
	发电消耗原煤量	10870	8479	7827	7386
天津	发电煤耗率	296	282	277	273
	发电消耗原煤量	2423	2010	1691	1884
湖北	发电煤耗率	293	298	295	289
	发电消耗原煤量	3495	3518	3461	3526
福建	发电煤耗率	——	——	——	292
	发电消耗原煤量	——	——	——	4050

注：发电煤耗率的单位是 g/kWh，发电消耗原煤量的单位是万吨。
资料来源：相关年份《中国电力年鉴》。

（2）碳排放权交易市场内在机制

不同地区碳排放权交易市场的内在机制是导致各试点呈现出不同碳价波动形态的主要原因，且为长期因素。下面分别从交易规则及处罚措施两个方面对本书所要研究的 7 家碳排放权交易市场做出总结。

交易规则包含交易平台、交易类型、交易主体以及交易方式等。目前我国各家碳排放权交易市场的交易系统均是独立的，本书所研究的 7 家碳排放权交易市场的具体交易规则如表 6-5 所示，各市场均根据当地的具体情况制定出了各具特色的交易规则。

表 6-5 各市场交易规则汇总

地区	交易平台	交易类型	交易主体	交易方式	交易费	价格波幅
北京	北京环境交易所	BEA、CCER	控排企业、合格企业	公开交易、协议转让	公开交易 0.75%、协议转移 0.5%	——
上海	上海环境能源交易所	SHEA、CCER	控排企业、符合投资者要求的企业及集团	上市交易、协议转让	0.3%	30%
广东	广州碳交易所	GDEA、CCER	控排企业、投资机构、个人	公开交易、协议转让	0.5%	10%

续表

地区	交易平台	交易类型	交易主体	交易方式	交易费	价格波幅
天津	天津碳交易所	TJEA、CCER	企业、个人、国内外机构、其他组织	在线现货交易、协议转让、拍卖	0.7%	10%
深圳	深圳碳交易平台	SZA、CCER	企业、投资机构、个人	电子拍卖、现货交易、协议转让	交易佣金 0.3%、转让费 0.6%、竞标费 5%	10%
湖北	湖北碳交易所	HBEA、CCER	控排企业、志愿企业、组织及个人	定价转让、议价	价格转移 1%、协商价格 4%	—
福建	海峡股权交易中心	FJEA、CCER、FFCER	控排企业、合格企业	公开竞价、协议转让	10%	—

　　建设碳排放权交易市场的目的是利用市场机制以低成本达到节能减排。我国参与碳排放权交易市场的控排企业负有一定的履行义务，若未能按照规则参与市场则会受到相应的处罚。表 6-6 梳理了各地碳排放权交易市场对控排企业的处罚措施，北上广、湖北及福建碳排放权交易市场有清晰的处罚措施，针对违规行为有一定的经济处罚；深圳碳排放权交易市场及天津碳排放权交易市场处罚措施较为薄弱。在履约效果上，在 2014—2019 年，北上广、湖北、福建以及天津碳排放权交易市场均出现过连续 3—4 年履约率达 100% 的现象，而深圳碳排放权交易市场没有此类现象。因此，清晰具体的处罚措施有助于提高市场参与者的规范程度。

表 6-6　　　各碳排放权交易市场对控排企业违规行为的处罚措施

地区	未按规定接受核查	未履行报告义务	未履行配额清缴义务
北京	处 3 万元以上 5 万元以下罚款	处 3 万元以上 5 万元以下罚款	按照市场均价的 3 倍以上 5 倍以下对该单位超出其配额许可范围的碳排放总量（未履约排放量）予以罚款
上海	处 1 万元以上 5 万元以下罚款	处 1 万元以上 3 万元以下罚款	处 5 万元以上 10 万元以下罚款
广东	处 1 万元以上 5 万元以下罚款	处 1 万元以上 3 万元以下罚款	下一年度配额中扣除未足额清缴部分 2 倍配额，并处 5 万元罚款
天津	3 年内不得优先享受循环经济、节能减排相关扶持政策		

续表

地区	未按规定接受核查	未履行报告义务	未履行配额清缴义务
深圳	5 年内不得取得本市任何财政资助；管控单位为国有企业的，相关国资监管机构应当将碳排放控制责任纳入国有企业绩效考核评价体系；按照违规碳排放量市场均价的 3 倍予以处罚		
湖北	对下一年度的配额按上一年度的配额减半核定	处 1 万元以上 3 万元以下罚款	按照当年度碳排放配额市场均价，对差额部分处以 1 倍以上 3 倍以下，但最高不超过 15 万元的罚款，并在下一年度配额分配中予以双倍扣除
福建	处 1 万元以上 3 万元以下罚款	处 1 万元以上 3 万元以下罚款	在下一年度配额中扣除未足额清缴部分 2 倍配额，并处以清缴截至日前一年配额市场均价 1 至 3 倍的罚款，但罚款金额不超过 3 万元

二　我国碳排放权交易市场价格波动时间异质性实证分析

为研究我国碳排放权交易市场的时间异质性，本书根据第二章中对我国碳排放权交易市场发展阶段的划分将样本时间分为 2013—2017 年及 2018—2019 年两个时间段进行对比研究，前者为建设全国碳排放权交易市场前的准备阶段，后者是建设全国碳排放权交易市场阶段。由于天津碳排放权交易市场在 2018—2019 年交易活跃度极低，有效交易日不足 10天，为保证实验结果的合理性，不将该市场第二阶段的数据纳入结果分析中。

本书采用以下指标对比分析各碳排放权交易市场的高低频分量：第一，方差占比。为反映各分量所代表的不同周期波动在总体波动中所占成分大小，可以用不同周期波动分量的方差占总和的百分比来表示。第二，平均周期。平均周期是分量总样本数同该分量出现的波峰及波谷次数的比，以描述各分量所代表的不同周期波动对应的频率或周期。第三，相关系数。本书选取皮尔森相关系数来描述数据间的统计关系。皮尔森相关系数统计量的取值范围为 [-1, 1]，当系数为 1 时，两变量成正相关；当系数为 -1 时，两变量成负相关；当系数为 0 时，两变量不相关，其绝对值越大，两变量相关性越高。

2013—2017 年，我国碳排放权市场处于建设全国碳排放权交易市场的准备阶段，由图 6-12 得到在北京、天津及深圳碳排放权交易市场价格波动中起主导作用的是高频分量，占比高达 82.52%、68.04% 及 81.44%，投机行为等导致的市场短期供需的不平衡是该时段内影响北京碳排放权交易市场价格波动的主要原因。上海碳排放权交易市场碳价波动则受到低频分量的影响最大，占比为 60.34%，中长期波动是价格波动的主要原因。广东碳排放权交易市场的趋势项占比为 50.38%，长期波动则是该时段内影响其碳价波动的主要原因。湖北碳排放权交易市场的高频分量及低频分量所占比例相差不大，分别为 43.35% 及 37.95%，也就是说影响 2013—2017 年湖北碳价波动的主要因素是短期波动及中长期波动。福建省碳排放权交易市场的高频分量及趋势项占比分别为 53.58% 及 43.87%，短期波动和长期波动是导致该市场碳价波动的主要原因。

2018—2019 年处于建设全国碳排放权交易市场的关键时期，从图 6-12 中可以看出，北京、上海、广东、深圳及福建碳排放权交易市场方差占比中比例最高的均是高频分量，其值分别为 81.05%、75.31%、72.04%、93.13% 及 72.90%，只有湖北碳排放权交易市场碳价波动的主要影响因素是低频分量，即中长期波动，占比为 52.71%。

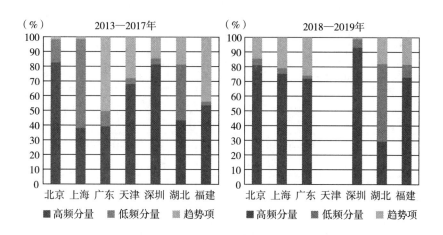

图 6-12　我国 7 家碳排放权交易市场高低频分量及趋势项方差占比百分比

整体来看，高频分量所代表的平均周期为一周至两周低频分量所代表的平均周期为 3—6 个月。在两个样本时间段内，北京碳排放权交易市场高频分量及趋势项的皮尔森系数有明显升高，低频分量的相关系数基本不变；上海碳排放权交易市场高频分量及趋势项的皮尔森系数略有升高、低频分量的相关系数则从高度正相关变为几乎不相关；广东碳排放权交易市场高频分量的相关系数略有下降，趋势项略有上升，而其低频分量的相关系数则由正相关变为显著负相关；深圳碳排放权交易市场高频分量及趋势项的相关系数基本不变、低频分量的相关系数有所升高；湖北碳排放权交易市场三者的相关系数均略有升高，趋势项相关系数升高较多；福建碳排放权交易市场高频分量相关系数升高，低频分量相关系数由正到负，趋势项相关系数大幅减小。

表6-7   我国7家碳排放权交易市场高频分量、低频分量及趋势项统计特征描述

分量	高频分量			
	2013—2017 年		2018—2019 年	
	皮尔森相关系数	平均周期	皮尔森相关系数	平均周期
北京	0.246**	11.12	0.562**	9.67
上海	0.149**	13.56	0.220**	19.41
广东	0.320**	19.32	0.092	13.41
天津	0.670**	10.88	—	—
深圳	0.155**	13.48	0.133**	10.88
湖北	0.085*	12.36	0.330**	9.79
福建	0.221**	8.09	0.632**	11.86
分量	低频分量			
	2013—2017 年		2018—2019 年	
	皮尔森相关系数	平均周期	皮尔森相关系数	平均周期
北京	0.729**	105.67	0.760**	143.77
上海	0.947**	82.25	−0.007	164.5
广东	0.050	95.79	−0.837**	140.47
天津	0.749**	130.57	—	—
深圳	0.485**	93.68	0.724**	123.28
湖北	0.886**	100.78	0.927**	201.12
福建	0.792**	90.55	−0.009	85.43

续表

分量	趋势项	
	2013—2017 年	2018—2019 年
	皮尔森相关系数	皮尔森相关系数
北京	0.287**	0.654**
上海	0.457**	0.640**
广东	0.819**	0.963**
天津	0.668**	—
深圳	0.837**	0.766**
湖北	0.547**	0.881**
福建	0.840**	0.299**

注：*表示在 0.10 水平上显著相关，**表示在 0.05 水平上显著相关。

综上所述，北京碳排放权交易市场在两个样本时间段内的碳价波动均主要受到高频分量影响，即周期为 1—2 周短期波动的影响。随着试点运行逐渐成熟，其低频分量对价格波动的影响显著减小，究其原因是北京市政府在 2018 年后在提升空气质量做出的大量工作，即在上文提及的中长期波动因素气候环境中北京市 AQI 逐年减小后几乎维持较低水平不变。上海市、广东省、深圳市碳排放权交易市场高频分量对碳价波动影响大幅增加，与试点不断推出创新业务有关，这些业务的出现导致市场上出现更多的投机行为，短期价格波动更加明显。例如，上海碳排放权交易市场相继推出借碳、碳配额远期及碳资产质押等业务、深圳碳排放权交易市场先后与国内多家银行签订碳金融战略合作协议。湖北碳排放权交易市场的低频分量及趋势项始终占据主导地位，即该试点碳价波动受中长期及长期波动影响较大，该市场有清晰的政策制度及处罚措施，相对碳价保持在平稳水平。福建省碳排放权交易市场价格波动受短期波动影响逐渐加大。

三　我国碳排放权交易市场价格波动空间异质性实证分析

上述分析可以看出高低频分量和趋势项对我国各碳排放权交易市场的价格波动影响程度不同。接下来将从空间角度出发，对比分析不同分量对我国 7 家碳排放权交易市场碳价波动的影响，各试点对应的不同周期波动分量走势如图 6-13～图 6-19 所示。

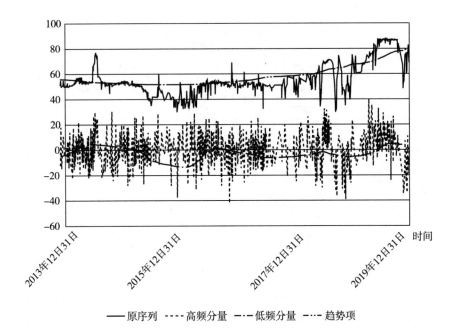

——原序列 ---- 高频分量 ——- 低频分量 ---- 趋势项

图 6-13　北京碳排放权交易市场重构后分量图形特征

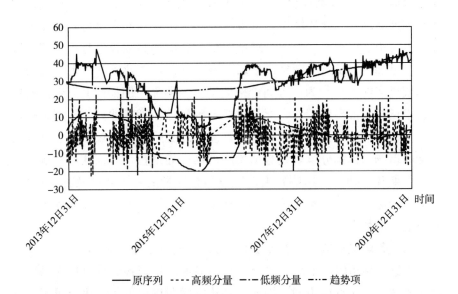

——原序列 ---- 高频分量 ——- 低频分量 ---- 趋势项

图 6-14　上海碳排放权交易市场重构后分量图形特征

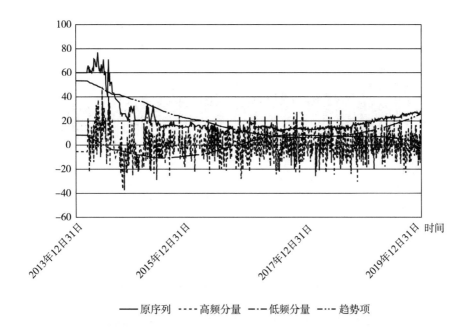

———原序列　---- 高频分量　--- 低频分量　---- 趋势项

图 6-15　广东碳排放权交易市场重构后分量图形特征

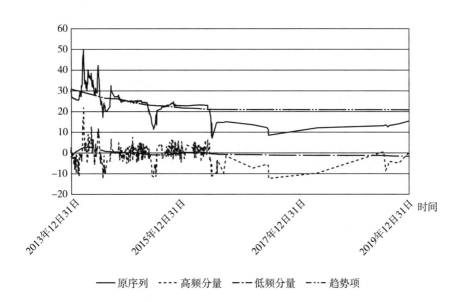

———原序列　---- 高频分量　--- 低频分量　---- 趋势项

图 6-16　天津碳排放权交易市场重构后分量图形特征

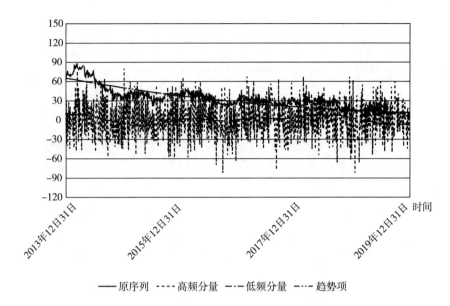

——原序列 ----高频分量 ——低频分量 ----趋势项

图 6-17　深圳碳排放权交易市场重构后分量图形特征

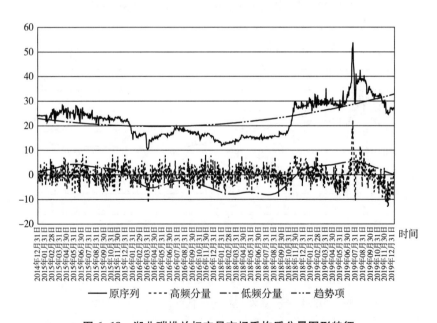

——原序列 ----高频分量 ——低频分量 ----趋势项

图 6-18　湖北碳排放权交易市场重构后分量图形特征

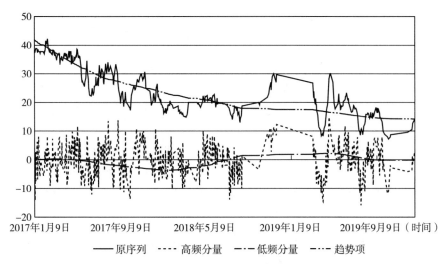

图6-19　福建碳排放权交易市场重构后分量图形特征

1. 市场的短期波动

高频分量反映了碳排放权交易市场中由于市场供需不均衡导致的短期波动对碳价的影响，频率高，在零均值附近上下波动，持续时间短，多为1—2周，不会对碳价格造成强烈冲击。由上小节分析可知除湖北碳排放权交易市场外，高频分量对其他6家碳排放权交易市场的碳价序列的影响都随着市场的不断成熟逐渐加大，推测是由于产品创新和投机行为不断增加导致市场交易日趋活跃。其中深圳碳排放权交易市场表现最为突出，与银行的长期合作关系为该市场注入源源不断的资金，因此2018—2019年该市场的高频分量方差占比上涨至93.12%。表6-8反映了本书所研究的7家碳排放权交易市场的业务创新举措。

表6-8　　　　　　　我国7家碳排放权交易市场的业务创新举措

地区	创新举措
北京	推出碳排放权配额回购融资、场外掉期以及中碳指数等业务及产品
上海	推出借碳、碳配额远期以及碳资产质押等新型业务
广东	推出碳配额在线质押融资产品
天津	提供碳中和等节能减排综合服务
深圳	与兴业银行共同推出绿色结构性存款、设立嘉碳开元基金，先后与中国银行、兴业银行以及江苏银行签订碳金融战略合作协议。

续表

地区	创新举措
湖北	探索生态扶贫模式
福建	借助当地森林资源丰富的优势推出福建林业碳汇

2. 市场的中长期波动

低频分量反映了中长期因素对碳价格波动造成的影响，其中外部政策对碳价的冲击较为显著。北京碳排放权交易市场的低频分量自 2015 年末开始走高，由于在 2015 年 10 月同北美碳排放权交易市场签订合约，实施跨境合作，投资者期望升高。上海碳排放权交易市场低频分量呈现出明显的波动形态，2014 年 6 月实施拍卖导致配额数量供过于求，低频分量开始走低，并于 2015 年末降至最低。2016 年 2 月 4 日，上海市发展改革委发布相关文件对碳试点 MRV 制度做出合理补充调整，低频分量逐渐走高。2016 年 12 月 19 日，碳配额远期产品开始试运行，低频分量达到峰值后略有回落，由于远期产品运行之初存在流动性不足等问题，打击投资者信心，后低频分量保持长期平稳态势。广东、天津、深圳、福建碳排放权交易市场价格波动受低频分量影响较小。湖北碳排放权交易市场受低频分量影响最为显著，2014 年 9 月 9 日，低频分量走高，由于该市场正式实施全国首个碳排放权质押贷款项目，2015 年 3 月 6 日，低频分量走低，由于召开碳交易履约动员暨核查工作会，2018 年 6 月 4 日湖北省发展改革委发布省内碳排放权抵消机制相关事宜，低频分量开始向上运行。

除此之外，低频分量对碳价的冲击也可以通过不同地区空气质量指数反映出来。空气质量指数（AQI）是用来检测空气质量的指标，与空气质量呈现反向变动。根据本书所要研究的 7 家碳排放权交易市场所在地的 AQI 值发现北京、天津及湖北拥有较高的 AQI 值，空气质量较差。2014—2019 年，北京市的空气质量指数逐年降低，空气质量越来越好，低频分量逐渐走高。天津市和湖北省的 AQI 值于 2018 年降至最低，而后有所提升，湖北省低频分量的向上走势自 2018 年后十分明显。上海、广东、深圳及福建的 AQI 值呈现出波动状态。其中，上海市该数值波幅较大，低频分量波动较大。

表 6-9　　　　　　　我国 7 家碳排放权交易市场所在地 AQI 值

所在地	2014 年	2015 年	2016 年	2017 年	2018 年	2019 年
北京	126	122	113	102	87	86
上海	80	89	81	84	70	72
广东	77	68	70	76	70	74
天津	121	103	104	108	84	100
深圳	54	53	55	56	51	58
湖北	113	103	93	89	79	88
福建	63	56	55	60	56	55

资料来源：PM2.5 历史数据网，https：//www.aqistudy.cn/historydata/。

3. 市场的长期波动

趋势项反映市场的长期波动，宏观经济与市场的内在机制起到绝对性作用。天津、广东、福建碳排放权交易市场的趋势项方差占比均较高，皮尔森系数也表明了趋势项同原序列较强的相关性。北京、上海、湖北碳排放权交易市场趋势项呈现走高形态，广东、深圳、天津碳排放权交易市场趋势项呈现走低态势。天津碳试点开市初期，碳价高达 50 元/吨，后降为 15 元/吨，表明该试点运行初期配额分配较紧，在市场内在机制不断完善的过程中，价格发现作用在碳排放权交易市场显现，福建碳排放权交易市场同理。广东碳排放权交易市场交易机制由固定价格拍卖到配额拍卖，碳价定价从固定价格变为同二级市场联动的保留价，导致趋势项长期走低，市场机制与试点碳排放权交易市场不匹配的问题逐渐体现，后随着市场内在机制的不断完善，趋势项走势略有回升，该试点碳价格也略有提高，因此碳排放权交易市场内在制度设计对碳价长期走势起关键作用。除此之外，从宏观经济来看，由于广东省和天津市发电厂的技术变革导致当地火力发电所需煤炭量逐年减少，温室气体排放量下降，对碳排放权需求下降，趋势项走低，碳价下降。

第六节　研究结论

1. 中国碳排放权交易市场价格波动具有明显的分形特征

我国 7 家碳排放权交易市场价格波动均具有单分形特征。北京、天津、上海、湖北、深圳及福建碳排放权交易市场价格波动具有多重分形特征，而广东碳排放权交易市场价格波动不具备多重分形特征。其中，上海碳排放权交易市场价格具有长期记忆性，而北京、广东、湖北、天津、深圳及福建碳排放权交易市场价格具有反持续性。

2. 中国碳排放权交易市场价格波动具有时空异质性

碳价格的短期波动是由于市场短期供需不平衡导致的，具体表现为各地碳排放权交易市场实施的创新举措不同，投资者对市场预期不同，产生不同的投机行为；碳价格的中长期波动差异性是由于各地政策制定、气候环境不同导致的；碳价格的长期波动差异性，是由宏观经济及各碳排放权交易市场内在机制不同导致。

针对上述实证研究，对市场参与者及市场监管者提出以下建议：市场参与者应合理利用不同周期的价格波动分量来规避风险。市场监管者应根据各碳排放权交易试点不同波动分量对价格波动的贡献程度有针对性地制定相关政策。在建设全国统一碳排放权交易市场的关键时期，对试点及非试点碳排放权交易市场价格波动特征的研究有助于对我国碳市场的建设及发展做出全局认识，在后期有关交易机制、定价机制及相关政策制度制定方面起着一定的先导作用，有助于建立出一个具有国际竞争力、健康稳定的碳排放权交易市场

第七节　本章小结

本章对中国碳排放权交易市场的价格波动特征进行了研究。首先梳理了关于碳价波动特征、EEMD模型以及碳价分形特征研究的相关文献，分析现有研究的不足之处，设定了研究框架，对中国碳排放权交易市场的发展现状进行概括总结。然后利用EEMD法对中国7家碳排放权交易市场价格序列进行分解，从分形特征和时空异质性角度刻画价格的波动特征。

第七章 我国碳排放权交易市场波动率影响因素研究

第一节 引言

随着工业产业的快速发展与全球化石能源的过度使用，空气中以二氧化碳为主体的温室气体的排放过量，由此造成的气候与环境污染现象频繁发生。1997年12月，为解决气候变化所导致的环境问题，《联合国气候变化框架公约》第三届缔约国大会在日本京都如期举办，出席这次会议的各国代表通过了《京都议定书》。这次会议提出了发达国家的减排责任，借助《京都议定书》具有的法律约束力设立了发达国家的减排目标，并尝试通过市场机制形成以二氧化碳为主体的温室气体排放权的交易，由此形成的市场可以称为碳排放权交易市场。随着各国碳交易体系的建立以及碳市场的发展与完善，碳排放权交易逐渐成为各国普遍使用的既可以促进经济增长又可以减轻环境压力的一种减排手段，被各国视为可以实现资源最佳配置的环境经济政策。

中国是世界上碳排放总量最大的国家（Bai等，2019），面对自身以及全球如此严峻的碳排放现状，中国展现了大国的责任与担当，不仅做出了减排承诺，更是明确提出了自己的减排目标。例如，中国政府早在2009年就宣布，2020年要比2005年的碳强度，即每单位国内生产总值的二氧化碳排放量减少40%—45%。随着中国不断深化绿色文明理念，加强生态文明建设，中国更是在国际舞台上提出了自己的减排承诺。例如，中国政府在2015年巴黎气候变化大会上宣布，2030年要比2005年的碳强度减少60%—65%（汪鹏等，2017）。2016年4月22日，作为世界上第一大碳排放与第二大经济体的中国，率先批准和签署了《巴黎协定》，并于同年的 6 月 3 日与美国同时向联合国交存了《巴黎协定》的批准文书。2018 年 12 月，联合国为应对全球碳浓度过高所带来的气候变暖等问题，在波兰举办了第 24 届气候大会，中国为确保《巴黎协定》的全面实施，提出了智慧方案并在制定实施细则的过程中发挥了重要的作用（Liu 等，2019）。

中国政府不断将"绿色经济"的理念融入国家发展战略中，不仅在国际舞台上做出了减排承诺，更是在国内确立了自己的减排目标，关于节能减排政策的数量在持续增多。例如，为加快落实党中央关于国内逐步建立碳市场，加强碳交易体系的建设的"十二五"规划的要求，国家发改委在 2011 年 10 月发布了一则通知，通知中明确要将碳排放权交易作为实现我国控制温室气体排放，实现节能减排与低碳发展的政策工具，并结合相关申报地区的工作开展情况，同意北京等"两省五市"开展碳排放权交易试点。为加快经济社会的可转变与可持续发展，国务院在 2011 年 12 月确立了"十二五"期间的减排目标，即 2015 年要比 2010 年的碳强度减少 17%，增强减排主体的自觉性，逐渐优化市场机制与加强气候变化政策体系的建设。为充分发挥市场机制的作用，加快实现以较低成本控制碳减排的目标，我国在 2013 年 6 月至 2014 年 6 月相继建立了"两省五市"的 7 个碳排放权试点市场。然而，由于我国的碳市场运行时间较短，相关市场建设与交易的制度还不完善，碳排放权交易仍存在许多问题。例如，各碳排放权交易试点表现各异，交易量偏少，价格波动较为剧烈等（刘承智等，2014）。经过 7 个碳市场的有效运行，四川与福建碳市场在 2016 年 12 月相继启动，2017 年 12 月 19 日，我国碳排放交易体系正式启动，标志着碳交易在我国发展的新纪元。

碳排放权交易借助市场化机制，不仅能够在一定程度上实现减排与经济的共赢，更是成为多国广泛使用的有效减排工具。近年来，国际碳市场发展迅猛，但其市场价格波动剧烈，显著影响了减排绩效。碳市场价格的不确定性与价格波动问题非常重要，并且众多学者展开了大量探索（Hobbie 等，2019；Hao 等，2019；Wu 等，2019；Ji 等，2018；Tang 等，2017）。随着中国碳交易试点市场的建立，经过近四年的运行，各市场间已初步显现出一定的溢出效应（王倩和高翠云，2016），并且各个碳试点的碳交易价格时有波动，在运行期内大都出现了不同程度的上涨（陈欣等，2016；吕靖烨和王腾飞，2019；辛姜和赵春艳，2018；夏睿瞳，2018）。目前关于碳排放权价格的研究主要集中在碳排放权交易价格形成机理、价格的波动特征和影响因素方面，由于中国碳交易市场建立的时间较晚，相关政策出台的时间也较短，关于市场政策的研究仍相对缺乏（廖筠等，2019）。这对于中国在 2020 年全面推行碳排放权交易市场的政策规划来说，研究上存在明显的滞后（杨宝臣等，2018）。在此背景下，在已有学者研究的基础之上进一步深入研究碳市场价格的政策效应显得尤为重要。因此，本书将通过研究碳市场政策对我国不同的碳交易试点市场价格与价格波动率的影响，以帮助政策制定者分析以往政策的有效性和稳健性，从而提高全国统一碳排放交易体系的政策制定效率。

本章主要开展以下工作：（1）从国家公布的碳市场政策制度的角度，运用事件分析法和 GARCH 模型从价格以及价格波动率两个方面来分析我国碳市场价格的政策效应。本书收集整理了近年来国务院以及发改委公告的有关碳市场管理的政策，分析其对碳排放权价格影响的作用机理以及引致的碳市场价格变动特征。在研究政策是否会对碳排放权的价格波动率产生影响时，运用加入政策虚拟变量的 GARCH 模型，对国内 8 个碳交易市场的价格收益率进行分析，全面系统地刻画了在受政策影响下碳交易的价格波动率的变化。（2）采用 DSGE 模型讨论碳税、环保技术等因素对我国碳排放权交易市场波动的影响。

第二节　文献综述

碳排放权价格是体现碳市场是否有效运行的核心，是政府对碳市场进行政策调控的重要依据。学者的研究普遍认为，我国碳排放权交易市场价格波动的主要因素有政策制度、分配方式、能源价格、技术及宏观经济等。

在政策制度方面，（张玉娟、何朝林，2013；王煦楠，2016；欧阳仡欣，2017）等从理论的角度分析了政策因素对碳排放权价格的影响。郑爽、孙峥（2017）认为，碳排放权价格是以政府为主导、企业为主体，借助市场中多方力量而共同形成的，其中政府的主要领导是第一责任人。具体来说，国内大多学者在对碳排放权价格的影响因素进行分析时，发现政策制度会对碳交易价格产生影响。祝越（2016）的研究结果也表明，政府的政策制度是国内碳排放权价格的主要影响因素。赵立祥、胡灿（2016）对影响我国碳排放权市场价格的因素进行分析，研究发现，政策因素对价格的影响最大，且多会通过影响其他因素来间接影响价格。胡根华等（2017）以深圳碳排放权市场为研究对象，运用 GARCH 模型分析市场开放和政策导向等事件对市场的影响，结果表明，不同的事件会使市场价格产生不同程度的跳跃行为。此外，也有不少学者通过将市场中的相关信息作为政策因素的代表性指标，对碳市场价格进行研究。杨宝臣等（2018）通过将碳市场中的拍卖机制、碳交易远期产品的开展等作为政策信息，研究发现这两项政策对试点市场的价格有着决定性作用。与上述结论不同的是，张云（2015）在分析政策因素对试点碳排放权价格的影响时，对当地交易所与政府所公布的配额与交易政策信息进行研究，结果表明这种政策信息对价格的影响不大。另外，张云（2018）对碳排放权价格的驱动因素从市场与政策两个层面的信息进行研究，最后得出，市场层面的信息对价格的影响显著，而政策信息对价格的影响依旧不显著。此外，国内学者在分析碳排放权交易试点价格波动率时也指出，政策制度是影响碳交易价格波动的主要因素（杨通录等，2019；邹绍辉等，2019；赵选民和魏雪，2019；郑祖婷等，2018；孙春，2018）。

在分配方式方面，从金融工程的角度出发，可以在初始分配中加入期权，免费分配加上一定比例的有偿碳期权，有助于碳交易市场更加顺利地运行（何梦舒，2011）。通过比较免费和拍卖分配，进一步强调了产业层级对于碳配额分配的重要性，单层模式可以保证效率和公平，但是不利于产业竞争力的保护，而多层模式则弥补了这一不足，避免了产业之间的竞争扭曲（潘晓滨、史学瀛，2015）。而以自然人口与碳排放压力人口的平均人口为基础的改进的历史基准线混合法，可以奖励减排表现良好的地区，同时为资金不足的地区留出空间（李森升，2017）。针对"新零售"趋势研究比较发现免费配额分配方式对减排、低碳宣传和市场需求的激励效果更佳；在碳交易市场建立初期政府应实施无偿配额分配方式，减少企业参与碳交易市场的成本；在碳交易市场成熟阶段，应设计有效的协调机制来配合有偿配额分配机制的实施（张素庸等，2019）。

在能源价格方面，王倩、路京京（2015）选取国内各碳排放权试点市场的碳交易价格作为研究对象，研究发现，各试点的碳交易价格均会受到煤炭、石油以及天然气价格的影响，并且这种影响体现一定的区域差异。郭文军（2015）在分析能源价格对碳交易价格的影响时，以煤炭价格指数作为能源价格的代表指标，结果显示，煤炭价格对碳交易价格有着显著的负向影响，且影响程度较大（周天芸、许锐翔，2016；祝越，2016；武思彤，2017）。在分析原油价格与煤炭价格对碳排放权价格的影响时发现，这两种能源价格均会对碳排放权价格产生正向影响。

在技术方面，主要指企业的生产技术。企业扩大生产规模以追求更高的利润，因此碳排放量相应也会增长，而模拟分析表明技术进步可以有效地降低碳排放强度，在企业低碳竞争性收益与投入的差值基础上的碳税、碳补贴等政策才有正向作用（季应波，2000；孙建，2019；吕希琛等，2019）。无论是短期还是长期，突破性技术对碳排放均呈现出显著的抑制作用，且政府应关注技术创新、财税、金融以及产业结构等系统性支持，构建政策与市场的协调机制，使低碳技术创新的溢出效应更好地发挥，进而实现低碳与经济增长的双重目标（魏巍贤、杨芳，2010；卢娜等，2019）。进一步的研究说明技术创新对碳减排的作用并非线性，受到收入水平的影响，低收入地区，抑制作用弱；高收入地区，减排作用显著；而且随着收入增加可实现减排抑制机制的转换（王曾，2010；王道平等，2018）。

在宏观经济方面，邹亚生、魏薇（2013）的研究发现，宏观经济指标中的工业生产指数对碳现货价格存在正向影响。对影响国内各试点市场的碳排放权价格的因素进行研究，结果发现，宏观经济对各试点的碳交易价格影响均显著，并且这种影响会由于产业结构等原因，使价格呈现区域性差异（王倩、路京京，2015；郑宇花、李百吉，2016；周建国等，2016）。此外，魏立佳等（2018）的研究还发现，宏观经济周期也会对国内各试点碳市场的碳排放权价格产生较大的影响。

在气候环境方面，邹亚生和魏薇（2013）在分析气温对碳排放权市场价格的影响时，研究发现气温偏差会对碳排放权价格产生正向影响。张云（2015）却得出相反的结论，其认为气温偏差会对碳排放权价格产生负向影响。然而，陈欣等（2016）的研究却得出，气候变化并不会对碳排放权价格产生显著影响。

根据以上的文献研究发现，学者关于碳排放权价格的研究主要集中在碳排放权价格的形成、影响因素分析以及研究国内外碳市场的价格波动特征上。而且上述文献多半是以间接的方式从侧面得出碳市场的政策制度对价格的影响，仅有少数的文献对碳市场的政策与碳排放权价格之间的关系进行研究，尤其是直接测算国内碳市场相关政策的公告对价格以及价格波动率的研究更为匮乏。因此，本书以我国碳市场的政策公布为出发点，从碳排放权价格以及价格的波动率两个角度，分析国内各试点碳市场价格的政策效应，以帮助政府分析以往政策的有效性与稳健性。

第三节　碳排放权相关理论与市场政策影响价格的作用机理

碳交易市场是一个政策驱动型市场，依赖于法律法规的合理设计，建立全国统一的碳交易市场需要立法先行。因此，在碳交易试点建立初期，为了使市场具备价格发现功能，保证试点地区稳健运行，我国集中出台了较多政策。经过前文对碳排放权属性与特征的介绍可以了解到，碳排放权的价格是通过供求关系形成的，但是价格的变动也会受到政策、环境等因素影响。鉴于政府是碳排放权的供应者，本书主要从供给角度分析碳排放权交易市场的配额管理政策影响价格的作用机理。碳配额管理的政策主要包括规定市场配额的分配总量政策、配额分配政策与配额调整政策。

配额的分配总量政策是指通过政策分配给某一地区的碳排放权的排放总值，该地区在使用碳排放权时必须严格控制在分配总量之内。只有严格按照分配总量进行碳活动，才能有效实现减排目标，这是保证兑现我国减排承诺的关键。然而，在实际操作过程中，由于单纯设置分配总量的方式并不灵活，一些国家便将完善碳市场的政策、交易规则作为目标，以便加快碳市场的发展。但实际上，配额总量政策的决定会改变碳交易市场的供求关系从而引发碳价格的波动。为了保证碳排放权价格维持在比较稳定的价格区间内，防止价格出现剧烈波动而对碳市场的发展造成不良影响，政府会采取一系列措施来调控价格，例如出台相关政策、设置涨跌幅限制等措施，这种政策的影响更为深远。因此总配额的合理设定是保证碳市场有效运行的前提，这也能更好地促进我国低碳经济的发展。

配额的分配政策是指对分配总额的二次分配，各地区在得到分配总额后，将根据各减排企业的情况等标准将分配总额按照相应原则分配给各个减排企业。并且通过二次分配的实际情况来掌握各个减排企业对碳排放权的使用和处置情况。政府可以根据企业对碳排放权的处置情况来制定更加灵活的政策以刺激企业参与到碳排放市场中。其中碳排放权配额的分配方式与分配方法会对企业行为产生一定影响，我国碳排放权配额的分配方式分为免费分配和有偿分配两种。在碳排放权市场建立之初，经常使用的是按"祖父法"方式进行分配的免费分配方法和以"拍卖法"这种直接拍卖的形式卖出配额的有偿分配方法。随着碳排放权市场的发展，有偿分配方式逐渐加入到免费分配方式中，有偿分配与无偿分配相互协调来保证碳市场正常运转，并通过改变两种分配方式的比例来提高企业的积极性。

配额调整政策是市场根据前期各项政策在实际运行中的不足，通过及时调整市场中配额产品的交易品种、行业覆盖范围以及配额分配标准等要素而出台的政策。以此来抗击突发事件造成投资者情绪波动甚至恐慌使碳排放权价格产生剧烈非理性的波动，提高碳市场价格的稳定性，提高市场参与者对碳交易市场的信心。配额调整政策在保证市场稳定的前提下还能够避免过多提高企业成本，也因此更容易被减排企业认可。另外，由于政府在碳市场中扮演了多重角色，即政策制定者、市场监管者等。政府在制定政策的同时，还要保证碳市场的交易体系能够正常运行，当市场价格出现异常时，政府可以对排污主体是否有超额排放进行核查，并对配额机制进行相应调整。

通过以上分析可以看出，在碳市场配额管理政策中，控制分配总量是政府对碳排放权交易市场进行控制最有效的方式，政府可以通过设置碳排放总量或者通过确定何时进行分配来调节市场。因此，在碳交易市场中，碳配额总量的供给政策会对碳排放权价格产生很大的影响，但当政策的公告促使市场中的碳排放权价格出现上涨或下跌时，不一定会对价格的波动率产生影响，即未必会加剧或减缓碳排放权价格的波动。

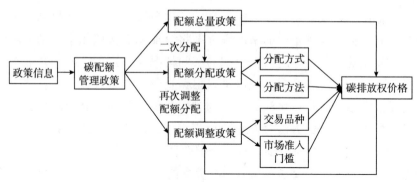

图 7-1 碳市场政策对价格的影响机理

第四节 碳排放权交易市场政策对价格的影响

本书通过对碳市场政策对价格产生影响的作用机理的分析，可以了解到有关碳市场建设的政策，尤其是碳配额管理的政策会对市场中的碳排放权价格产生影响。在对国内 8 个碳交易试点市场的基本运行情况进行介绍后，可以发现这 8 个碳试点市场在抵消机制，企业覆盖数量以及碳配额分配模式等方面均有差异。因此本章对相关碳市场建设的政策进行梳理，然后筛选出在碳市场运行 3 个阶段中影响比较大的碳配额管理政策，然后使用事件分析法对选出的政策事件进行研究，通过观察各样本碳市场在事件窗口期内的累计异常收益率来分析碳市场政策对各碳试点市场价格产生的影响。

一 事件分析法

1. 事件分析法原理

事件分析法在金融领域被广泛使用，尤其是股票市场，通常用来判定某类特定事件的发生是否会造成选定样本价格的波动，即事件的发生是否会对样本价格的收益率产生影响。事件分析法最早由 Dolley（1993）提出，通过分析金融市场中相关的经济事件或政策信息来研究事件对上市公司企业价值的影响程度。后来 Brown 和 Warner（1980）修正了事件分析法的一些统计假设，使其可适用性变得更强。这种研究方法的前提假设是在有效市场中，除了所要研究的事件，在事件窗内不会包含其他影响样本价格的事件。通常用来分析公司的兼并收购，再融资或市场中的宏观经济政策并通过累计异常收益率的显著性检验，来分析事件的发生是否对样本的价格产生影响。近年来国内外也有学者将其应用在碳金融领域，研究碳市场中的某一事件或政策的公告会对碳交易价格产生何种影响。

事件分析法的研究过程条理清晰，简单易懂，主要分为以下六步：（1）对要研究的事件按照一定原则进行筛选；（2）选定要研究的事件估计期与窗口期，前者主要用来估计事件窗口期的预期收益率，后者主要用来测算事件窗口期的实际收益率；（3）根据选定的样本市场与价格的实际情况，选择在事件窗口期内如若事件未发生时，用来估计预期收益率的模型与方法；（4）根据样本市场在事件窗口期每日的实际收益率与预期收益率的差值，得出每日的异常收益率，从而可以得到事件窗口期的累计异常收益率；（5）对得出的累积异常收益率进行显著性检验；（6）对实证结果进行分析。本章将按照上述思路，对我国碳市场政策发布前后各试点市场的碳配额价格的变动情况进行研究。

2. 事件窗口期

在使用事件分析法对所要研究的事件进行分析时，首先，要确定研究事件的估计期与窗口期，在选择估计窗口期的长度时，时间不能太长也不能过短，为避免产生较大误差，时间一般不少于120天。在选择事件窗口期的长度时，考虑到金融市场中可能存在信息泄露或者信息滞后等情况，并充分体现事件的影响，同时避免其他事件对样本市场的价格产生影响，因此在选择事件窗时通常会包含事件发生前和发生后的一段时间，一般为10—20天或者更长。

本书选定的事件窗口期如图7-2所示，将国家发布政策日定义为 $t=0$，估计窗口期为政策发布日前的第140天到第21天，即120个交易日，以政策发布日的前后各15天为事件窗口期，为避免政策的发生影响到估计期，事件期与估计期间隔5天。此外本书所指的天数均为碳市场有效交易日，如果政策发布在节假日又或是公告当天没有交易，则把政策公告后的第一个交易日作为政策发布日。

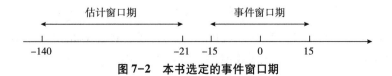

图7-2　本书选定的事件窗口期

3. 估计预期收益率

在利用事件分析法测算价格的预期收益时常用的有经济模型和统计模型。经济模型通常包括套利定价模型与资本资产定价模型，但随着后续研究的深入，科研人员发现这两种经济模型相比统计模型不具备优势。本书主要采用统计学模型来估算事件未发生情况下的预期收益率，常见的统计模型包括以下三种：

（1）均值收益模型

这个模型假定在事件窗口期内未发生事件影响时的预期收益率应为估计窗口期的收益率的均值，用公式表达为：

$$R_{it} = \mu_i + \varepsilon_i \tag{7-1}$$

其中，R_{it} 是个体市场 i 在事件期内第 t 日的价格收益率，μ_i 为估计窗口期的平均收益率，ε_i 为随机误差项。

（2）市场调整模型

市场调整模型假定，市场整体当天的收益率与个体市场每天的收益率相等，具体公式如下：

$$R_{it} = R_{mt} + \varepsilon_i \tag{7-2}$$

其中，R_{it} 是个体市场 i 在事件期内第 t 日的价格收益率，R_{mt} 是市场整体在事件期内第 t 日的价格收益率，ε_i 为随机误差项。

（3）市场模型

市场模型以资本资产定价模型为基础，并经过一系列的修正得到，这个模型假定，市场整体当天的收益率与个体市场每天的收益率具有一定的线性关系，用公式表达为：

$$R_{it} = \hat{\alpha} + \hat{\beta} R_{mt} + \varepsilon_{it} \tag{7-3}$$

其中，R_{it} 是个体市场 i 在事件期内第 t 日的价格收益率，R_{mt} 是市场整体在事件期内第 t 日的价格收益率，ε_{it} 是随机误差项，$\hat{\alpha}$ 和 $\hat{\beta}$ 的值是根据估计期内个体市场与市场整体收益率通过最小二乘法（OLS）进行回归得到的。

学者在估计价格的正常收益时最常采用的估计方法是市场模型和市场调整模型，但在选择碳市场中适用的模型时，由于碳交易市场的特殊性，并没有类似于股市那样成熟可以代表市场整体运行情况的指数。因此本书选择的估计正常收益的模型为均值收益模型。而且，国内学者的研究也表明，在我国金融市场上，度量正常收益采用均值收益模型与其他模型得出的结果在总体趋势上基本一致。

4. 异常收益率

（1）本书选择均值收益模型来估算在事件窗口期内未发生事件影响时的正常收益率，具体公式如下：

$$\hat{R}_{it} = \mu_i + \varepsilon_i \tag{7-4}$$

其中，$\hat{R}_{it}$ 是个体市场 i 在事件窗口期内第 t 日的价格收益率，μ_i 为估计窗口期的平均收益率，ε_i 为随机误差项。

（2）个体市场 i 的实际收益率采用对数收益率，计算公式为：

$$R_{it} = \ln p_t - \ln p_{t-1} \tag{7-5}$$

其中，P_t 为碳排放配额在第 t 日的成交均价，P_{t-1} 为碳排放配额在第 $t-1$ 日的成交均价。

（3）在估计得出个体市场的预期收益率后，计算在事件窗口期内的实际收益率，最后得出每天的异常收益率，用公式表达为：

$$AR_{it} = R_{it} - \hat{R}_{it} \tag{7-6}$$

其中，R_{it} 为个体市场 i 在事件窗口期内第 t 日的实际收益率，$\hat{R}_{it}$ 为第 t 日的预期收益率，AR_{it} 为个体市场 i 在事件窗口期内，在第 t 日由于事件发生所得出的异常收益率。

根据个体市场每日的异常收益率 AR_t，可以得到样本市场在整个事件窗口期内的累计异常收益率 CAR，具体公式如下：

$$CAR_t = \sum_{t_1}^{t_2} AR_t \tag{7-7}$$

其中，t_1 和 t_2 是选取的事件窗口期的值。

5. 显著性检验

在计算出个体市场即本书指各试点碳交易市场每日的 AR_t 和在整个事件窗口期内的累计异常收益率 CAR 后，要根据累计异常收益率的显著性检验结果，来判断事件的发生对碳排放权市场价格的影响。在事件分析法中，通常采用参数检验与非参数检验来检验累计异常收益率的显著性，参数检验指的是 t 检验，非参数检验一般不受分布假设的限制，通常为符号检验法，但大多情况下不会单独使用。

本书对各碳排放权样本市场在事件窗口期内的累计异常收益率，采用传统的 t 检验方法构建统计量来进行检验，用公式表达为：

$$t_{CAR} = \frac{CAR}{S(CAR_i)/\sqrt{N}} \tag{7-8}$$

其中，N 为样本碳市场的数量，$S(CAR_i)$ 为在事件窗口期内的样本碳市场的累计异常收益率的标准差。

对累计异常收益率 CAR 进行显著性检验的原假设为 H0：CAR = 0，备择假设为 H1：CAR ≠ 0。

二　碳市场政策梳理与事件筛选

1. 碳市场政策梳理

中国碳市场相较于发达国家更加依赖政府的政策，并且政策是影响碳市场价格的重要因素。我国采用的减排目标并不是规定总量的绝对控制目标，而是以每单位 GDP 的二氧化碳排放量这一相对指标为减排目标，因为碳强度会随着技术的进步和经济的增长而下降，碳强度控制目标更有利于减排背景下的经济保护。目前，中国对实现碳减排目标所采用的政策主要为以颁布行政命令为主的命令—控制型手段和以建设碳排放交易市场形式的市场化手段，体现在碳市场的配额分配、交易品种、交易范围、交易规则、管理监督等均由政府确立。建立全国统一的碳交易市场需要立法先行，借助合理设计的政策制度引导碳市场有效运行。因此，我国从碳交易试点建立到成功地开展全国碳市场阶段出台的政策法规相对较多。我国关于碳减排态度可以分三个阶段：怀疑抵制国际碳减排谈判阶段（1988—2000 年）、主动参与国际谈判阶段（2001—2010 年）、碳减排布局实施阶段（2011 年至今）。本书主要对第三阶段中关于碳市场的政策按时间顺序进行梳理介绍，如下所示：

2011 年 10 月，为加强碳交易体系的建设，国家发改委发布了《关于开展碳排放交易试点工作的通知》，同意北京等两省五市于 2013—2015 年开展碳排放权交易试点工作，我国碳交易市场开始布局。同年 12 月，国务院为实现"十二五"时期提出的减排目标，发布了《"十二五"控制温室气体排放工作方案》，并提出要加快建立碳交易试点市场的要求。2012 年 6 月，国家发改委为增强减排主体的自觉性，出台了《温室气体自愿减排交易管理暂行办法》，同年 10 月印发《温室气体自愿减排项目审定与核证指南》，这两个规范性文件对 CCER（自愿减排量）从产生到交易的全过程进行了系统规范。

2013 年 6 月至 2014 年 6 月，随着我国 7 个区域性碳交易市场逐步开市，各试点碳市场开始实质性交易。2014 年 12 月，为逐步完善并创新市场机制，使碳排放权在市场中充分发挥资源配置的优化作用，控制和管理二氧化碳等温室气体的排放，同时规范碳排放权交易市场的建设和运行，使市场经济加快向绿色经济的发展方式转型升级，国家发改委发布了《碳排放权交易管理暂行办法》。强调了国内碳排放权交易为政府引导与市场运作相结合的原则，明确了碳排放权市场相关的管理工作，对配额管理政策从碳排放配额总量分配、行业覆盖数量、配额分配方式与方案、免费配额分配方法与标准等相关基础要素设计提出规范性要求。这是目前我国关于碳排放权交易最权威的规范性文件。

2015 年 9 月，中美两国元首为共同面对气候变化这一重大挑战，于美国华盛顿再次发表《中美气候变化联合声明》，并提出要加快制定国内应对气候政策，同时中国政府宣布 2030 年要比 2005 年的碳强度，即每单位 GDP 的二氧化碳排放量要减少 60%—65%，并且二氧化碳排放将在 2030 年努力达峰，尽早实现低碳、绿色的可持续发展。同年 12 月召开的巴黎气候大会上，习近平主席重申我国将于 2017 年建立全国碳交易市场，表明了中国政府将通过建立全国碳交易市场来减少温室气体排放、应对气候变化的决心。

2016 年 1 月，国家发改委为加快建设全国统一的碳交易市场，发布了《全国碳排放权交易市场启动重点工作的通知》，要求多方协同推进碳市场建设，确保 2017 年启动全国碳排放权交易。为了实现我国做出的减排承诺，同时与国际碳排放交易市场接轨，2016 年 10 月，国务院为降低碳排放强度，发布了《"十三五"控制温室气体排放》的工作方案，提出要综合利用排污权与碳排放权等交易机制，实现碳排放总量的有效控制，并确定了"十三五"期间控制碳排放的相对指标，即 2020 年要比 2015 年的单位 GDP 的二氧化碳排放量减少 18%，到 2020 年能够使我国的碳排放权交易体系实现市场活跃化、交易透明化、制度完善化与监管严格化，从而使全国统一的碳交易市场能够健康、稳定地运行与发展。

2017 年 12 月，国务院为加快落实党中央的部署，减少全社会在应对气候变化这一重大挑战的减排成本，实现低碳、绿色的生态化文明建设，加快建立全国碳排放权交易市场，国家发改委响应各方主体的号召，于 19 日出台了《全国碳排放权交易市场建设方案》（以下简称《方案》），这是我国统一碳交易市场建设的指导性文件。《方案》指出，全国碳市场的展开工作将分为三个阶段实施。第一阶段，第一年为市场的基础建设期，为合理完善碳排放权市场的管理建设制度，激发市场参与主体的交易热情，应规范市场行业的准入门槛与覆盖范围，同时制定统一的碳排放交易系统与碳排放配额分配标准，加快建设市场的数据报送系统与结算系统等体系。第二阶段，第二年为市场的模拟运行期，目前《方案》中针对的行业主要是发电行业，市场应逐步展开这一行业的配额模拟交易，优化碳排放权市场中的各种要素环节的设计，同时进一步提高市场机制的作用，加强市场预警机制的建设。第三阶段，第三年为市场的深化完善期，以发电行业的运行为基础，在碳排放权市场中逐步扩大行业数量，将其他行业按高、中、低排放能力，分批逐次将各个行业纳入碳市场中，丰富碳市场中的交易品种，增加碳交易产品的期货、期权以及其他衍生品的交易方式，尽早将 CCER 纳入全国碳市场中等。同时为逐步完善该市场，各试点碳市场仍将持续运行，以保证试点碳市场与全国统一碳市场的对接和过渡。

2018 年国务院机构改革，国家发改委应对气候变化司归属新组建的生态环境部，全国碳排放市场的建设与管理的职责也相应被转移。这虽然能在一定程度上降低全社会的减排成本，加强碳市场的集中管理，提高政策制定效率，但机构改革短期内造成碳排放权交易市场建设工作停滞。2019 年 3 月 29 日，为规范碳排放权交易，加强对温室气体排放的控制和管理，推进生态文明建设，生态环境部起草发布了《碳排放权交易管理暂行条例（征求意见稿）》（以下简称《条例》），面向全社会公开征求意见。

2. 政策事件的筛选

我国作为碳排放大国，2009 年以来，为积极实现我国的减排承诺，在国内成立了由国务院总理任组长的应对气候变化及节能减排领导小组，在国家发改委成立了应对气候变化司，对与气候变化有关的活动进行管理，制定气候变化的相关政策以及促进节能减排的法律法规。因此，我国的碳市场在国家发改委的领导下经历了从碳试点市场的逐步建设到各试点的有效运行再到全国统一碳市场启动的三个阶段。基于上述原因，本书对整理的碳市场政策再进行以下条件的筛选：

（1）为了保障政策选取的全面性与代表性，本书参照"北大法宝"数据库的选择标准，在选择政策事件时，仅选择国家层面的政策，即由国务院或国家发改委等单独或联合颁布的政策。

（2）在各碳交易试点市场的建立初期与稳健运行时期内，选择与规定碳市场的配额总量，配额分配与调整制度等相关性较大并会对市场中碳交易价格产生较强影响的政策为研究事件。

（3）在筛选政策事件时，选择的两个政策事件的时间间隔要超过360天，以避免除所要研究的事件外其他事件对研究对象产生的影响，因此本书选择碳市场的3个发展阶段的重大政策进行研究。

经过上述3个条件对初始政策进行筛选之后，本书选择的政策事件见表7-1。

表7-1　　　　　　　　　　　　　政策事件筛选

政策事件	建设碳市场的国家政策
事件一	2014 年 12 月 10 日的《碳排放权交易管理暂行办法》
事件二	2016 年 10 月 27 日的《"十三五"控制温室气体排放工作方案》
事件三	2017 年 12 月 19 日的《全国碳排放权交易市场建设方案（发电行业）》

三　碳市场数据统计与研究结果分析

1. 市场数据统计

经过政策事件的筛选后，本书以事件一、事件二与事件三为研究背景，分析不同时期的政策对碳交易试点市场价格的影响。此外，在每一个政策事件中选择样本市场时，由于我国各碳交易试点的启动时间不同，不同年份的政策其所体现的市场建设度与成熟度也就有所差异。其中，各试点市场的数据主要来源于 Wind 数据库并以各碳排放权交易所官网以及国家碳排放交易网的数据作为核实与补充。在选择数据过程中，不同于国内大多学者，本书以碳排放配额成交均价为研究对象而非收盘价。因此，在选择样本碳市场时，出于试点市场的交易量较少、市场活跃度较低与数据缺失较多等原因，本书在各事件背景下选取的样本市场研究对象如表7-2、表7-3与表7-4所示。

表7-2　　　　　　　　　　　　　事件一样本碳市场

试点地区	深圳	湖北	北京	天津	上海
交易总天数（天）	172	165	213	216	247

续表

试点地区	深圳	湖北	北京	天津	上海
有效交易日（天）	157	157	157	157	157
有效交易日占比（%）	91	95	74	73	64

表 7-3　　　　　　　　　事件二样本碳市场

试点地区	深圳	湖北	广州	北京
交易总天数（天）	187	175	214	203
有效交易日（天）	157	157	157	157
有效交易日占比（%）	84	90	73	77

表 7-4　　　　　　　　　事件三样本碳市场

试点地区	深圳	湖北	广州	重庆	福建
交易总天数（天）	196	170	191	203	200
有效交易日（天）	157	157	157	157	157
有效交易日占比（%）	80	92	82	77	79

在下面三个政策事件中所选择的试点地区均包括深圳与湖北碳市场，虽然湖北碳市场相比深圳成立较晚，但从三个事件中可以看出其有效交易日占比均为最高，说明其市场活跃度较高，深圳碳市场次之。广州与北京碳市场随着市场建设度的发展与运行，有效交易日占比逐渐升高。此外事件一中的天津与上海碳市场，事件三中的重庆与福建碳市场相比同时期的其他市场，有效交易日占比略低，说明其他碳市场有效性较高。

2. 研究结果分析

本书选取事件日前21至前140个交易日为估计窗口期，以120个交易日的收益率数据对事件窗口期即的预期收益率进行估计。此外，通过计算并观察三个政策事件中的样本市场在的累计异常收益率与显著性检验，分析碳市场政策的发生对我国碳试点市场的价格的波动产生何种影响。

事件一政策事件公告的研究结果如下所示，从图7-3与表7-5可以看出，在事件一中碳市场政策的公布对各试点市场的价格产生了不同程度的影响，并且都在1%水平上显著。其中湖北与上海碳市场的累计异常收益率均在 0 均值附近徘徊，北京碳市场的累计异常收益率持续为正且均值为 0.16，说明政策的发生促使其碳交易价格上涨。深圳与天津碳市场的累计异常收益率持续为负，且深圳碳市场在受政策影响下的负面效应的反应程度较大。

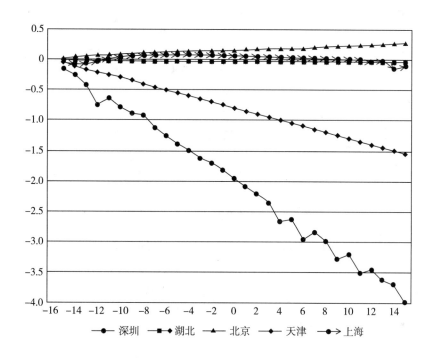

图 7-3　事件一各试点碳市场的累计异常收益率 CAR

表 7-5　　　　　　事件窗口期的累计异常收益率的显著性检验

试点地区	深圳	湖北	北京	天津	上海
均值	−2.0202	−0.0170	0.1568	−0.7952	0.0217
t 值	−14.7132	−783.0221	−67.2019	−22.1882	−87.6764
p 值	0.0000	0.0000	0.0000	0.0000	0.0000

事件二政策公告的研究结果如下所示。从图 7-4 与表 7-6 可以看出，碳市场政策的公布对各试点市场的价格产生了不同程度的影响，并且都在 1% 水平上显著。其中深圳、广州与北京的累积平均异常收益率为正，且深圳与湖北的累积平均异常收益率显著大于 0，说明事件二政策的发生

给这两个市场带来了正面效应，促使其碳交易价格上涨程度较大。而湖北碳市场的累积异常收益率持续为负且均值为-0.21，说明政策给这个市场带来负面效应，使其碳交易价格下降。

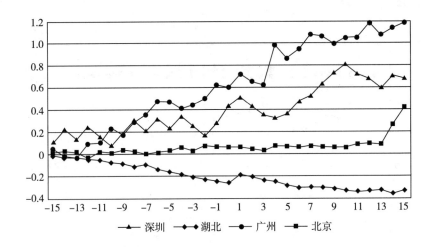

图7-4 事件二各试点碳市场的累计异常收益率CAR

表7-6 事件窗口期的累计异常收益率的显著性检验

试点地区	深圳	湖北	广州	北京
均值	0.3923	-0.2099	0.6224	0.0627
t值	-15.8143	-61.0593	-5.3155	-63.6620
p值	0.0000	0.0000	0.0000	0.0000

事件三政策事件公告的研究结果如下所示，从图7-5与表7-7可以看出，在事件三中碳市场政策的公布对各试点市场的价格产生了不同程度的影响，并且都在1%水平上显著。其中重庆、广州与湖北的累积平均异常收益率为正，且重庆与广州的累积平均异常收益率显著大于0，说明事件三政策的发生给这两个市场带来了正面效应，促使其碳交易价格上涨程度较大。而深圳与福建碳市场的累积异常收益率的均值显著为负，并且深圳碳市场在受政策影响下的负面效应的反应程度较大。

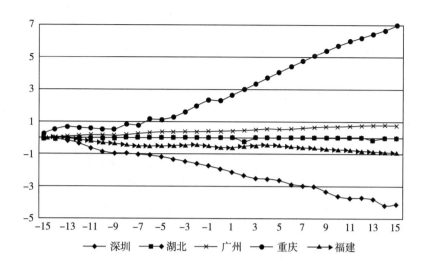

图 7-5　事件三各试点碳市场的累计异常收益率 CAR

表 7-7　　　　　　事件窗口期的累计异常收益率的显著性检验

试点地区	深圳	湖北	广州	重庆	福建
均值	-2.0100	0.0143	0.4440	2.9700	-0.4830
t 值	-13.0055	-97.6936	-13.4759	4.8616	-33.0038
p 值	0.0000	0.0000	0.0000	0.0000	0.0000

第五节　碳排放权交易市场政策对市场波动率的影响

　　本书通过对碳市场政策的梳理与筛选，以选出的政策事件为背景，对各事件中的样本市场的碳排放权价格进行研究，得出的结论显示，碳市场政策的公告会对试点的碳排放权价格产生显著的差异化影响。由于各碳交易试点市场设置了不同的交易机制和管理体制，因此政策引起的价格变动也体现不同的特征。此外，因为中国的碳市场是一个政策驱动型市场，虽然国外的碳市场相比国内要成熟，但碳交易价格在市场的运行过程中还是出现了剧烈波动，因此领导以及监管碳市场是否有效运行的政府非常重视碳市场管理与交易的政策的制定。基于此本章在各事件内的样本市场中，使用均值方程为 ARMA 模型并在方差方程中加入政策虚拟变量的 GARCH 模型，直接研究政策事件的发生是否会对各碳交易试点市场波动率产生影响。

一 GARCH 相关模型介绍

1. ARCH 模型

通常学者认为，在对金融时间序列数据进行分析时，经常出现的是序列自相关问题而不会出现变量的异方差性，但随着学者通过使用时间序列进行分析与预测等研究更加深入后发现，这种预测的误差即准确性会随着不同分析期的变化而变化。此外，恩格尔（Engle）在 1982 年对通货膨胀模型进行分析时得出，金融时间序列模型中的预期误差的稳定性较差，很容易出现集群现象，即变量在上一期出现较大或较小的预期误差后，下一期的预期误差依旧会出现较大或较小的特征，从而使这种误差项的条件方差随时间变化，并且取决于过去误差的大小。为了刻画预期误差的条件方差中可能存在的某种自相关性，恩格尔提出了自回归条件异方差模型，即 ARCH 模型。

ARCH 模型能够充分结合过去的信息，采用某种自回归的形式来刻画随时间变化的方差，从而使误差项的方差可以被准确估计。ARCH 模型的主要思想是：随机误差项 ε_t 的条件方差取决于它的前期值 ε_{t-1} 的大小。随机误差项 ε_t 的分布是 $\varepsilon_t \sim N(0, \sigma_t^2)$，同时规定 ARCH（P）的条件异方差 σ_t^2 是 P 期滞后项 $\{\varepsilon_{t-1}^2, \varepsilon_{t-2}^2, \cdots \varepsilon_{t-p}^2\}$ 的线性函数。最初的 ARCH（P）模型形式为：

$$y_t = \beta x_t + \varepsilon_t \tag{7-9}$$

$$\varepsilon_t = e_t \sigma_t \tag{7-10}$$

$$\sigma_t^2 = \alpha_0 + \sum_{i=1}^{p} \alpha_i \varepsilon_{t-i}^2 \tag{7-11}$$

其中，$\{e_t\}$ 是服从均值为 0，方差为 1 的标准正态分布。式（7-9）称为均值方程，式（7-11）为条件方差方程，为保证条件方差 σ_t^2 永远是正数，要求 $\alpha_0 > 0$，$\alpha_i \geqslant 0$，$i = 1, 2, \cdots, p$。

2. GARCH 模型

在对金融时间序列进行分析预测时，由于变量的随机误差项的条件方差会依赖于前几期随机误差项的大小，这使 ARCH 模型很难保证精确估计模型中每个参数的大小，如果滞后阶数 p 较大，无限制约束的估计就

无法满足 α_i 都是非负的限定条件，而实际上恰恰需要这个限定条件来满足条件方差的非负性。为克服模型的缺点并扩大模型实用性，博勒斯莱文 Bollerslev（1986）提出了广义自回归条件异方差模型，即 GARCH 模型。这个模型可以充分描述金融资产价格的波动过程，在科研以及实际工作中被广泛使用。

Bollerslev 提出的 GARCH 模型是在 ARCH 模型保持均值方程不变的基础上，对条件方差方程进一步建模，他指出可以用一个或两个条件方差 σ_t^2 的滞后值代替许多误差的平方 ε_t^2 的滞后值。一般形式为：

$$\sigma_t^2 = \alpha_0 + \sum_{i=1}^{q} a_i \varepsilon_{t-i}^2 + \sum_{j=1}^{p} \beta_j \sigma_{t-j}^2 \tag{7-12}$$

其中，α_i 为外部冲击系数，β_j 为长期记忆系数，同样，为了保证条件方差 σ_t^2 为正数，除了满足 $\alpha_0 > 0$，$\alpha_i \geq 0$，$i = 1, 2, \cdots, q$ 之外，还必须满足 $\beta_j \geq 0$，$j = 1, 2, \cdots, p$。从 GARCH 模型可以看出，一个较大的 ε_{t-i}^2 或 σ_{t-j}^2 会引起较大的 σ_t^2，这就较好地解释了时间序列"波动率聚集"的现象。此外，金融时间序列的无条件分布在大多数情况下具有比正态分布更宽的尾部的特点，为了更加准确地描述这种特征，还需对误差项 ε_t 的分布进行假设。一般在 GARCH 模型中有 3 个误差项的分布假设，即正态（高斯）分布、学生 t 分布和广义误差分布（GED）。此外，学者在研究时间序列价格预测与计量价格波动率时，GARCH（1，1）被证明是最简便且更常用、更有效的模型，但依然存在参数必须满足非负的条件。

3. ARMA-GARCH 模型

在 GARCH 模型中，要注意两个不同的设定：一个是条件均值方程；另一个是条件方差方程。初步的 GARCH 模型更注重方差方程，而采用同 ARCH 模型一样简单的形式来表达均值方程。但在时间序列的分析中由于序列本身可能存在相关性，如果仍采用简单的条件均值方程，会导致线性回归模型的估计结果有偏。因此在后续的实践中，对于平稳的时间序列在建立 GARCH 模型时，学者经常会采用修正序列相关 ARMA-GARCH 模型。ARMA-GARCH 是在不改变原 GARCH 模型方差方程的基础上，对均值方程采用 ARMA 形式而建立的模型。ARMA 模型即自回归移动平均模型，由两部分组成，分别是 p 阶自回归模型记作 AR（p）与 q 阶移动平均模型记作 MA（q）。ARMA（p，q）模型的基本形式为：

$$y_t = c + \sum_{i=1}^{p} \phi_i y_{t-i} + \sum_{j=1}^{q} \theta_i \varepsilon_{t-j} \qquad (7\text{-}13)$$

其中 p、q 分别是被解释变量 y_t 和扰动项 ε_t 的滞后阶数，当 $p=0$ 时，ARMA 模型即为 MA（q）；当 $q=0$ 时，ARMA 模型即为 AR（p），并且 $\{\varepsilon_t\}$ 为白噪声，服从 $N(0, \sigma^2)$。由于 ARMA 模型在描述时间序列自相关方面已经基本成熟，因此在实际分析中常用来研究如利率波动、收益率变化以及汇率变化等经济变量的变化规律。

平稳的时间序列在建立 GARCH 模型时可以用 ARMA 模型拟合其均值方程，但其模型阶数的识别与建立是一个问题。在实际研究中通常可以用时间序列的自相关系数（ACF）与偏自相关函数（PACF）这两个统计量去识别阶 ARMA（p，q）模型。一般来说，AR（p）模型的自相关系数会随着滞后阶数 p 的增加而呈现符号交替的震荡式或指数式的衰减；而MA（q）模型的偏自相关系数的具体形式会随着 q 的增加变得越来越复杂，但一定会呈现出某种衰减的形式是拖尾的特征。但仅依靠一种系数的特征并不能完全确定应采用哪种形式的模型，所以要将两种系数结合来看，进而设定正确的模型形式，判定准则如下：

表 7-8　　　　　　　　　ARMA 模型形式的一般判定准则

模型	AR（p）	MA（q）	ARMA（p，q）
ACF 图	拖尾	在 q 步之后截尾	前 q 步无规律，之后拖尾
PACF 图	在 p 步之后截尾	拖尾	前 p 步无规律，之后拖尾

上述模型形式的判定准则，理论上可以通过样本数据估计出的自相关系数图与偏自相关系数图来识别序列所服从的阶数，然而 ACF 图与 PACF 图在实际应用中只是初步识别模型的一个参考，后续还要结合研究内容以及模型中各个变量的系数，经过不断地试阶以及检验来确定模型的最终形式。

二　碳市场政策对价格波动率影响的实证研究

1. 样本数据选取与处理

本章进一步分析碳市场政策的公告对各试点碳排放权价格波动率的影响，并以划分的事件中各个样本碳市场的每日成交均价为研究对象。为了使后续建模的数据变得平稳，本书根据大多文献的处理方法，将原始序列相邻的两个交易日价格采用对数差分算法，求出第 t 交易日的碳排放权价格收益率。具体公式为：

$$R_t = \ln(P_t) - \ln(P_{t-1}) \tag{7-14}$$

其中，p_t 与 p_{t-1} 分别为碳交易试点在交易日 t 与 $t-1$ 日的碳排放权配额成交均价，R_t 为交易日 t 的收益率，碳排放权交易的收益率序列可以很好地反映价格的变动情况。

在得到每个事件中各样本碳市场价格的对数收益率序列后，运用 R 编程软件，对其按以下几个步骤进行展开研究：（1）对样本序列数据进行描述性统计分析与 ADF 平稳性检验；（2）对样本序列进行相关性检验，根据白噪声检验结果以及自相关与偏自相关图，确定 GARCH 模型中均值方程部分 ARMA 模型的形式；（3）对建立的均值方程的残差序列进行异方差检验，运用残差平方相关图方法检验是否存在 ARCH 效应；（4）应用 GARCH 中典型的 GARCH（1，1）模型，并在方差方程中加入政策虚拟变量，直接研究政策对各试点碳市场价格波动率的影响。

2. 描述性统计与平稳性检验

事件一中样本碳市场收益率序列的描述性统计如表 7-9 所示。从表 7-9 中可以看出，各样本碳市场碳排放权收益率的均值均接近于 0，这表明我国碳排放权交易是政府出于减排目的而形成的政策性产物，虽然碳排放权可以作为一种金融资产，但其并不具有收益性；从最大值、最小值以及标准差来看，5 个碳市场碳排放收益率呈现不同的分布范围，其中深圳碳市场的波动幅度最大；从偏度、峰度、JB 统计量及 p 值来看，除天津碳市场收益率服从正态分布，其余碳市场全拒绝正态分布假设，并且均为左偏分布，表现为"尖峰厚尾"的特征。接下来，对上述 5 个样本碳市场的收益率序列进行平稳性检验，结果如表 7-10 所示。从表中数据可以看出，各碳市场收益率序列的 ADF 检验的 t 统计量都小于 1%显著水平下的临界值且 p 值远小于 0.01，所以样本碳市场的收益率数据平稳。

表 7-9　　　　　　各样本碳市场收益率序列的描述性统计

市场	均值	最大值	最小值	标准差	偏度 S	峰度 K	JB 统计量	p 值
深圳	-0.0051	0.4167	-0.4190	0.1027	-0.1577	6.6383	86.6870	0.0000
湖北	-1.67E-19	0.0667	-0.0991	0.0144	-1.3906	19.6934	1861.6360	0.0000

续表

市场	均值	最大值	最小值	标准差	偏度S	峰度K	JB统计量	p值
北京	−0.0002	0.1561	−0.2218	0.0350	−0.8500	15.8999	1100.4350	0.0000
天津	−0.0018	0.1323	−0.1101	0.0518	0.3557	2.9626	3.2986	0.1921
上海	−0.0006	0.2351	−0.3185	0.0596	−1.6171	15.2071	1036.5780	0.0000

表7−10　　　　　　　　收益率序列的平稳性检验

平稳性检验	深圳	湖北	北京	天津	上海
t统计量	−12.5036	−10.4189	−9.8488	−7.5946	−11.5692
p值	0.0000	0.0000	0.0000	0.0000	0.0000

事件二中样本碳市场收益率序列的描述性统计如表7−11所示，从表中可以看出，各样本碳市场碳排放权收益率的均值均接近于0，且北京碳市场的收益率的均值为正，其余的为负；从最大值、最小值以及标准差来看，4个碳市场碳排放收益率呈现不同的分布范围，其中深圳碳市场的波动幅度最大，其次为广州碳市场；从偏度、峰度、JB统计量及p值来看，除了深圳碳市场在5%的显著水平下拒绝正态分布假设，其余碳市场均高度显著拒绝正态分布假设。此外，深圳与湖北碳市场表现为右偏分布，广州与北京表现为左偏分布，且4个样本碳市场均表现为"尖峰厚尾"的特征。接下来对上述4个样本碳市场的收益率序列进行平稳性检验，结果如表7−12所示。从表中数据可以看出，各碳市场收益率序列的ADF检验的t统计量都小于1%显著水平下的临界值且p值远小于0.01，所以样本碳市场的收益率数据平稳。

表7−11　　　　　　各样本碳市场收益率序列的描述性统计

市场	均值	最大值	最小值	标准差	偏度S	峰度K	JB统计量	p值
深圳	−0.0033	0.6072	−0.5973	0.1913	0.0383	3.9538	5.9510	0.0510
湖北	−0.0016	0.1994	−0.1326	0.0421	0.5403	7.5964	144.9134	0.0000
广州	−0.0027	0.3734	−0.5061	0.1290	−0.1095	5.2517	33.2674	0.0000
北京	0.0039	0.1817	−0.2310	0.0808	−0.5643	4.8844	31.3607	0.0000

表 7-12　　　　　　　　　　收益率序列的平稳性检验

平稳性检验	深圳	湖北	广州	北京
t 统计量	-14.2621	-7.4756	-12.8547	-11.9743
p 值	0.0000	0.0000	0.0000	0.0000

事件三中样本碳市场收益率序列的描述性统计如表 7-13 所示,从表中可以看出,各样本碳市场碳排放权收益率的均值均接近于 0,且深圳与重庆碳市场的收益率的均值为正其余的为负;从最大值、最小值以及标准差来看,4 个样本碳市场的碳排放收益率呈现不同的分布范围,其中深圳碳市场的波动幅度最大,其次为重庆碳市场与广州碳市场;从偏度、峰度、JB 统计量及 p 值来看,5 个样本碳市场均拒绝正态分布的假设。此外,重庆与福建碳市场表现为左偏分布,峰度值也小于 3,其余 3 个样本碳市场表现为右偏分布并且均体现出"尖峰厚尾"的特征。对上述 4 个样本碳市场的收益率序列进行平稳性检验,结果如下表 7-14 所示。从表中数据可以看出,各碳市场收益率序列的 ADF 检验的 t 统计量都小于 1% 显著水平下的临界值且 p 值远小于 0.01,所以样本碳市场的收益率数据平稳。

表 7-13　　　　　　　　各样本碳市场收益率序列的描述性统计

市场	均值	最大值	最小值	标准差	偏度 S	峰度 K	JB 统计量	p 值
深圳	0.0005	0.5535	-0.4273	0.1621	0.2541	4.3187	12.9815	0.0015
湖北	-0.0009	0.2900	-0.2823	0.0456	0.2614	22.5643	2489.7340	0.0000
广州	-0.0007	0.6874	-0.6668	0.1253	0.1736	15.0635	946.7136	0.0000
重庆	0.0115	0.1837	-0.2267	0.1529	-0.3258	1.6221	15.0998	0.0005
福建	-0.0043	0.0952	-0.1256	0.0660	-0.2268	1.8537	9.8789	0.0071

表 7-14　　　　　　　　　　收益率序列的平稳性检验

平稳性检验	深圳	湖北	广州	重庆	福建
t 统计量	-13.6430	-13.2434	-14.9941	-6.5407	-8.7483
p 值	0.0000	0.0000	0.0000	0.0000	0.0000

3. ARMA 模型形式与异方差检验

在进行 ARCH 效应检验之前,首先要确定 GARCH 模型均值方程形

式。由于时间序列大多存在滞后性，因此需要对各样本碳市场的收益率
数据进行序列相关性检验。使用 R 软件得到最大滞后阶数为 24 阶的 ACF
与 PACF 图（由于篇幅有限不在这里列出），根据 ARMA 模型的一般判定
准则以及后续 GARCH 模型中各项系数的显著性，选出最优的 ARMA（p，
q）模型形式。事件一中样本碳市场的均值方程如表 7-15 所示：

表 7-15 　　　　　　　各样本碳市场的 ARMA 模型形式

市场	均值方程	变量系数		
		AR1	MA1	Intercept
深圳	ARMA (1, 0)	-0.4739	—	-0.0048
湖北	ARMA (1, 0)	-0.3644	—	0e+00
北京	ARMA (1, 1)	-0.1864	-0.042	-0.0002
天津	ARMA (1, 0)	0.3024	—	-0.0015
上海	ARMA (1, 1)	0.5852	-0.9034	-0.0006

由于政策事件二中的湖北碳市场的收益率序列不存在自相关与偏自
相关，因此均值方程为常数项方程，即为 ARMA（0，0）形式，常数项
系数为-0.0016。事件二中其余样本碳市场的均值方程如表 7-16 所示：

表 7-16 　　　　　　　各样本碳市场的 ARMA 模型形式

市场	均值方程	变量系数				
		AR1	AR2	MA1	MA2	Intercept
深圳	ARMA (0, 2)	—	—	-0.8178	-0.0526	-0.0029
广州	ARMA (2, 2)	-0.4940	0.3290	0.0861	-0.7777	-0.0020
北京	ARMA (1, 1)	0.6215	—	-0.9462	—	0.0024

事件三中样本碳市场的均值方程如表 7-17 所示：

表 7-17 　　　　　　　各样本碳市场的 ARMA 模型形式

市场	均值方程	变量系数		
		AR1	MA1	Intercept
深圳	ARMA (1, 1)	0.2632	-0.8492	-0.0006

续表

市场	均值方程	变量系数		
		AR1	MA1	Intercept
湖北	ARMA (0, 1)	—	−0.5054	−0.0009
广州	ARMA (1, 0)	−0.5135	—	−0.0008
重庆	ARMA (1, 0)	0.3449	—	0.0113
福建	ARMA (0, 1)	—	0.2351	−0.0043

接下来对各个政策事件中建立的均值方程的残差进行异方差检验，本书对残差序列中的 ARCH 效应采用残差平方相关图的方法进行检验。如果残差序列不存在 ARCH 效应，自相关和偏自相关系数在所有的滞后阶数都应为 0，而且 Q 统计量应该不显著；否则，就说明残差序列中存在 ARCH 效应。经检验，事件一中各样本碳市场序列均存在 ARCH 效应，检验结果如表 7-18 所示：

表 7-18　　　　　　　各样本碳市场的 ARCH 效应检验结果

市场	滞后期	检验结果			
		acf	pacf	Qstat	Qp
深圳	2	−0.1554	−0.1639	5.0311	0.0808
湖北	3	0.2012	0.1983	7.4587	0.0586
北京	1	0.1389	0.1389	3.0661	0.0799
天津	1	0.2629	0.2629	10.9889	0.0009
上海	6	0.2954	0.2762	20.9118	0.0019

由于事件二中的湖北碳市场的均值方程为常数项，因此只需对其原序列进行异方差的 ARCH 效应检验。事件二中各样本碳市场的 ARCH 效应检验结果如表 7-19 所示，由表中数据可知，政策事件二中的 4 个样本碳市场均在滞后一阶时存在 ARCH 效应。

表 7-19　　　　　　　各样本碳市场的 ARCH 效应检验结果

市场	滞后期	检验结果			
		acf	pacf	Qstat	Qp
深圳	1	0.2343	0.2343	8.7298	0.0031

续表

市场	滞后期	检验结果			
		acf	pacf	Qstat	Qp
湖北	1	0.5458	0.5458	47.3781	5.8534e-12
广州	1	0.2033	0.2033	6.5701	0.0104
北京	1	0.1497	0.1497	3.5653	0.0590

　　随后，通过对事件三中各样本碳市场序列进行的 ARCH 效应检验可知，5 个碳市场的收益序列均存在异方差性，结果如下：

表 7-20　　　　　　　各样本碳市场的 ARCH 效应检验结果

市场	滞后期	检验结果			
		acf	pacf	Qstat	Qp
深圳	5	0.1792	0.1572	9.7461	0.0828
湖北	1	0.2678	0.2678	11.4074	0.0007
广州	1	0.2117	0.2117	7.1296	0.0076
重庆	1	0.1550	0.1550	3.8211	0.0506
福建	3	0.2079	0.2115	9.1280	0.0276

4. GARCH 模型估计及结果分析

　　在检验出各样本碳市场序列均存在 ARCH 效应后，即可建立 GARCH 模型研究碳市场政策对试点碳排放权价格波动率的影响。大多数学者在研究政策对价格波动率影响时，通常是将政策背景与实证模型结合分析，或是对政策实施后的预期波动率与实际波动率进行对比分析，然而这会产生很大误差。本章为了直接度量政策对碳市场价格波动率的影响，将政策作为外生虚拟变量引入到 GARCH（1，1）模型的条件方差方程中，方程形式如下：

$$\sigma_t^2 = \alpha_0 + \alpha_1 \varepsilon_{t-1}^2 + \beta_1 \sigma_{t-1}^2 + \upsilon D_t \tag{7-15}$$

　　在式（7-15）中，D_t 为政策虚拟变量。由于本章在上文的基础上进一步分析碳排放政策对市场价格波动率的影响，基于事件研究法的窗口划分，事件窗口期内的每一个交易日赋值为 1，估计窗口期内的每一个交易日赋值为 0。系数 υ 代表政策对价格波动率的影响，当 $\upsilon=0$ 时，说明政策的发布对价格波动率无影响；当 $v>0$ 时，说明政策的发布增加了价格波动；当 $v<0$ 时，说明政策的发布可以使市场价格稳定，降低了价格波动。事件—政策背景下的模型实证结果如表 7-21 所示。

表 7-21 中的实证模型除了天津碳市场是基于正态分布假设，其余碳市场都是基于学生 t 分布假设下的结果。从实证结果来看，深圳与湖北碳市场的 ARCH 项系数不显著，其余 3 个碳市场的 ARCH 项系数在不同的显著水平下均显著，这表明这 3 个碳市场的价格波动率会受到外部冲击的影响。从 GARCH 项系数来看，5 个碳市场的变量系数均高度显著，这表明波动率自身具有较长期的记忆性，当期波动率容易受到上一期波动率的影响。此外各个市场中的 ARCH 项系数与 GARCH 项系数之和均大于 1，说明价格序列存在"波动集群性"并且波动率的持续性较强，其中深圳与湖北碳市场的波动率主要受变量过去的波动率影响较大，对于外生冲击的反应并不灵敏。同时，政策虚拟变量才是表中最为关键的变量，这 5 个碳市场的政策虚拟变量系数下的 p 值均较大，不能拒绝系数为 0 的原假设，所以说明事件—政策背景下的发布对各碳市场价格波动率没有产生影响。

表 7-21　　　　　　　　事件— GARCH 模型实证结果

变量系数	深圳	湖北	北京	天津	上海
alpha0	0.0000 （1.0000）	0.0000 （0.3610）	0.0000 （0.0000）	0.0000 （0.9546）	0.0000 （0.7440）
alpha1	0.0556 （0.4188）	0.0942 （0.3106）	0.8142 （0.0364）	0.2934 （0.0000）	1.0000 （0.0033）
beta1	1.0000 （0.0000）	0.9163 （0.0000）	0.6743 （0.0000）	0.7362 （0.0000）	0.5331 （0.0000）
vxreg	0.0000 （1.0000）	0.0000 （1.0000）	0.0000 （1.0000）	0.0000 （1.0000）	0.0002 （0.2491）

注：括号中的数值为 t 统计量对应的 p 值。

事件二政策背景下的模型实证结果如表 7-22 所示，从模型实证结果可以看出，深圳与北京碳市场的 ARCH 与 GARCH 项系数均显著，说明这两个市场的价格波动率主要来源于两部分，即变量当期的价格波动率既会受到外部冲击的影响同时还会受到变量上一期波动率的影响，并且北京碳市场的价格对外生冲击的反应灵敏。湖北碳市场的 ARCH 项系数显著为 0.8809，GARCH 项系数不显著，说明湖北碳市场的价格波动率受外生冲击的影响较大。广州碳市场的 ARCH 项系数不显著，而 GARCH 项系数显著为 0.9549，说明其市场的价格波动率主要受前一期波动率的影响。此外，深圳与广州碳市场的 ARCH 项系数与 GARCH 项系数之和小于 1，且广州碳市场的两项系数之和为 0.9715；湖北与北京碳市场的 ARCH 项系数与 GARCH 项系数之和大于 1，两项系数之和越大表明价格波动率的持续性越强。从表中最为关键的政策虚拟变量系数来看，4 个样本碳市场的虚拟变量系数均不显著，都不能拒绝系数为 0 的原假设，因此各碳市场的价格波动率均不是由政策引起的，即事件二政策的发布对各碳市场价格波动率没有产生影响。

表 7-22 事件二 GARCH 模型实证结果

变量系数	深圳	湖北	广州	北京
alpha0	0.0071 (0.0000)	0.0003 (0.0038)	0.0003 (0.2680)	0.0003 (0.2728)
alpha1	0.2669 (0.0045)	0.8809 (0.0021)	0.0166 (0.3791)	1.0000 (0.0350)
beta1	0.4126 (0.0000)	0.1391 (0.1272)	0.9549 (0.0000)	0.4833 (0.0000)
vxreg	0.0000 (1.0000)	0.0000 (1.0000)	0.0000 (1.0000)	0.0001 (0.6989)

注：括号中的数值为 t 统计量对应的 p 值。

事件三政策背景下的模型实证结果如表 7-23 所示，从表中的数据结果可知，事件三中的 5 个样本碳市场的 ARCH 与 GARCH 项系数均只有一个显著。其中湖北碳市场的 ARCH 项系数在 10% 的显著水平上显著为 1，说明其市场的价格波动率受到外部冲击的影响较大；深圳、广州、重庆与福建碳市场均为 GARCH 项系数显著，说明这三个碳市场的当期价格波动率主要是受上一期的波动率的影响。从 ARCH 项系数与 GARCH 项系数之和的角度来看，虽然深圳、广州与福建碳市场的两项系数之和小于 1，但这三个碳市场的两项系数和分别为 0.9997、0.9922 与 0.8852 都很接近于 1。重庆碳市场的两项系数之和为 1，湖北碳市场的这两项系数之和为

1.0581 大于 1。以上 5 个市场的 ARCH 项系数与 GARCH 项系数之和表明，这几个市场的价格序列均存在"波动集聚性"并且波动率的持续性较强。通过回归到实证最关注的政策虚拟变量系数可以发现，5 个样本碳市场的政策虚拟系数均为 0，这说明虽然这几个碳市场的价格波动率较大，但这种波动率的特征并不是由事件三政策的发生导致的，因此事件三政策的发布对各碳市场的价格波动率没有产生影响。

表 7-23　　　　　　　　事件三 GARCH 模型实证结果

变量系数	深圳	湖北	广州	重庆	福建
alpha0	0.0000 (0.9981)	0.0017 (0.0016)	0.0000 (0.9994)	0.0000 (0.9874)	0.0005 (0.5349)
alpha1	0.0000 (0.9999)	1.0000 (0.0631)	0.0040 (0.5023)	0.0000 (1.0000)	0.1136 (0.4180)
beta1	0.9997 (0.0000)	0.0581 (0.7414)	0.9882 (0.0000)	1.0000 (0.0000)	0.7716 (0.0127)
vxreg	0.0000 (1.0000)	0.0000 (1.0000)	0.0000 (1.0000)	0.0000 (1.0000)	0.0000 (1.0000)

注：括号中的数值为 t 统计量对应的 p 值。

第六节　研究结论

一　碳市场政策公告对试点碳交易价格的差异化影响

本书对我国关于碳减排态度的第三阶段中有关碳市场建设的历年政策进行梳理，筛选出影响较大的三个政策，使用事件分析法来对所要研究的问题进行分析。通过各政策事件中样本市场的累积异常收益率可以发现，三个时期的政策公告对各试点市场的价格均在 1% 的显著水平上产生了影响。更重要的是，不同的碳试点市场在同一政策影响下的价格变动特征不同，即碳市场政策的公布会对一些试点的碳交易价格产生累积收益为负的抑制效应，促使其价格下降；也会对另外试点的碳交易价格产生累积收益为正的促进效应，促使其价格上升。此外，还可以得到三个不同阶段政策的发布对相同的试点碳市场引起的价格变动特征也不同。

二　碳市场公告未能对试点碳交易价格波动率产生显著影响

在得出本书选择的市场政策对试点碳交易价格产生的具体影响后，继续以这三项政策为背景，构建加入政策虚拟变量的 GARCH 模型，直接分析市场政策是否会对碳交易价格的波动率产生影响。实证结果显示，在三项政策的事件研究期内各试点碳市场的价格波动率表现出了不同的特征，而且在三项不同的政策背景下同一样本碳市场的价格波动率特征也不同，即某些碳市场的价格波动率是由变量过去的波动率引起的，某些碳市场的价格波动率则是由外部冲击或是由两者共同作用导致的。但在三项政策影响下所有碳市场的方差方程中政策虚拟变量系数均不显著，这说明各碳试点市场的价格波动率并不是由碳市场政策的公布引起的，即碳市场政策的公布既不会加剧也不会减缓市场价格的波动程度。

第七节　本章小结

本章以我国碳市场中国家层面的政策信息为研究背景，使用各碳交易试点市场的配额成交均价来分析碳市场的政策公布所引起的价格变动特征。通过介绍碳排放权的属性与特征以及分析政策对价格产生影响的作用机理，可以从理论上得出碳市场的相关政策会对碳交易价格产生影响。基于此本书选取碳市场发展进程中三个阶段的国家政策为对象，实证分析碳市场的政策对试点碳交易价格以及价格波动率的影响。

第三篇

我国碳排放权交易市场风险管理对策研究

第八章　我国与欧盟碳排放权交易
市场波动率比较研究

第一节　引言

1997 年，全球 100 多个国家为解决全球变暖问题签订了《京都议定书》，该议定书规定了发达国家的减排义务，同时提出了三个灵活的减排机制，碳排放权交易是其中之一。伴随着《京都议定书》的强制生效，碳排放权成为国际商品，越来越多的投资银行、对冲基金、私募基金等金融机构参与其中，基于碳交易的金融衍生品也不断涌现，国际碳排放权交易进入高速发展阶段。当前，碳排放交易系统的建设已遍布欧洲、北美、南美和亚洲市场，其中欧盟碳排放交易体系（EU ETS）已经成为全球最大的碳排放权交易市场，整体 EU ETS 所覆盖范围包括 12000 多座电站、工厂及其他工业设施，几乎占欧盟二氧化碳排放总量的一半，其配额市场份额占据全球配额市场份额的 90% 以上，具有绝对的统治地位。

我国作为世界上最大的发展中国家和全球第二大温室气体排放国，积极应对环境治理与低碳发展趋势。在 2005 年 8 月核准了《京都协定书》之后，我国积极参与国际碳排放交易。数据显示，截至 2017 年 7 月，全球共注册清洁发展机制项目 7777 个，其中来自中国的项目数量占比接近 50%。[①] 为配合我国碳减排目标的实现、碳排放问题的长效解决，同时为低碳经济发展目标提供助力，我国自 2008 年成立上海环境能源交易所以来，建立了天津、北京、福建、广州、湖北、深圳、重庆、江苏共 9 个碳排放权交易市场。在 2017 年 12 月 19 日召开的全国碳排放交易

---

① 联合国环境规划署数据。

体系启动工作电视电话会议后，国家发展改革委员会与上述 9 个省市人民政府共同签署了全国碳排放权注册登记系统和交易系统建设和运维工作的合作原则协议，这标志着我国碳排放交易体系正式启动，也标志着碳金融在我国发展的新纪元。

目前国内碳排放权交易市场的建设取得了相当大的成就，有学者认为，湖北碳交易市场已经成为我国最活跃、仅次于欧盟碳交易市场的全球第二大碳交易市场。但有些学者则认为我国碳市场的建设不够成熟，与欧盟碳市场之间差异较大。全国碳排放交易体系已经启动，但是，对于我国碳市场的发展程度仍模糊不定、说法不一。无法准确地界定我国碳市场发展的程度意味着我们无法确定自己所处的位置，从而难以对存在的问题对症下药，而研究市场的波动性特征则有助于全面剖析市场的发展状况。因此，本书通过比较欧盟和我国碳排放权交易市场的市场波动特征，准确判断我国碳市场的建设程度，发现我国碳排放权交易市场存在的问题，从而为我国碳交易市场的完善提供建议。

第二节　文献综述

有效市场假说（EMH）在很长一段时间都居于分析经济现象的主导地位，它的主要观点是：金融序列相互独立，服从正态分布；其波动不具备长期记忆性（Fama，1970）。然而，金融市场上的"异象"使有效市场假说备受质疑，Edgar E. Peters 将分形市场理论引入资本市场，指出金融资产序列存在分形特征，并不服从正态分布（Edgar E. and Peters，1994）。这种"异象"在碳排放权交易市场中也普遍存在，有学者利用序列相关分析（Daskalakis and Markellos，2008）及非线性动力学理论（Zhenhua Feng et al.，2011）发现欧盟碳排放权交易市场不是有效市场，其仅有第二阶段的收益率表现为弱有效市场，而第一阶段和第三阶段没有有效市场的特征（Yang et al.，2018），深圳、北京、上海、天津及湖北碳价存在显著的非线性特征以及状态持续性，仍未达到有效状态（魏素豪、宗刚，2016），我国 8 家碳排放权交易市场价格波动具有持续性特征（陈柳卉、邢天才，2019），我国湖北碳排放权交易市场价格波动存在长期记忆性且具有显著的杠杆效应，该市场符合分形市场特征（吕靖烨、王腾飞，2019），欧洲碳期货市场存在明显的非正态、肥尾分布，不满足有效市场假说（Xinghua Fan et al.，2020）。以上文献均证实了碳排放权交易市场并不是有效市场，该市场特征符合分形市场假说，能够进一步从单分形和多重分形两个方面对其进行深入研究。

一　关于碳价单分形的研究

20 世纪初，水文学家 Hurst 提出重标极差分析法（R/S），用以研究自然界复杂系统。1963 年，该方法被首次使用于金融领域，指出美国股市价格序列存在尖峰厚尾现象（Mandelbrot，1963）。1991 年，修正 R/S 法的提出，提高了分析的准确性（Lo A.，1991）。但该方法在分析长短期记忆性时易发生误判。随后，有学者提出了消除趋势波动分析法（DFA），以消除外在趋势（Peng et al.，1994）。随着单分形在金融市场上得到广泛应用，不容易受到序列本身短期记忆性的干扰的 V/S 分析法也得以问世（Giraitis et al.，2003）。

目前，我国已有多位学者做出了有关碳排放权交易市场的单分形特征的研究。利用 R/S 分析法及修正 R/S 分析法证明碳价序列具有偏随机游走的特点（Zhenhua Feng. et al.，2011），对国际主要碳排放权交易市场的价格形成机制进行分析（陈伟、宋维明，2014）。利用 DFA 方法分析欧盟碳排放权交易市场，发现 CER 比 EUA 具有更强烈的价格波动性（刘静、王晨曦，2014），V/S 分析法分析欧盟碳排放权交易市场价格的波动趋势（刘静，2015），以及对欧盟碳收益序列的长期记忆性进行检验（梁敬丽，2016）。除此之外，还有学者在研究欧盟碳收益序列的长期记忆性时对比了经典 R/S 分析法和 V/S 分析法，发现前者不如后者准确（杨星、梁敬丽，2017）。在研究我国市场分形特征时发现我国 7 家碳交易试点不符合有效市场假说，仅有上海碳交易市场的价格序列接近弱有效市场（夏睿瞳，2018）。

二　关于碳价多重分形的研究

多重分形去趋势波动分析法（MF-DFA）和多重分形消除趋势移动平均法（MF-DMA）被用于分析多重分形特征。MF-DFA 能够更加详细地刻画不同时间尺度上的价格波动的统计特征，并减少计算过程当中出现的有关相关性的误判（Kantelhadt et al.，2002）。后又有学者在该方法的基础上提出了 MF-DMA 法，用以解决度量标度行为的问题（Gu and Zhou，2010）。

　　众多学者将多重分形方法引入股票、期货、债券等市场，应用于碳排放权交易市场的文献相对较少。有学者利用 MF-DMA 方法对我国证券指数进行多重分形研究（Weijie Zhou et al.，2013），MF-DFA 以及多分形谱分析法被应用于对我国债券市场的多重分形特征成因进行分析（薛冰等，2017），识别国际大宗商品价格波动的多重分形特征（陈鹏，郑曼娴，2018），分析沪深股市 4 个主要指数日波动率序列，实证结果表明上证指数及中证 500 指数具有更强的多重分形特征（韩晨宇、王一鸣，2020）。MF-DMA 方法被用于对我国股市的多重分形特征进行研究（何姗姗，2018），考察国际主权债券市场的多重分形特征（Selçuk Bayraci，2018）。在碳排放权交易市场方面，有学者利用 MF-DMA 分析法证明了欧盟碳期货市场具有多重分形特征（刘静，2015），采用 MF-DFA 分析方法研究了我国 7 个碳交易试点的多重分形性和市场有效性，发现长短期序列都具有多重分形特征（Xinghua Fan et al.，2019）。

　　综上所述，分形理论已经被大量运用于金融市场的研究中，但是该理论在碳排放权交易市场这个新兴市场中的研究运用较少，主要集中在股票、债券市场特征的研究上。且尚未有文献基于多重分形理论来对比研究欧盟和国内碳排放权交易市场价格波动特性，因此本书将分形理论引入对碳排放权交易市场价格波动的研究中，运用拓展的 MF-DFA 法分析国内外碳排放权交易市场的价格波动特征，挖掘碳排放权交易市场价格波动率的变化趋势和内在规律，从而深刻理解我国碳排放交易市场的发展程度，发现市场中亟待解决的问题，为我国碳排放权交易市场的完善和全国碳市场的建立提供建议。

第三节　研究方法

　　Peng 等于 1994 年提出了用于分析时间序列长程相关性的 DFA 法。2002 年，在 DFA 方法的基础上 Kantelhardt 等提出多重分形去趋势波动分析法（MF-DFA）来研究非平稳时间序列的多重分形特征，相比只能分析平稳时间序列波动性特征的 GARCH 模型，MF-DFA 更适合金融数据分析。而且该分析法能够在更加细致的层面捕捉序列的波动性特征，真实地反映市场的情况，有助于我们透彻地分析市场。此外 J. Alvarez-

Ramirez 与 Gang Xiong 等分别拓展了 DFA 法，使得新 DFA 法不仅能够分析市场的非对称行为，还能追踪市场分形特征的时序变化，更好地反映市场受外部事件的影响程度。拓展的 MF-DFA 法的具体步骤如下：

Step1：假设一个长为 N 的时间序列 $\{x_t: t=0, 1, 2, \cdots, N-1\}$，定义 x_t 的瞬时循环自相关函数并求得相应的瞬时循环自相关序列：

$$R_t(k)=x(k)x'(t+k), \quad t, \ k=0, 1, 2, \cdots N-1 \tag{8-1}$$

$$x'(k)=\begin{cases} x(k) & k\in[0, \ N-1] \\ x(k-N) & k\in[N, \ 2N-2] \end{cases}$$

其中 $x'(k)$ 是一个窗口函数，用来研究在每个时点 t 上的时变标度特征，以下过程是对每个时点 t 上的多重分形特征进行去趋势分析。

Step2：对上述求得的时间序列计算累积离差：

$$D_t(i)=\sum_{k=0}^{i}[R_t(k)-\bar{R}_t]i=0, 1, 2, \cdots, N-1 \tag{8-2}$$

$$\bar{R}_t=\sum_{k=0}^{N-1}R_t(k)/N$$

Step3：令 $I_t(k)=I_t(k-1)*\exp(R_t(k))k=0, 1, 2, \cdots, N-1$，且 $I_t(0)=1$。将序列 $D_t(i)$ 和 $I_t(k)$ 分别分割为 $Ns\equiv int(N/s)$ 个长度为 s（$10\leqslant s<N/4$）的小区间，考虑到序列的长度 N 不一定是 s 的倍数，为了不忽视尾部的这部分数据，我们将序列 $D_t(i)$ 和 $I_t(k)$ 分别颠倒顺序再按照上述方式切割一个，所以我们两个序列各得到 2Ns 个子区间。令 $G_v^t=\{g_{v,j}^t, j=1, \cdots, s\}$ 和 $H_v^t=\{h_{v,j}^t, j=1, 2, \cdots, s\}$ 分别表示 $D_t(i)$ 和 $I_t(k)$ 在第 v 个子区间的第 j 个数，即

$$g_{v,j}^t=D_t((v-1)s+j), \quad h_{v,j}^t=I_t((v-1)s+j)v=1, 2, \cdots, N$$

$$g_{v,j}^t=D_t(N-(v-Ns)s+j), \quad h_{v,j}^t=I_t(N-(v-Ns)s+j) \tag{8-3}$$

$$v=N+1, N+2, \cdots, 2N$$

Step4：在时点 t 上，对每个子区间求均方误差。运用 OLS 法对 $L_{H_v(j)}=a_{H_v}+b_{H_v}j$ 进行拟合，若 $b_{H_v}>0$，则说明这个子区间具有一个上升趋势；相反，若 $b_{H_v}<0$，说明是一个下降趋势。$S_{v,j}$ 是通过多项式拟合得到的 $D_t(i)$ 在第 v 个子区间第 j 个数的估计值。则第 v 个子区间的均方误差为：

$$F_v^t(s)=\frac{\sum_{j=1}^{s}(g_{v,j}^t-S_{v,j})^2}{s}v=1, 2, \cdots, 2Ns \tag{8-4}$$

Step5：构造 q 阶平均波动函数

当 $q\neq0$ 时，

整个时间序列区间上：

$$F_q(t,\ s)=\left\{\sum_{v=1}^{2Ns}\left[F_v(s)\right]^{\frac{q}{2}}/(2Ns)\right\}^{1/q} \tag{8-5}$$

上升趋势的所有区间上：

$$F_q^+(t,\ s)=\left\{\left(\sum_{v=1}^{2Ns}((1+sign(b_{H_v}))/2)\left[F_v(s)\right]^{q/2}\right)/M^+\right\}^{1/q} \tag{8-6}$$

下降趋势的所有区间上：

$$F_q^-(t,\ s)=\left\{\left(\sum_{v=1}^{2Ns}((1-sign(b_{H_v}))/2)\left[F_v(s)\right]^{q/2}\right)/M^-\right\}^{1/q} \tag{8-7}$$

当 $q=0$ 时，

$$F_q(t,\ s)=\exp\left\{\frac{\sum\limits_{v=1}^{2Ns}\ln\left[F_v(s)\right]}{4Ns}\right\} \tag{8-8}$$

$$F_q^+(t,\ s)=\exp\left\{\sum_{v=1}^{2Ns}\ln((1+sign(b_{H_v}))/2)\left[F_v(s)\right])/(2M^+)\right\} \tag{8-9}$$

$$F_q^-(t,\ s)=\exp\left\{\sum_{v=1}^{2Ns}\ln((1-sign(b_{H_v}))/2)\left[F_v(s)\right])/(2M^-)\right\} \tag{8-10}$$

其中，$M^+=\sum\limits_{v=1}^{2Ns}(1+sign(b_{H_v}))/2$ 和 $M^+=\sum\limits_{v=1}^{2Ns}(1-sign(b_{H_v}))/2$，函数 sign（ ）的功能是返回数字的符号，如果输入的数字大于 0 则返回数值 1；如果输入的数字为 0 则返回数值 0；若输入数字小于零则返回-1。

Step6：改变分割长度 s 重复 step3-step5，便得到不同 s 下对应的 F_q $(t,\ s)$，从而研究不同 q 值下 $F_q(t,\ s)$ 与 s 之间的幂律函数关系：

$$F_q(t,\ s)\sim s^{H_t(q)},\ F_q^+(t,\ s)\sim s^{H_t(q)^+},\ F_q^-(t,\ s)\sim s^{H_t(q)^-} \tag{8-11}$$

对 $F_q(t,\ s)$ 与 s 的对数进行最小二乘法拟合便得到了广义 Hurst 指数。改变 q 重复上述步骤便能得到不同 q 值下的广义 Hurst 指数。以整个区间上的为例，若广义 Hurst 指数 $H_t(q)$ 不独立于 q，随着 q 的变化而变化，则说明原时间序列具有多重分形特征。并且当 $q>0$，$H_t(q)$ 刻画大波动的标度行为；当 $q<0$ 时，$H_t(q)$ 刻画了小波动的标度行为。当 $q=2$ 时，H(2)就是经典的 Hurst 指数，此时若 $H_t(q)=0.5$，则说明序列为随机游

走，不具有相关性；若 $H(2) \in (0, 0.5)$，则说明序列呈现逆持续性，即均值回归；若 $H(2) \in (0.5, 1)$，则说明序列具有持续性，且 $H_t(q)$ 越接近 1，这种持续性越强。

Step7：多分形标度指数 $\tau_t(q)$ 与 $H_t(q)$ 之间的关系如下：

$$\tau_t(q) = qH_t(q) - 1 \qquad (8-12)$$

如果 $\tau_t(q)$ 与 q 之间呈现出非线性，则说明原时间序列存在多重分形特征。

Step8：运用勒让德变换得到多重分形谱 $f_t(a)$：

$$\alpha_t = \tau_t(q)' = H_t(q) + q * H_t(q)' \qquad (8-13)$$

$$f_t(a) = q * \alpha_t - \tau_t(q) = q * (\alpha_t - H_t(q)) + 1 \qquad (8-14)$$

当 $f_t(a)$ 为单峰图形时，说明序列具有多重分形特征。并且 $\Delta\alpha_t = \max(\alpha_t) - \min(\alpha_t)$，表示 t 时点上不同多重分形特征强度的分布范围的大小，$\Delta\alpha_t$ 越大，归一化价格的分布越不均匀，价格的波动性越强。$\Delta f_t(a) = (f_t(\min a)) - (f_t(\max a))$，在一定程度上反映奇异指数高低价位出现频率的变化。$\Delta f_t(a) > 0$，$f_t(a) \sim \alpha_t$ 的曲线呈现左钩形状，表示价格处于高价位的概率比处于低价位的概率大。

第四节　数据来源及描述性统计分析

一　数据来源

从深圳碳排放权交易所完成第一笔交易到 2017 年 11 月 16 日，国内 8 个试点碳市场的碳排放权交易总量为 1.3941 亿吨，完成的成交总额为 28.9883 亿元。从各个区域的碳市场来看，湖北碳交易中心的碳排放权成交额占全国的 30.61%，位居全国第一，成交量也占到了 29.31%，是我国最活跃的碳排放权交易市场。紧随其后的是广东、深圳两家碳交易所，其成交额分别占全国总成交额的 23.11%、21.99%。湖北、广东和深圳 3 个碳市场的碳排放权交易成交总量达到了全国的 77.97%，成交额总量占全国总成交额的 74.40%。所以本书选取湖北、广东和深圳碳排放权交易市场代表国内碳排放权交易市场作为研究样本。

欧盟委员会为实现欧盟碳排放交易体系的建设稳定、可控地进行而推出分阶段建设计划，目前其发展分为三个阶段：第一阶段是 2005 年 4

月 22 日至 2007 年 12 月 31 日；第二阶段是 2008 年 1 月 1 日至 2012 年 12 月 31 日；第三阶段则是从 2013 年 1 月 1 日开始到 2020 年 12 月 31 日结束。本书以欧盟碳排放权交易市场三个阶段的期货日结算价（EUA）作为研究对象，比较中国和欧盟碳排放权交易市场的波动特征，数据来自 wind 金融终端。国内和欧盟的数据选取具体如表 8-1 所示。

表 8-1 样本选取

市场	时间区间	样本量（个）
欧盟第一阶段	2005 年 4 月 22 日—2007 年 12 月 31 日	686
欧盟第二阶段	2008 年 1 月 1 日—2012 年 12 月 31 日	1283
欧盟第三阶段	2013 年 1 月 1 日—2017 年 11 月 15 日	1258
广东（GDEA）	2013 年 12 月 19 日—2017 年 11 月 16 日	701
深圳（SZA）	2013 年 6 月 18 日—2017 年 11 月 14 日	972
湖北（HBEA）	2014 年 4 月 28 日—2017 年 11 月 16 日	851

欧盟碳排放权交易市场发展的第一阶段是一个试行阶段，在这一阶段由于碳配额供给过量，各排放主体的碳排放量远远低于获得的碳配额，使得碳交易价格在这一阶段出现断崖式下跌，在 2007 年末碳交易价格甚至下降到 0.01 欧元每吨。

针对第一阶段碳配额过量所导致的市场持续低迷，在第二阶段中欧盟碳排放权交易市场严格控制碳交易配额的分配，使得市场价格逐渐回升，2008 年 7 月最高达到 29.33 欧元每吨。但是受到 2008 年国际金融危机的影响，经济下行压力增大，各交易主体碳排放权配额需求降低导致碳价格逐渐走低。2009 年到 2011 年 6 月欧盟碳交易价格相对稳定，在每吨 14 欧元上下波动，但 2011 年下半年受到"欧债危机"的影响，碳价格又一次出现下降，到 2012 年初总体降低了近 60%，2012 年之后碳价格则一直围绕着 6 欧元每吨上下波动。

2013 年，EU ETS 进入到第三阶段后碳排放权交易市场配额逐渐减少，同时市场的覆盖范围不断扩大，使得欧盟碳市场从 2013 年后，碳排放权期货结算价呈现持续性的波动上涨。但国际石油价格的暴跌使得欧盟碳排放权交易市场期货结算价在 2015 年 12 月份也出现大幅度的下跌，直到次年 2 月才出现回涨的迹象。深圳碳排放权交易市场在成立之初，由于市场中个人交易参与者较多，很多涵盖在内的企业没有参与其中，使得碳交易价格被抬到很高的价位，最高达 122.97 元每吨，但市场的成交量很少。广东在 2013 年的配额拍卖时希望让拍卖价格发挥锚定作用，将拍卖底价设定为 60 元/吨，使得初期价格较高，但这样的定价在二级市场中得到修正。随着我国碳排放权交易市场建设的不断完善，碳交易价格反映出市场的真实需求，价格逐渐趋于合理。湖北碳交易价格在前期价格则比较稳定，在每吨 25 元上下波动，2015 年末也受到国际石油价格下跌的影响急剧下跌至 9.38 元每吨。而广东和深圳两个碳排放权交易市场的价格走势没有明显地表现出国际石油价格的影响。

由于金融价格数据的非平稳性不利于模型的运用，因此对上述四个市场的价格分别按公式 $R_t = \ln(P_t) - \ln(P_{t-1})$ 求得各个市场的对数收益率序列，去除收益率为 0 的数据，湖北、深圳、广东碳排放权交易市场收益率序列和欧盟三个阶段的收益率序列的长度分别是 826、668、955、551、1254、1201。

二　描述性统计分析

表 8-2、表 8-3 分别列出了欧盟碳排放权交易市场三个阶段和国内湖北、深圳、广东碳排放权交易市场在样本区间内各个收益率序列的描述性统计特征值。从表 9-2 中可以看到欧盟碳排放权交易市场的平均收益率接近于 0。从标准误差的结果可知欧洲市场第一阶段的收益率波动较剧烈，第三阶段次之，第二阶段的波动程度最小。这是由于第一阶段欧洲市场刚建立不够成熟，碳配额供给过多，后期收缩供给导致市场价格先是剧烈下降后在 2007 年末又出现断崖式回升。而第三阶段由于碳排放需求增加而价格不断攀升，后受到 2015 年末国际石油价格剧烈波动而导致碳价格波动剧烈。而国内碳排放权交易市场的平均收益率均小于零，其中深圳和广东碳排放权交易市场的标准误差较大，远远高于欧盟碳排放权交易市场和湖北碳排放权交易市场，说明欧盟碳排放权交易市场收益率的波动较小，国内市场上除湖北碳排放权交易市场外其市场收益率围绕均值上下波动较大。

通过分析收益率序列的概率分布，从表 8-2、表 8-3 中可以看到四个市场的偏度均不为零，峰度普遍大于标准正态分布下为 3 的峰度。四个市场上的 JB 统计量均远大于临界值，拒绝服从正态分布的零假设，即国内外四个市场上的收益率序列具有"尖峰厚尾"的特征。

　　本书采用 ADF 检验法对四个市场的收益率序列分别进行单位根检验，由于收益率序列分布形态不具有明显趋势，采用无趋势项的 ADF 检验模型。从表 8-2 的 ADF 统计量的结果可以看出除了欧盟碳排放权交易市场第一阶段外其他市场的收益率序列均在 1% 的水平下显著拒绝具有一个单位根的原假设，即序列是平稳的。

表 8-2　　　　　　　　　　欧盟碳排放权交易市场描述性统计特征

市场	EUA1	EUA2	EUA3
均值	0.000518	−0.001011	0.000157
标准差	0.350535	0.027386	0.037584
偏度	19.33561	0.086757	−1.141825
峰度	429.9352	6.765868	21.81935
JB 统计量	4219034***	742.5702***	17984.12***
ADF	−2.511452	−33.24124***	−28.73382***
Q（22）统计量	47.313***	31.508**	149.98***

　　注：*、**、***依次代表在 10%、5%、1%的显著性水平下拒绝原假设。

表 8-3　　　　　　　　　　国内碳排放权交易市场描述性统计特征

市场	HBEA	SZA	GDEA
均值	−0.000505	−0.000233	−0.002231
标准差	0.033046	0.131168	0.115509
偏度	−0.046962	0.162227	0.085795
峰度	9.650812	6.297234	9.601120
JB 统计量	1522.666***	436.7939***	1213.651***
ADF	−35.02808***	−21.94318***	−20.14028***
Q（22）统计量	52.591***	198.44***	123.92***

　　注：*、**、***依次代表在 10%、5%、1%的显著性水平下拒绝原假设。

　　Ljung-Box 检验结果显示，欧盟碳排放权交易市场和国内碳交易收益率序列在显著性水平 0.01 下，显著拒绝直到第 22 阶不存在自相关的原假设。这种高度自相关性反映了收益率大（小）的波动跟随着大（小）的波动的集聚效应，即显示出了收益率波动的集聚性特征。

第五节　实证过程及结果分析

这一部分我们将运用 MF-DFA 法来检验欧盟和中国碳排放权交易市场波动是否具有多重分形特征和长记忆性特征，并分析多重分形特征在不同市场的不同呈现和来源。由于在 MF-DFA 法的步骤三中，若 $S>N/4$ 时，划分的子区间的数目太少会导致第五步中的 q 阶平均波动函数在统计上不稳定，但如果 S 的取值非常小，如小于 10，则会导致在第三步中的多项式拟合不准确，并且会使得时序标度行为发生系统性偏差。因此，本书 S 的取值范围为（10，N/4），N 为时间序列的总长度，q 的取值范围为（-20，20），步长为 1。

一　多重分形分析

图 8-1（a），（b），（c），（d），（e），（f）分别为欧盟碳排放权交易市场三个阶段和国内三个市场收益率序列的波动函数 F_q 和 s 的双对数图，通过图像可以看出，当 q 取值从-20 到 20 时，s 与 F_q 之间存在非线性依赖关系，并且对于不同的 q 值，F_q 具有不同的波动幅度，表明 EUA 市场，HBEA 市场，SZA 市场和 GDEA 市场的波动均存在多重分形特征。

图 8-2 表示的是欧盟碳排放权交易市场发展的三个阶段和国内三个碳排放权交易市场的广义 Hurst 指数 H（q）与分阶 q 之间的关系图。从图中可以看到，广义 Hurst 指数 H（q）的值随着 q 从负到正变化而递减，非常数，说明欧盟和国内碳排放权交易市场中收益率的波动均存在多重分形特征。令 $\Delta H_q = \max$（H_a）$- \min$（H_q）表示时间序列的分形程度，ΔH_q 的值越大，则说明市场分形程度越大，则市场风险越大，有效性越低。从图中可以看到 EUA 市场第一阶段的广义 Hurst 指数 H（q）的变化幅度 ΔH_q 为 1.1140，第二阶段的 EUA 市场的广义 Hurst 指数 H（q）的变化幅度为 0.4539，第三阶段的 ΔH_q 则为 0.4750。国内三个具有代表性的碳排放权交易市场的 ΔH_q 值分别为 0.8014、0.9420、0.8008，均大于欧盟碳排放权交易市场的第二、三阶段，说明国内碳排放权交易市场的波动性较大，风险较高。

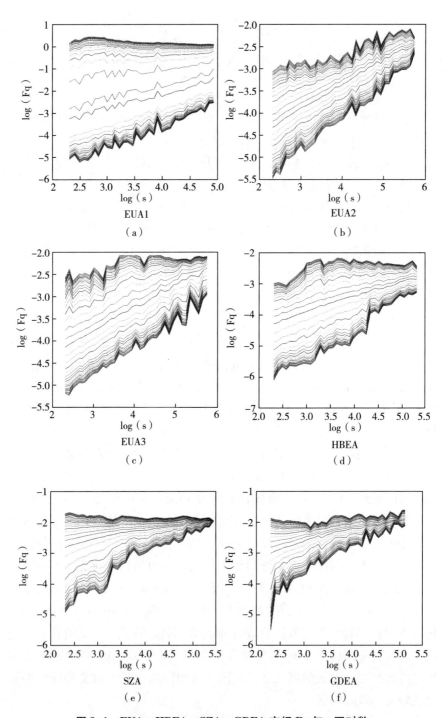

图 8-1 EUA、HBEA、SZA、GDEA 市场 Fq 与 s 双对数

$q<0$ 时，$H(q)$ 反映了小幅波动的行为信息，$q>0$ 下的 $H(q)$ 则表示的是大幅波动的行为特征。在 $q<0$ 时，$H(q)$ 的值大于 0.5，小幅波动被放大，其表现出持续性特征；在 $q>0$ 时，$H(q)<0.5$ 时，大幅波动的行为被放大，市场的波动呈现出逆持续性。图中，欧盟碳排放权交易市场三个阶段的广义 Hurst 指数曲线在 $q<0$ 时，$H(q)$ 的值均大于 0.5，并且 q 越接近 -20，$H(q)$ 的值越接近 1，而国内湖北、深圳和广东碳排放权交易市场则在 $q>0$ 时，$H(q)<0.5$，并且 q 值越接近 20，$H(q)$ 越接近 0，说明欧盟碳排放权交易市场中主导小幅波动，且呈现持续性，国内碳排放权交易市场则多为大幅波动，并且表现出均值回复的特性。

当 $q=2$ 时，$H(q)$ 为经典 Hurst 指数。图 8-2 中的虚线分别为 $q=2$，

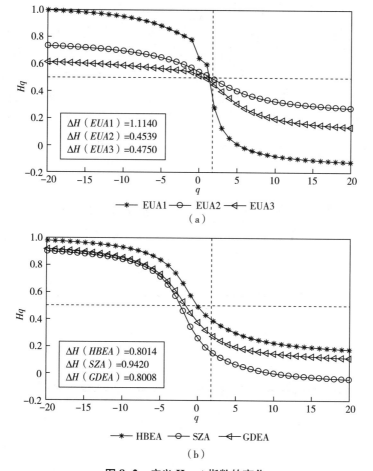

（a）

（b）

图 8-2 广义 Hurst 指数的变化

和 $H(q)=0.5$，因而从图中可以明显地看到欧盟碳排放权交易市场第二、第三阶段的 Hurst 指数虽小于 0.5，但接近于 0.5，即此阶段欧盟碳排放权交易市场价格波动呈现出有偏的随机游走。相比之下国内湖北、深圳、广东三个碳排放权交易市场和欧盟碳排放权交易市场第一阶段的 Hurst 指数则明显小于 0.5，其值分别为 0.3869、0.1476、0.2738、0.2801，由此可知这四个市场中的价格波动表现出逆持续性，并且深圳碳排放权交易市场的均值回归特性最强。除了湖北碳排放权交易市场，其余两个国内市场的波动性均强于欧盟碳排放权交易市场第一阶段，市场风险较大。

图 8-3 展示的是欧盟碳排放权交易市场发展三个阶段中每个时点上的经典 Hurst 指数，它展示了 Hurst 指数随着时间的变化趋势。从图中可以看到，欧盟 EUA 市场第一阶段的 Hurst 指数的波动较大，从整体来说多处于 0.5 以下，相反在后两个阶段中，该指数围绕 0.5 上下波动，且波幅较小，由此可知欧盟 EUA 市场第一阶段碳价格波动性较大且呈现出逆持续性，随着市场的发展，欧盟碳排放权交易市场碳价格的波动逐渐呈现出随机游走，市场对外界信息的敏感性减弱，或者说市场更为有效，碳价格包含更多的市场信息，从而波动走势更加随机。

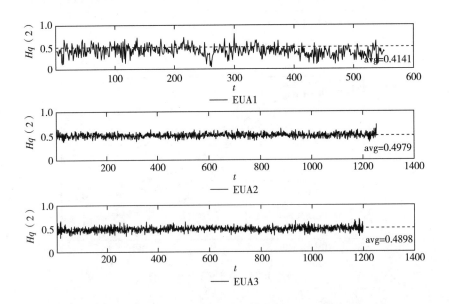

图 8-3　欧盟碳排放权交易市场三个阶段的 Hurst 指数时序变化

图 8-4 从上到下分别是湖北、深圳、广东 3 个国内碳排放权交易市场在样本区间内每个时点上经典 Hurst 指数的走势图，从图中可以看到，深圳、广东两个市场上的 Hurst 指数较多情况下处于 0.5 之上，即碳价格在每个瞬时上表现出持续性，说明这两个市场上碳排放权交易市场价格的波动趋势较稳定，某一趋势的持续时间较长。湖北碳排放权交易市场则相对成熟，其碳排放权交易市场的瞬时走势呈现出随机游走的趋势。

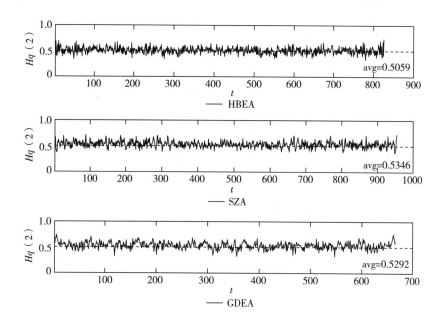

图 8-4 国内 3 个碳排放权交易市场 Hurst 指数时序变化

为了比较 6 个市场的波动性与市场有效性，本书结合套期保值效果的计算方式提出指标 $\rho = avg/0.5$。通过经典 Hurst 指数为 0.5 的意义可知，该公式可以表示瞬时 Hurst 指数均值与 0.5 之间的偏离，若该值偏离 100% 的距离越大，则市场价格波动的趋势越偏离随机游走方式，即市场的有效性会越差。通过计算得出表 8-4 所展示的结果，可以发现，欧盟 EUA 市场第一阶段的偏离度最大，欧盟 EUA 市场第二、第三阶段的偏离度较小，尤其是 EUA 市场第二阶段仅有 0.42% 的偏差，通过这样的对比可知国内市场的有效性较差，远低于欧盟当前的发展现状。

表 8-4　　　　　　　　　　　　各市场的相对市场有效性

Var.	EUA1	EUA2	EUA3	HBEA	SZA	GDEA
均值	0.4141	0.4979	0.4898	0.5059	0.5346	0.5292
ρ%	82.82	99.58	97.96	101.18	106.92	105.84

图 8-5（a）（b）分别是欧盟碳排放权交易市场三个阶段和国内三个市场的多重分形谱，谱的宽度 $\Delta\alpha = \max(\alpha) - \min(\alpha)$ 表示多重分形行为的强度，$\Delta\alpha$ 值越大，则说明系统中不同作用力越多，系统就越复杂，市场对信息的反应也就越敏感，市场波动就越频繁。而且 $\Delta\alpha$ 表示了在标

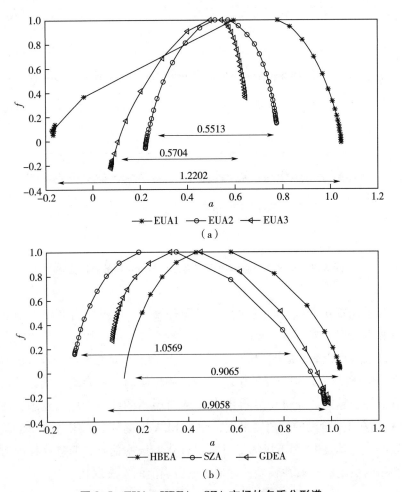

图 8-5　EUA、HBEA、SZA 市场的多重分形谱

度不变的情况下，整个分型结构上的归一化价格分布的均匀程度，若 $\Delta\alpha$ 较大，则说明归一化价格的分布较分散，市场后期的走势不明确，市场的风险越高。

从图（a）中可以看到 EUA 市场三个不同阶段具有不一样的谱宽，从第一阶段到第三阶段多重分形谱的宽度逐渐减小，分别为 1.2202、0.5513、0.5704，说明欧盟碳排放权交易市场收益率的波动性逐渐减小，市场有效性逐渐增强，这得益于欧盟碳排放权交易市场建设的不断完善。图（b）反映的是国内碳排放权交易市场的多重分形行为，从图中可以看到，深圳碳排放权交易市场的多重分形谱宽为 1.0569，大于湖北和广东碳排放权交易市场的 0.9069 和 0.9058，可知深圳碳排放权交易市场归一化价格分布不均匀程度较大，价格波动剧烈。相比之下，湖北碳排放权交易市场和广东碳排放权交易市场的有效性更强。

比较国内外的情况发现，国内碳排放权交易市场的多重分形谱的宽度要大于欧盟碳排放权交易市场第二、第三阶段的谱宽，虽小于欧盟碳排放权交易市场第一阶段的分形程度，但与第一阶段的相差不大。因此可知国内碳排放权交易市场的建设与欧盟碳排放权交易市场仍差距较远，市场有效性远低于欧盟碳排放权交易市场。

此外，为了研究碳价格的波动趋势，我们引用 $\Delta f=f(\min(\alpha))-f(\max(\alpha))$ 来反映价格高低价位出现的概率变化。$\Delta f>0$，则多重分形谱的曲线呈左钩状，表示价格处于高价位的可能性大于低价位，此时分形谱的顶端相对圆滑，后期价格有上升趋势；反之则处于低价位的概率较大，后期价格走势可能下降。观察图中多重分形谱的形状，结合表 9-5 可知，EUA 市场第一阶段和深圳、广东两个国内市场的多重分形谱的左端点高于其右端点的值，即 $\Delta f>0$，表明在这几个市场上碳价格处于高价位的可能性比处于低价位的高，即市场碳价格整体可能上涨。而湖北碳排放权交易市场和欧盟碳排放权交易市场的第二、第三阶段的多重分形谱的左端点则低于其右端点，即 $\Delta f<0$，说明在整个市场的趋势中出现低价的机会将比高价的机会多，市场整体趋于下降。但值得关注的是湖北碳排放权交易市场上 Δf 的绝对值接近于 0，其多重分形谱分布接近于对称，因此我们认为湖北碳排放权交易市场上碳价格的波动情况从目前来看不明确。

表 8-5　　　　　　　　　　　　　　　各市场 Δf 的值

市场	EUA1	EUA2	EUA3	HBEA	SZA	GDEA
Δf	0.099965	−0.2032	−0.5774	−0.07983	0.427102	0.539355

二　非对称性特征实证分析

本书借助于 J. Alvarez-Ramirez 等提出的 A-DFA 方法，分析欧盟碳排放权交易市场和国内的三个碳排放权交易市场对不同的信息的敏感性，即市场的非对称性。由于篇幅有限，关于 A-DFA 的研究方法不再赘述，详细步骤请参考文献。

本书按照 A-DFA 研究方法，得出不同市场趋势下的时间序列的 Hurst 指数，其中 H^+ 表示上升趋势中的 Hurst 指数，H^- 则表示下降趋势中收益率序列的 Hurst 指数。文章中引用 $\Delta H^\pm = H^+ - H^-$ 来表示市场中的非对称性，若 $\Delta H^\pm$ 为零，则说明市场不具有非对称性，若 $\Delta H^\pm > 0$，说明市场对利好消息的敏感性较高，在牛市时市场波动更剧烈；若 $\Delta H^\pm < 0$，则市场对坏信息的反应比较剧烈，市场上存在杠杆效应。

图 8-6、图 8-7 分别展示了欧盟碳排放权交易市场三个阶段和国内 3 个区域市场在样本区间内的每个时点上的非对称性程度。从图中可以看出在不同时点上，市场的非对称性具有不同的强度。图 8-6 第一个走势图表示的是欧盟碳排放权交易市场第一阶段的 $\Delta H^\pm$ 的走势，仔细观察可以发现 $\Delta H^\pm$ 的走势与这一阶段碳价格的走势图有异曲同工之处。在碳排放权交易市场初期价格上升阶段，由于碳排放量交易是新推出的产品，此时还只是处于试行阶段，所以市场对其持保留态度处于警戒状态，对坏消息的影响比较敏感。但随着初期碳价格的持续上升，市场逐渐被市场所吸引，此时投资者对市场看好，因此市场对利好消息的反应比较强，并且持续变强。2006 年 3 月份，欧盟碳排放权交易市场的价格出现断崖式的下降，投资者马上就转变了态度，随时保持着警惕，一旦出现坏消息便退出市场。之后价格出现了几个月的波动上升，但是投资者的态度似乎并不愿意就此变得乐观，$\Delta H^\pm$ 一直在零值上下波动，直到 2007 年欧洲碳交易价格降低至 5 欧元以下，投资者的态度逐渐明确。此时欧盟碳排放权交易市场价格已降低至最小，市场持续低迷，市场上的投资者基本上持观望态度，对利空消息反应敏感，并且这种非对称性在低价位上逐渐增强。

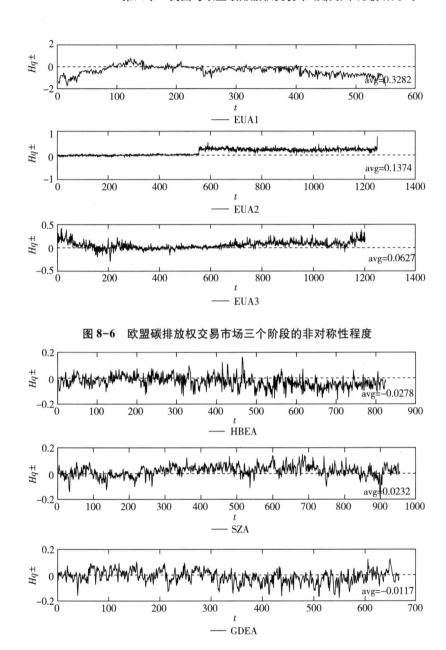

图 8-6　欧盟碳排放权交易市场三个阶段的非对称性程度

图 8-7　国内 3 个碳排放权交易市场非对称性程度

在第二阶段中，受美国次贷危机的影响，碳排放需求减少导致碳排放权交易市场的价格逐渐下降，这段时间的 $\Delta H^{\pm}$ 的值接近于 0，市场没有表现出明显的非对称性。在 2010 年 3 月后 $\Delta H^{\pm}$ 的值突然上升到 0.35，市场表现出明显的乐观状态，对利好消息的反应更强。

　　欧盟碳排放权交易市场第三阶段初期 $\Delta H^{\pm}$ 大于零，说明市场上对利好消息的反应比较敏感。2013 年，欧盟碳排放权交易市场交易价格继第二阶段的趋势持续降低，市场价格波动的非对称性逐渐减小并在零值上下波动。2015 年，碳交易价格受国际石油价格下降时，$\Delta H^{\pm}$ 的值显著大于零，此时市场上对利好消息的反应更加强烈。

　　总结上述的三个阶段，可以发现价格波动的非对称特性一直存在于欧盟市场发展中，初期试行阶段中负面消息对碳价格波动的影响较大，持续较长，后期欧盟市场建设逐渐成熟后，碳交易价格的波动则更多地受正面消息影响较大。即使面对"欧债危机"和 2015 年油价下跌，碳交易价格虽出现较大幅度的下滑，但市场上似乎没有出现恐慌情绪，价格的波动仍表现出对利好消息的反应较大。

　　图 8-7 中的三个走势图，从上自而下分别是湖北碳排放权交易市场、深圳碳排放权交易市场和广东碳排放权交易市场的非对称性指标样本区间内的时点走势图。从图中可以看到湖北碳排放权交易市场前期的 $\Delta H^{\pm}$ 值在 0 线之下波动，2015 年的年底受石油价格暴跌影响，湖北碳排放权交易市场出现较大的波动，这一期间明显对利空消息反应较敏感。2016 年 4 月，受宏观经济下行、大力推进去除过剩产能等因素的影响，湖北碳交易供需不平衡致使价格一路跌破 10 元每吨，市场悲观情绪蔓延，从图中也可以看到此时市场表现出负的非对称性，即市场对负面影响极为敏感。随后碳交易价格有回升趋势，但市场的反应仍然比较消极，投资者对于这次价格的回升似乎抱有怀疑态度。

　　深圳碳排放权交易市场和广东碳排放权交易市场碳的价格波动在初期阶段正反非对称特性交替出现，但中后期则出现明显的趋势。在深圳碳排放配额交易市场上，很长一段时间价格的波动对利好消息的反应较强烈，而广东市场则与湖北碳排放权交易市场具有相同的状况，表现出明显的杠杆效应，对利空信息的反应较剧烈，体现了该市场参与者的风险厌恶情绪。

　　表 8-6 统计了欧洲和国内 3 个碳排放权交易市场的非对称系数的统计特征。本书用 $\Delta H^{\pm}$ 均值的绝对值来表示非对称性程度。从表格中可以看出，在整个样本区间欧盟 EUA 市场的非对称性比国内碳排放权交易市

场的要强。$\Delta H^{\pm}$正负的概率可以比较国内外碳排放权交易市场对不同信息的敏感性，从表中的信息可知 EUA 市场第一阶段和湖北、广东碳排放权交易市场对利空消息比较敏感，受利空消息的影响较长。而 EUA 市场第二、第三阶段和深圳市场则对利好消息的反应比较强烈，持续期较长。

表 8-6　　　　　国内外四个市场的非对称性指标的统计特征

市场	均值	标准差	P（ΔH>0）	P（ΔH<0）	等级
EUA1	−0.3282	0.4372	0.2051	0.7949	1
EUA2	0.1374	0.1272	0.8437	0.1563	2
EUA3	0.0627	0.0828	0.7968	0.2032	3
HBEA	−0.0278	0.0470	0.2591	0.7409	4
SZA	0.0232	0.0437	0.7277	0.2723	5
GDEA	−0.0117	0.0502	0.4222	0.5778	6

三　多重分形特征产生原因分析

一般来说，时间序列中的分形特征由以下两个方面原因构成：一方面是序列的小幅波动和大幅波动中存在的长期相关性，另一方面是序列本身存在的"尖峰厚尾"分布。为了研究欧盟碳排放权交易市场和国内三个碳排放权交易市场的多重分形特征的原因，本书对数据进行随机重排和相位随机化处理。随机重排可使重排后的序列与原序列有相同概率分布，但时间序列的长程相关性被破坏。相位随机化处理则使得该序列的概率分布近似高斯分布，但序列的长程相关性没有改变。

表 8-7 列出了欧盟碳排放权交易市场、湖北碳排放权交易市场、深圳碳排放权交易市场和广东碳排放权交易市场收益率序列的原始序列和随机重排、相位随机化处理后收益率序列的传统 Hurst 指数和奇异指数最值之差以及变化率。从表中可以看出，不论是欧盟还是国内市场，其原始序列的重排序列和替代序列的广义 Hurst 指数的波幅均小于原始序列，这说明多重分形特征确实主要由"尖峰厚尾"分布和长程相关性导致的。

进一步，对时间序列广义 Hurst 指数随着 q 的变化幅度和多重分形谱宽进行统计可以看出，欧盟 EUA 市场第一阶段、湖北和深圳碳排放权交易市场的重排序列 Δh 和 Δa 下降的幅度相比替代序列更大，这说明在欧盟市场和深圳、湖北碳排放权交易市场上，长程相关性是导致价格波动呈现多重分形特征的主要原因。而在 EUA 市场发展的第二、第三阶段上，收益率呈现多重分形特征的原因是时间序列的"尖峰厚尾"分布。对于广东碳排放权交易市场价格波动具有多重分形特征同时受到两种因素的影响。

表 8-7 四个市场随机重排和替代后 Hurst 指数和奇异指数的变化

市场	ΔH 原始序列	重排序列	替代序列	$\Delta \alpha$ 原始序列	重排序列	替代序列
EUA1	1.1166	0.2542 (77%)	0.4409 (61%)	1.2202	0.3376 (72%)	0.5252 (57%)
EUA2	0.4561	0.3310 (27%)	0.3214 (30%)	0.5513	0.4343 (21%)	0.4040 (27%)
EUA3	0.4763	0.4490 (6%)	0.1819 (62%)	0.5704	0.5511 (3%)	0.2572 (55%)
HBEA	0.8039	0.5008 (38%)	0.5702 (29%)	0.9065	0.5982 (34%)	0.6835 (25%)
SZA	0.9450	0.4082 (57%)	0.6079 (36%)	1.0569	0.5053 (52%)	0.7029 (33%)
GDEA	0.8041	0.4076 (49%)	0.3959 (51%)	0.9058	0.4956 (45%)	0.4894 (46%)

第六节 研究结论

本章研究结论如下：

（1）根据对国内外市场上碳价格波动的长记忆性特征进行研究可以发现，欧盟碳排放权交易市场发展的第一阶段和国内三个区域碳排放权交易市场的价格波动均具有长记忆性，表现出逆持续性即均值回复过程。欧盟 EUA 市场的第二、第三阶段市场价格波动的长记忆性特征较弱，市场价格的走势更接近于随机游走过程。对比国内外碳排放权交易市场的波动情况可知欧盟碳排放权交易市场的价格波动中小幅波动占据主导，并且呈现出持续性，整体的波动具有随机游走的特性。而国内碳排放权交易市场中大幅波动占据主导，市场表现出明显的均值回归特征，市场波动性较剧烈。这反映了我国碳排放权交易市场噪声交易者较多，市场对信息的反应较强。由于我国碳排放权交易市场建立较晚，国内没有统一的碳排放权交易市场，从而缺乏综合的健全的统一管理和标准，并且市场的涵盖范围不够全面，参与者大多以投机者的身份参与其中，市场中存在较多的个人交易者，使得我国碳价格的走势无法充分反映碳排放权的供求特征。

（2）通过分析欧盟和国内碳价格波动的多重分形特征可知，随着欧盟碳排放权交易市场的发展其市场多重分形特征逐渐变弱，市场价格的波动对信息的反应逐渐减弱，说明欧盟碳排放权交易市场逐渐体现出市场有效性，该市场逐渐从不成熟走向成熟，现阶段市场上价格的走势已较充分反映了市场上的信息。另外，相比欧盟的情况，国内碳排放权交易市场的分形程度虽小于欧盟碳排放权交易市场第一阶段，但几乎是其二、其三阶段市场分形程度的两倍，即国内碳排放权交易市场价格的波动性较欧盟发展的第一阶段较弱，意味着国内碳排放权交易市场的流动性强于欧盟碳排放权交易市场建设的初期阶段，但是仍然比其二、其三阶段欧盟碳排放权交易市场的建设较差，市场的波动性较强，市场风险较大。由此可以看到我国碳排放权交易市场的建设尚不成熟，与欧盟碳排放权交易市场这样成熟的市场之间还有较大差距。

目前我国碳排放权交易市场上还存在较高的系统性风险，一方面，需要我国通过不断完善国内碳排放权交易市场运行制度和法律法规，改善国内投资环境来逐渐降低；另一方面，我国需要建立健全的风险识别、评估、测量、监控和风险应对的风险管理体系，实时把握市场风险状况，防患于未然。

（3）市场价格波动的非对称性反映了市场上价格的走势对利好和利空信息的反应。关于非对称性，本书得出的结论与杨翱（2014）有所不同，虽然欧盟 EUA 市场在初期试行阶段时碳价格的波动对利空信息的反应较大，但是随着市场的不断完善，节能减排逐渐成为全球共同努力目标，市场的流动性加强，市场投资者对碳排放权交易的信心也逐渐增强，因此即使"欧债危机"使欧洲经济萎靡，碳排放需求减少，或者石油暴跌致使碳价格下跌，市场仍然保持乐观，市场价格的走势对利好消息反应较敏感。国内碳排放权交易市场的非对称性则反应出对利空消息的反应更加强烈，这是由于国内碳排放权交易市场是允许个人交易者进入市场进行买卖的，国内市场上进行投机交易的参与者较多。

为了完善国内碳排放权交易市场的建设，金融教育是至关重要的一步，市场不成熟的一部分原因是市场参与者的不成熟。应大力推进金融教育，提倡理性投资，必须使参与者明白建立碳排放权交易市场的目的是节能减排、降低碳排放较大企业的节能减排成本，而非用于投机套利。我国缺少碳金融方面的衍生金融产品，虽然现在国内区域碳排放权交易市场都在积极进行碳金融创新，湖北和上海碳排放交易中心已推出配额远期交易，但是，期货、期权这类作为套期保值常用的工具在国内并没有推出。期货不仅具有价格发现功能，碳交易金融衍生品的推出，有利于提高碳排放市场的流动性，对于降低碳交易风险，稳定碳价格的波动更是意义重大。

（4）本书在分析市场的多重分形特征后研究了该特征的缘由，发现国内外碳价格波动呈现多重分形特征是因为受到碳价格序列"尖峰厚尾"分布和时间序列之间的相关性的影响。其中欧盟碳排放权交易市场第一阶段和湖北、深圳碳排放权交易市场受"尖峰厚尾"分布的影响较大，其他几个碳排放权交易市场价格呈现多重分形特征的原因则主要是时间序列之间的相关性。

第七节　本章小结

本章运用 MF-DFA 法及其拓展方法研究检验欧盟和我国碳排放权交易市场波动性特征，分析比较欧盟碳排放权交易市场发展的三个阶段、湖北碳排放权交易市场、深圳碳排放权交易市场和广东碳排放权交易市场的长记忆性特征、多重分形特征和非对称性，对我国碳排放权交易市场发展阶段进行了判定。

第九章　我国碳排放权交易市场建设与风险管理对策与建议

我国碳交易市场是政府主导下以总量控制为目标、配额分配为方式的碳排放权交易市场。政府引导的合理性与政策制度的稳健有效性在保证碳排放权交易市场健康运行的过程中是不可或缺的。此外，在建设全国统一碳排放权交易市场的进程中，结合不同碳排放权交易市场的配额管理制度，制定有效的碳排放权交易市场政策，解决市场中存在的区域与行业差异所带来的问题进而改变企业对碳交易的态度，提高企业积极性，进而带动整个市场的情绪，对碳排放权交易市场的价格发现产生促进作用，进而引导政府合理制定碳排放交易体系的企业覆盖范围、配额供给与发放、抵消机制设定等关键制度。

第一节　我国统一碳排放权交易市场应具备的特征与功能

一　统一碳排放权交易市场应具备的特征

统一碳排放权交易市场指的是结束分割式的碳排放权交易试点市场，将碳排放权交易市场建设成一个交易高度统一、集中的市场。这种统一性具体表现为拥有统一的注册平台、配额分配方法、履约规则、第三方核查机构、对交易参与者的资质要求以及监管规则等。只有实现了一体化碳排放权交易市场，才能充分发挥出碳价序列波动信号提供的引导作用。对于高度一体化的碳排放权交易市场，应该具有下述三点具体特征：（1）公平性。在交易制度、价格制定以及管理处罚规定等方面实现全国统一，能够大大减少地区差异，尤其是地方保护主义，真正实现增强碳排放权交易市场交易透明度及参与者公平。（2）经济性。形成一体化的碳排放权交易市场意味着降低交易成本，吸引企业、机构参与到市场交易当中，即提高市场参与度，形成市场规模化效应。（3）有效性。一体化的碳排放权交易市场拥有统一碳价信号，市场参与者可以根据对价格序列的正确分析，合理地规避市场风险。与此同时，碳泄漏风险也会被消除，这是因为在我国采用的试点交易体系中，一些企业会采取一些特殊手段（包括合法与不合法手段），逃避被纳入碳排放权交易体系之中。

二　统一碳排放权交易市场的高度金融化

为提高我国碳排放权交易市场的活跃度，相关机构应当推出多种碳金融衍生产品，以实现我国高度金融化的碳排放权交易市场，其重要作用有：增加市场投资者的参与积极度，使更多的机构投资者加入碳交易体系中来，进而提高市场流动性并扩大市场交易规模；对冲风险，达到降低市场风险的目的；规划市场资金配置，使资金能够更多地流向低碳及节能减排产业；帮助形成未来碳价，以此来引导对碳排放权交易市场的价格预期。

三　统一碳排放权交易市场的国际化

国际化的碳排放权交易市场具体表现在同国际碳排放权交易市场构成多层次、全方位的连接和建立在国际碳排放权交易市场上有权威性的碳价格。这种国际化具体表现为下述三点：（1）促进有关绿色金融的国际合作。碳交易是绿色金融交易的重要环节，实现我国碳排放权交易市场的国际化能够成为大力推进中国同世界各国达成绿色金融合作的重要桥梁。（2）深入参与全球气候治理。碳排放权交易市场是实现全球气候治理的重要部分，其国际化程度的高低决定了该市场影响力的大小。在我国碳排放权交易市场国际化程度逐渐提高的过程中，中国参与全球气候治理的地位也将不断提高。（3）形成具有权威性的中国碳价。当建立出全国统一的碳排放权交易市场，我国碳排放权交易市场潜在的大型碳规模将得以释放，拥有权威碳价也指日可待。

第二节　发挥统一碳排放权交易市场功能的对策

一　大力发展环保技术

在居民的绿色消费选择支持环保技术发展的同时，企业生产对环保技术提高的要求更高。从上文实证结果的脉冲响应图中可以看出，环保技术的提高是唯一一种既能提高产出又能减少碳排放、改善环境质量、提高居民效用的减排方法。环保技术的提高不仅不会减少产出，相反能帮助企业扩大生产规模，通过增加就业、消费和投资，我们可以改善环境质量，同时刺激宏观经济，是实现"双赢"的最佳方法。美中不足的是环保技术短期能够带来的环境改善效果持续期很短，它需要大量的研究开发投入，并且及时更新技术，但长期来看，随着环保技术的成熟应用，会给企业以及人类生产生活带来极大的改善。环保技术的发展不仅顺应时代发展潮流，而且是一项长期可持续获得积极回报的绝佳举措，因此企业应该忽略短期内的不适，响应国家的号召，大力发展环保技术，加速环保技术的成熟，使之可以尽早应用于生产生活，通过锁定生产成本来锁定减排成本，使污染、碳排放等老大难问题早日得到解决。

二　灵活碳税定价机制

政府一方面应该大力支持绿色环保技术发展，稳定生产、改善生活；另一方面考虑到短期内环保技术的发展还不能达到理想的水平，这时政府的举措极其重要，政府应加大治污减排方面的投资力度。考虑到政府的职能繁多，如果在环境方面的投资过多，可能会导致厚此薄彼、财政赤字等情况发生，因此政府应该合理针对碳排放等污染源征收碳税，然后专款专用，将征收碳税的政府收入专门用于解决污染、碳排放等环境问题。合理征收碳税这一举措，不仅在有限范围内贯彻了公平的理念，对损害大众利益的群体实施"惩罚"，而且将碳税收入应用于解决环境问题，取之于民、用之于民，其最终目标还是减少污染、减少温室气体排放、改善环境质量、最大化居民效用。而且，政府碳税在具有强制性的同时，也具有合理性，当环保技术的发展成熟起来时，碳排放等环境污染得到内部解决，其所需缴纳的碳税也就相应减少，由于最根本的环境质量得到了改善，社会群体的效用并不会因此减少，反而由于技术的成熟会进一步提高，此时就实现了前辈所说的"双重红利"。

三　完善碳衍生品交易机制

以上实证结果显示，碳期货价格带来的反应最为强烈，且响应的持续期也最长，这说明碳期货对各内生变量作用效果最好的同时，也揭示了各交易市场之间独特的隐性的灵敏的联动效应。一方面，碳期货价格的上涨导致企业减排成本的提高，间接降低企业利润，降低企业生产规模,部分居民失业;另一方面,企业缩减规模,减少生产,确实实现了碳排放量的减少、环境质量的改善。之后,对碳期货需求量的减少会拉低碳期货价格,这会使企业生产成本降低,企业又会增加生产,扩大规模,而碳排放量又会增加。如此循环往复,最终达到企业利润最大化和环境质量最优化的均衡水平。因此,碳衍生品的创新与交易是减排的一大利器,合理运用可能达到减排与经济发展的均衡。所以我们应重点关注碳期货、碳期权等碳衍生品,完善碳衍生品市场的交易机制,减少投机套利者的不利行为,使得碳衍生品价格能合理反映碳交易市场的信息、公告,为进一步完善碳排放权交易市场交易机制、寻找经济增长与环保减排的平衡点做出贡献。

四 加强市场主体建设与产品创新

(一) 扩大碳排放权交易市场主体界定范围

对碳排放权交易市场不断地进行建设与创新,能够刺激市场交易,进而提高效率,使得市场运行更加有效。但是,由于各个市场独立运行,没有采用相同的标准,进而各碳排放权交易市场的行业覆盖范围与企业纳入数量各不相同但却都普遍较少,因此在借鉴试点运行的经验后,在建立全国碳排放权交易市场的进程中,只有电力系统能够满足统一市场的要求。但是仅有一个市场加入统一市场中,不能代表所有行业在碳排放权交易市场中的表现,若碳排放权交易市场中出现供需失衡,会导致碳交易价格变动,不利于市场的稳健运行。因此,我国统一碳排放权交易市场在初始阶段应降低入市的门槛,扩大行业覆盖范围,将电力、钢铁、有色、水泥、化工等具有高排放、高耗能等特点的重点企业强制纳入,这样能够有助于全国碳排放权交易市场在起步阶段顺利运行,然后随着碳排放权交易市场逐渐成熟,再逐步纳入其他具有较高排放的企业。以此来扩大碳排放权交易市场实际需求,激发碳排放权交易市场发展潜力,为稳定碳价格长期走势提供支持。此外,应鼓励各类市场主体进入碳排放权交易市场,如金融机构、碳资产管理公司、境外投资者等,从而拓展我国碳排放权交易市场的深度和广度,最终提高碳排放权交易市场的运行效率。

(二) 加快碳排放权交易市场金融产品创新

目前,我国各试点碳排放权交易市场主要进行的是碳配额现货产品的交易,与国际上成熟的碳排放权交易市场相比,交易品种比较单一,无法满足市场交易主体多样化的需求，这不利于碳排放权交易市场中定价功能的发挥，而碳金融产品设计的初衷在于实现产品定价功能，防范市场风险。因此，在全国统一碳排放权交易市场的建设阶段，需要政府积极推动碳金融体系建设，挖掘市场所需的产品和业务模式，深化碳排放权交易市场金融化水平，有序发展碳金融衍生品市场。即需投资机构创造并丰富碳金融市场的交易产品，在创造碳排放权交易市场交易产品时可以参考证券市场中的期货、期权、远期产品等，也可以加入债券等，进而满足不同参与者对碳排放权交易市场的需求，同时加快碳回购、碳基金与碳债券等多种模式的有序推进。这样可以为控排企业与投资者提供更加灵活的套期保值工具，激发市场参与者的投资积极性，从而促进碳排放权交易市场的流动性，最终推动碳排放权交易市场的健康可持续发展。

第三节　统一碳排放权交易市场风险防控对策

一　建立市场信息透明制度

从各碳交易试点市场的运行过程中，可以看出我国碳排放权交易市场交易信息的透明度比较低，表现为各试点市场在公布关于配额分配方面的信息时，仅公布了一些基本原则及方法，而较多的细节尚未进行公布，这会使市场中的碳交易主体怀疑碳配额分配的公平性，导致各控排企业对碳交易市场产生排斥情绪，从而导致市场交易低迷，不利于碳交易市场的健康发展。因此，建立一个全国性的、具有统一制度的、具有完善交易机制的碳排放权交易市场势在必行。为了建成这样一个市场，首先，政府相关部门要对配额计算和分配过程的有效信息进行充分公开，完善配额分配过程的信息披露，进而提升公信力，调动控排企业参与碳交易的积极性。其次，主管部门要规范交易流程，严格监管各交易主体和服务主体的行为，构建统一、公开、透明的碳交易环境，以便使碳排放权交易市场的投资者获得更多的信息，为决策提供参考，降低由于信息不对称造成的不确定性，这不仅能够增强市场的活跃度，也有利于市场实现减排目标，促进市场健康发展。最后，要充分合理界定政府和市场的角色，本质上虽然碳排放交易机制是政府创造的环境政策工具，但在未来的碳排放权交易市场发展过程中，必须降低政府对市场的直接干预力度，使碳交易能够在市场中充分发挥资源配置的作用。

二　健全市场风险管控体系

碳排放权价格会受到经济发展、能源价格、温度气候等多种因素的影响，而碳排放权交易市场配额管理政策的公告更是会引起市场价格的涨跌，当价格出现暴涨暴跌时均不利于市场减排任务与价格发现功能的实现。具体来讲，合理的碳交易价格能够体现出市场制度设计的好坏，是实现绿色经济发展的前提，而市场的价格发现功能对市场的流动性又存在较强影响，当市场流动性较弱时，市场的运行效率较低，市场供求的相互作用就不能够形成有效的价格信号，进而无法有效引导和改变企业的决策和投资行为，最终无法实现碳排放权交易市场的减排目标。因此，需建立有效的价格机制并健全风险管控体系，通过在碳排放权交易市场设定一个浮动的价格指导区间，避免各区域碳排放权交易市场的价格出现异常波动，从而提高市场流动性与成熟度，防范碳排放权交易市场可能存在的金融风险。

三　合理制定法律政策与配额分配制度

（一）制定稳定规范的法律政策

碳排放权交易市场不同于一般商品与金融市场，由于碳排放权的稀缺性与政策性使碳排放权交易市场面临很大的政策变动风险。一方面，政府作为强制公信力的代表，体现在各碳试点市场相关的政策如碳交易市场机制、配额供给与分配模式等制度均由政府制定，这可以决定碳排放权交易市场中的配额与核证减排量等资产的供需数量，进而直接影响到碳排放权价格；另一方面，中国目前的碳排放权交易市场在建设过程中体现出"政策先行，法律滞后"的特点。政策所具有的法律约束力远远低于正式法规的约束力，无法规范市场参与主体的交易行为。并且市场中尚未制定统一的市场规则与技术标准，这会使市场交易主体面临政策稳定性方面的问题，使碳排放权交易市场价格预期风险性大，进而使各区域碳排放权交易市场的配额产品表现出量价不一致的现象。因此需要政府建立长效稳定的碳排放权交易市场制度体系，加快出台相关法律政策，使碳排放权交易市场有法可依。并且法律需要对碳排放权交易市场的各个环节进行规范，使法律与目前市场中存在的行政性以及地方性法规实现有效链接，进而建立一套法律层次分明与制度连续完整的法律政策体系，最终保证全国统一碳排放权交易市场的有效运行。

（二）统一配额分配标准

由于各碳交易试点地区的碳排放权交易市场发展较为独立，因此各碳排放权交易市场在配额分配以及覆盖范围等方面存在着较大的差异，再加上碳排放权交易市场的信息透明度低等问题，严重影响了市场价格的信息传导功能。因此在全国统一碳排放交易市场的未来建设中，建立系统、完善、合理、公平、有效的相关交易机制成为整个碳排放权交易系统的关键。在这个交易系统中，还需要各个市场提供真实准确的数据来配合。具体来说，在配额分配方案设计方面，政策制定者要综合考虑各地区的经济水平与能源消耗、行业发展与减排技术水平的差异等因素，使配额分配的方案能够做到合理、公平以及公正，从而有效调节碳配额的供给与需求量，使减排企业能够真正完成减排目标，促使我国碳排放权交易市场形成合理且统一的碳交易价格。在配额分配模式方面，应尽量结合多种分配方法，如果过度依赖以历史法为基础的配额发放，将会造成市场中的配额供给量过大，造成供需失衡，无法保证碳交易价格的稳定。因此对于不同地区的企业，应选择相应的方法，这样能够减轻企业的减排压力。此外，碳排放权交易市场应合理调整免费分配与有偿分配间的比例，根据市场的交易情况适当降低免费分配所占的比例，从而防止减排企业因免费配额获取量太多而间接获得额外收益。

第四节　碳排放权交易试点市场风险防控与结构管理对策

一　碳排放权交易试点市场风险防控对策

已有研究表明，我国碳排放权交易试点市场间不存在价格和波动联动关系，因此，对于已有试点市场的风险防控主要着重于试点市场各自的风险防控。由于各个试点的运行与其所在区域经济社会发展密切关联，因此，应对各个试点市场局部风险进行差异化考量。根据对试点各个经济、市场变量互动关系的研究，评估各个市场风险程度，抓住各个试点市场的关键风险要素，由各个试点市场开展风险防控。本书将根据试点市场风险评估与风险要素结论，提出我国现有碳排放权交易试点市场风险防控对策。

二　碳排放权交易试点市场结构管理对策

我国碳排放权交易市场发展良莠不齐，从市场发展状况来看，可以明显分为四个层次，具有较好成熟度、中等成熟度、交易数量极少的以及没有交易的市场。显然，在我国统一碳排放权交易市场启动在即的历史时间，在未来的一段时间内，如何界定试点市场与统一碳排放权交易市场的角色和功能，如何对已有的试点市场进行结构管理，使其能够在不损伤统一碳排放权交易市场功能的前提下，形成良好的发展秩序，或退出或整合，这是摆在我们面前的十分棘手和艰巨的任务。

因此，我们建议在以下三个方面开展已有碳排放权交易试点市场结构优化。第一，继续发挥广东、湖北、北京、深圳等地试点市场的功能，将业务逐渐向统一碳排放权交易市场转移，统一碳排放权交易市场最终各自退出试点市场。这些试点市场已经在各自的领域对区域碳减排发挥了重要作用，有些试点继续发挥新型制度试验市场，观测制度实施效果，研究制度实施强度与效果之间的关系，为统一碳排放权交易市场推行新机制和制度提供试验区功能。目前，有些试点已经推出了碳期货等衍生工具，可以继续发挥其试点市场作用，逐步试验碳衍生工具，为统一碳排放权交易市场推出衍生金融工具积累经验。第二，对于处于中间发展态势的试点市场，可以依据其市场发展状况，结合所在地区经济发展情态，评估试点市场碳减排功能与金融功能，分析其发展潜力和对统一碳排放权交易市场建设中的作用，采取退出市场或者合并的对策。市场合并可以集中多个市场分散的发展力量，整合资源，进一步发挥其应有功能。第三，当前仍有尚未启动的试点市场，可以根据实际需要和具体情况采取终止建设的对策，及时将资源汇集于统一碳排放权交易市场。

因此，总的来说，我国碳排放权交易试点市场进一步发展仍需全盘规划和战略考虑，定位好近期和远期试点市场和统一市场的角色，规划试点市场到统一市场过渡的时间表和具体战略步骤，防止用力过猛带来的市场震荡，适时果断进行合并，进一步促进统一碳排放权交易市场的发展。

第五节　本章小结

　　本章对我国碳排放权交易统一和试点市场的管理对策进行了研究。首先，研究了我国统一碳排放权交易市场应具有特征与功能，提出了发挥其功能的对策，并提出建立市场信息透明制度等风险防控对策。其次，主要研究了我国碳排放权交易试点市场在统一市场建立和启动在即的情况下，进一步开展结构优化整合的发展和管理对策。

参考文献

安丽、赵国杰：《电力行业二氧化碳排放指标分配模式仿真》，《西安电子科技大学学报》（社会科学版）2008年。

安翔：《基于QRNN-EVT的国际碳期货市场风险度量研究》，博士学位论文，合肥工业大学，2016年。

蔡栋梁、闫懿、程树磊：《碳排放补贴、碳税对环境质量的影响研究》，《中国人口·资源与环境》2019年第11期。

蔡念、胡匡祜、李淑宇、苏万芳：《小波神经网络及其应用》，《中国体视学与图像分析》2001年第4期。

柴尚蕾、周鹏：《基于非参数Copula-CVaR模型的碳金融市场集成风险测度》，《中国管理科学》2019年第8期。

陈磊：《股指期货交易量对收益率和波动率的影响研究——2015股灾背景下的实证检验》，《第十九届中国管理科学学术年会论文集》，中国优选法统筹法与经济数学研究会、南京信息工程大学、中国科学院科技战略咨询研究院、《中国管理科学》编辑部、中国优选法统筹法与经济数学研究会，2017年。

陈柳卉、邢天才：《我国八家碳排放交易市场价格波动性分析》，《重庆社会科学》2019年第4期。

陈露、周健、谢琳：《中国机构投资者与市场稳定性研究》，《上海金融》2011年第12期。

陈鹏、郑曼娴：《国际大宗商品价格波动多重分形特征及传导效应研究》，《价格理论与实践》2018年第10期。

陈声利、关涛、李一军：《基于跳跃、好坏波动率与百度指数的股指期货波动率预测》，《系统工程理论与实践》2018年第38期。

陈声利、李一军、关涛：《基于四次幂差修正HAR模型的股指期货波动率预测》，《中国管理科学》2018年第2期。

陈思霖、李庭辉、徐文莹：《经济增长波动分解及其影响因素研究》，《经济统计学》（季刊）2017 年第 2 期。

陈伟、宋维明：《国际主要碳交易市场价格形成机制及其借鉴》，《价格理论与实践》2014 年第 1 期。

陈文颖、吴宗鑫：《碳排放权分配与碳排放权交易》，《清华大学学报》（自然科学版）1998 年第 12 期。

陈欣、刘明、刘延：《碳交易价格的驱动因素与结构性断点——基于中国七个碳交易试点的实证研究》，《经济问题》2016 年第 11 期。

程杰、武拉平：《我国主要粮食作物生产波动周期研究：1949—2006 年》，《农业技术经济》2007 年第 5 期。

程永宏、桂云苗、张云丰：《碳税政策对企业生产与减排投资决策的影响研究》，《生态经济》2017 年第 7 期。

崔焕影、窦祥胜：《基于 EMD-GA-BP 与 EMD-PSO-LSSVM 的中国碳市场价格预测》，《运筹与管理》2018 年第 7 期。

戴中川：《基于 HAR-RV 模型对我国沪深 300 指数的波动率研究》，《现代商业》2018 年第 36 期。

邓斌、蒋昌波、李志威、刘晓建：《基于 EEMD-HHT 的近岸冲流带波浪非线性波动特征分析》，《振动与冲击》2018 年第 21 期。

邓拥军、王伟、钱成春等：《EMD 方法及 Hilbert 变换中边界问题的处理》，《科学通报》2001 年第 3 期。

丁明、王磊、毕锐：《基于改进 BP 神经网络的光伏发电系统输出功率短期预测模型》，《电力系统保护与控制》2012 年第 11 期。

丁洋：《基于 GEN 方法的国内碳价格的影响因素研究——以深圳排放权交易所的碳配额价格为例》，《时代金融》2015 年第 12 期。

董安正、赵国藩：《人工神经网络在短期资料风速估计方面的应用》，《工程力学》2003 年第 5 期。

董进：《宏观经济波动周期的测度》，《经济研究》2006 年第 7 期。

杜莉、孙兆东、汪蓉：《中国区域碳金融交易价格及市场风险分析》，《武汉大学学报》（哲学社会科学版）2015 年第 2 期。

杜灵：《我国碳排放权交易试点经验及工作启示》，《再生资源与循环经济》2019 年第 10 期。

杜婷：《中国经济周期波动的典型事实》，《世界经济》2007 年第

4 期。

范映君：《基于 DSGE 模型的碳排放约束对中国经济增长影响的效应测度》，博士学位论文，山西财经大学，2019 年。

凤振华、魏一鸣：《欧盟碳市场系统风险和预期收益的实证研究》，《管理学报》2011 年第 3 期。

凤振华：《碳市场复杂系统价格波动机制与风险管理研究》，博士学位论文，中国科学技术大学，2012 年。

高帆：《我国粮食生产的波动性及增长趋势：基于 H-P 滤波法的实证研究》，《经济学家》2009 年第 5 期。

高令：《碳金融交易风险形成的原因与管控研究——以欧盟为例》，《宏观经济研究》2018 年第 2 期。

高轩：《中国碳交易市场发展趋势分析》，《榆林学院学报》2020 年第 2 期。

高玉明、张仁津：《基于遗传算法和 BP 神经网络的房价预测分析》，《计算机工程》2014 年第 4 期。

高志宏：《公平视角下的欧盟航空碳排放税研究》，《东方法学》2018 年第 4 期。

龚旭、文凤华、黄创霞、杨晓光：《HAR-RV-EMD-J 模型及其对金融资产波动率的预测研究》，《管理评论》2017 年第 1 期。

谷均怡：《欧盟 EUA 期货价格变动原因及影响因素的多元回归分析》，《财经界》（学术版）2016 年第 15 期。

谷秀娟：《金融风险管理，理论、技术与应用》，立信会计出版社 2006 年版。

关涛：《基于四次幂差修正 HAR 模型的股指期货波动率预测》，《中国管理科学》2018 年第 1 期。

郭文军：《中国区域碳排放权价格影响因素的研究——基于自适应 Lasso 方法》，《中国人口·资源与环境》2015 年第 1 期。

郭文伟、钟明：《基于 Vine Copula 的中国股市风格资产相依结构特征及组合风险测度研究》，《管理评论》2013 年第 11 期。

郭喜平、王立东：《经验模态分解（EMD）新算法及应用》，《噪声与振动控制》2008 年第 5 期。

韩晨宇、王一鸣：《中国股票市场波动率的多重分形分析与实证》，

《统计与决策》2020 年第 1 期。

韩国栋：《碳税和碳排放权交易的比较及选择》，《质量与认证》2017 年第 4 期。

韩力群：《人工神经网络理论、设计及应用》，化学工业出版社 2002 年版。

韩晓宇：《电力消费与经济增长的协整与周期关系分析——以山东省为例》，《现代工业经济和信息化》2018 年第 12 期。

郝海然：《欧盟碳关税的国际、国内层面应对机制研究》，《中共南京市委党校学报》2018 年第 4 期。

何梦舒：《我国碳排放权初始分配研究——基于金融工程视角的分析》，《管理世界》2011 年第 11 期。

何姗姗：《基于多重分形理论的中国股票市场波动分析与预测》，博士学位论文，南京理工大学，2018 年。

何正友、钱清泉：《多分辨信息熵的计算及在故障检测中的应用》，《电力自动化设备》2001 年第 5 期。

贺电：《大型风电场短期功率预测研究》，博士学位论文，北京交通大学，2011 年。

胡贝贝：《基于多因素的国际碳市场价格预测研究》，博士学位论文，合肥工业大学，2017 年。

胡根华、吴恒煜、周葵、马晓青：《政策导向、市场开放与跳跃行为：基于我国区域性碳排放交易市场的研究》，《系统工程》2017 年第 10 期。

胡寒桥、谭凯旋、吕俊文、刘栋、李春光：《铀尾矿氡析出率的 Hurst 指数与分形特征》，《南华大学学报》（自然科学版）2010 年第 4 期。

华仁海、仲伟俊：《对我国期货市场量价关系的实证分析》，《数量经济技术经济研究》2002 年第 6 期。

华欣、安园园：《欧盟碳期货与现货价格引导关系及启示》，《生态经济》2019 年第 7 期。

黄冬冬：《基于小波理论的股票价格指数分析与预测》，《价格月刊》2011 年第 5 期。

黄晓凤、王廷惠、程玉仙：《国际股票、外汇及原油市场对 CER 市场的波动溢出效应》，《系统工程》2015年第5期。

季应波：《全球二氧化碳排放及其减控技术的综合述评》，《全球科技经济瞭望》2000年第3期。

靳萌：《碳排放权价格影响因素及波动研究》，博士学位论文，天津大学，2018年。

李彬：《国际市场原油价格的非线性组合预测研究》，博士学位论文，天津大学，2006年。

李菲菲、江浩、许正松：《我国试点地区碳排放权交易价格波动特征——基于GARCH族模型和在险值VaR的分析》，《金陵科技学院学报》（社会科学版）2019年第3期。

李森升：《基于改进的历史基准线混合法的区域碳交易初始配额分配方法》，《安阳师范学院学报》2017年第6期。

李胜歌、张世英：《"已实现"双幂次变差与多幂次变差的有效性分析》，《系统工程学报》2007年第3期。

李胜歌、张世英：《高频金融数据的两种波动率计算方法比较》，《系统管理学报》2007年第4期。

李胜歌、张世英：《金融高频数据的最优抽样频率研究》，《管理学报》2008年第6期。

李向阳：《动态随机一般均衡（DSGE）模型理论、方法和Dynare实践》，清华大学出版社2018年版。

李晓峰、刘光中：《人工神经网络BP算法的改进及其应用》，《四川大学学报》（工程科学版）2000年第2期。

李亚春：《碳排放权交易市场对电力行业发展的影响》，《财经界》（学术版）2019年第13期。

李晏、刘伟平：《欧盟碳期货市场EUA和CER期货价格关系分析》，《台湾农业探索》2017年第6期。

李瑶瑶、朱道林、赵江萌、杜挺：《政府短期干预行为对住宅地价周期波动的影响》，《资源科学》2019年第6期。

李优树、张坤：《征收碳税真能减少碳排放？——基于VAR模型的石油价格对碳排放影响的实证检验》，《国土资源科技管理》2017年第2期。

李竹薇、史永东、于森、安辉：《中国股票市场特质波动率异象及成因》,《系统工程》2014 年第 6 期。

联合国:《联合国气候变化框架公约的京都议定书》,1997 年。

梁敬丽:《欧盟碳排放权市场行为特征与价格预测研究》,博士学位论文,暨南大学,2016 年。

廖筠、杨丹丹、胡伟娟:《环境规制是否影响了碳排放权交易价格?——以天津市碳排放交易所为例》,《天津财经大学学报》2019 年第 2 期。

林近山、窦春红、赵光胜、尹建华:《基于傅里叶分解方法的风电齿轮箱故障诊断》,《机械传动》2018 年第 11 期。

刘承智、潘爱玲、谢涤宇:《我国碳排放权交易市场价格波动问题探讨》,《价格理论与实践》2014 年第 8 期。

刘晖:《中国碳金融交易市场价格波动风险测度研究》,博士学位论文,华北电力大学,2019 年。

刘慧婷、张旻、程家兴:《基于多项式拟合算法的 EMD 端点问题的处理》,《计算机工程与应用》2004 年第 16 期。

刘金全、刘志刚:《我国 GDP 增长率序列中趋势成分和周期成分的分解》,《数量经济技术经济研究》2004 年第 5 期。

刘静:《欧盟碳排放市场分形特征研究》,博士学位论文,北方工业大学,2015 年。

刘静、王晨曦:《基于滑动窗 DFA 分析法的碳市场有效性研究》,《绿色科技》2014 年第 10 期。

刘清清、杨江天、尹子栋:《基于双树复小波分解的风机齿轮箱故障诊断》,《北京交通大学学报》2018 年第 4 期。

刘威仪、孙便霞、王明进:《基于日度低频价格的波动率预测》,《管理科学学报》2016 年第 1 期。

刘小小:《碳排放权价格的影响因素分析》,博士学位论文,杭州电子科技大学,2015 年。

刘晓倩、王健、吴广:《基于高频数据 HAR-CVX 模型的沪深 300 指数的预测研究》,《中国管理科学》2017 年第 6 期。

刘晏玲、胡芬、付恩成:《基于小波分析的中国人均 GDP 分析与预测》,《长江大学学报》(自然科学版)2008 年第 1 期。

卢娜、王为东、王淼、张财经、陆华良:《突破性低碳技术创新与碳排放：直接影响与空间溢出》，《中国人口·资源与环境》2019 年第 5 期。

鲁炜、崔丽琴：《可交易排污权初始分配模式分析》，《中国环境管理》2003 年第 5 期。

鹿天宇、都莱娜、张雪伍：《基于时间序列与 PCA-BP 组合模型的股价变化趋势研究》，《农村经济与科技》2019 年第 11 期。

罗忠辉、薛晓宁、王筱珍、吴百海、何真：《小波变换及经验模式分解方法在电机轴承早期故障诊断中的应用》，《中国电机工程学报》2005 年第 14 期。

吕靖烨、杜靖南、沙巴·拉苏尔：《基于 ARIMA 模型的欧盟碳金融市场期货价格预测及启示》，《煤炭经济研究》2019 年第 10 期。

吕靖烨、王腾飞：《我国碳排放权市场价格波动的长期记忆性和杠杆效应研究——以湖北碳排放权交易中心为例》，《价格月刊》2019 年第 10 期。

吕希琛、徐莹莹、徐晓微：《环境规制下制造业企业低碳技术扩散的动力机制——基于小世界网络的仿真研究》，《中国科技论坛》2019 年第 7 期。

吕勇斌、邵律博：《我国碳排放权价格波动特征研究》，《价格理论与实践》2015 年第 12 期。

吕忠梅：《论环境使用权交易制度》，《政法论坛》2000 年第 4 期。

马福玉、余乐安：《基于神经网络的我国猪肉年度消费需求量预测研究》，《系统科学与数学》2013 年第 1 期。

马宇红、强亚蓉、杨梅：《一种基于经验模态分解的时间序列预测方法》，《西北师范大学学报》（自然科学版）2020 年第 1 期。

马长峰、陈志娟：《交易量影响波动率的成因：交易规模还是交易次数?》，《商业经济与管理》2017 年第 9 期。

毛学峰、曾寅初：《基于时间序列分解的生猪价格周期识别》，《中国农村经济》2008 年第 12 期。

孟磊、郭菊娥、郭广涛：《基于延期交割费的我国燃料油期现货价格关系辨析》，《管理评论》2011 年第 6 期。

欧阳亿欣：《碳排放权配额的初始分配机制研究》，《环球市场》2017 年第 4 期。

潘晓滨、史学瀛：《碳排放交易配额初始分配基本规则的构建》，《当代经济》2015 年第 18 期。

彭宇文、邹明星：《碳金融发展对产业结构升级的影响——基于城市群的比较分析》，《企业经济》2019 年第 6 期。

彭紫君：《基于改进果蝇算法优化 GRNN 的碳排放权价格研究》，《中南财经政法大学研究生学报》2018 年第 1 期。

齐绍洲、张振源：《欧盟碳排放权交易、配额分配与可再生能源技术创新》，《世界经济研究》2019 年第 9 期。

齐绍洲、赵鑫、谭秀杰：《基于 EEMD 模型的中国碳市场价格形成机制研究》，《武汉大学学报》（哲学社会科学版）2015 年第 4 期。

祁艳杰、王黎明、杨泽辉、付朝霞：《几种改善 EMD 端点效应方法的比较研究》，《现代电子技术》2013 年第 22 期。

邱鹏、张建德、霍瑛：《基于小波分解与神经网络结合的图像压缩算法》，《电脑知识与技术》2018 年第 26 期。

饶蕾、曾骋、张发林：《欧盟碳排放交易配额分配方式对我国的启示》，《环境保护》2009 年第 9 期。

尚玉皇、郑挺国：《股市波动长期成分与宏观基本面的非线性格兰杰因果检验》，《数理统计与管理》2018 年第 6 期。

沈达：《我国通货膨胀率的波动与组合预测研究》，博士学位论文，首都经济贸易大学，2016 年。

沈艺高：《改进的粒子群 BP 神经网络算法在天气预测中的应用》，《计算机时代》2019 年第 8 期。

石强、杨一文、刘雅凯：《基于 GARCH-MIDAS 模型的宏观经济与股市波动关系》，《计算机工程与应用》2019 年第 15 期。

史永东：《中国证券市场股票收益持久性的经验分析》，《世界经济》2000 年第 11 期。

宋楠：《碳排放权配额市场内外的信息传导联动研究》，博士学位论文，哈尔滨理工大学，2015 年。

苏高利、邓芳萍：《论基于 MATLAB 语言的 BP 神经网络的改进算法》，《科技通报》2003 年第 2 期。

孙泊涯：《Shibor 波动率的影响因素分析》，《西部金融》2018 年第 10 期。

孙春：《中国碳市场与 EU 碳市场价格波动溢出效应研究》，《工业技术经济》2018 年第 3 期。

孙建：《环保政策、技术创新与碳排放强度动态效应——基于三部门 DSGE 模型的模拟分析》，《重庆大学学报》2019 年。

孙建：《环保政策、技术创新与碳排放强度动态效应——基于三部门 DSGE 模型的模拟分析》，《重庆大学学报》（社会科学版）2020 年第 2 期。

孙宁华、江学迪：《能源价格与中国宏观经济：动态模型与校准分析》，《南开经济研究》2012 年第 2 期。

孙祥晟、陈芳芳、贾鉴、陈浩、胡康飞：《基于经验模态分解的神经网络光伏发电预测方法研究》，《电气技术》2019 年第 8 期。

孙作人、吴昊豫：《碳减排约束下的金融摩擦与二元边际——基于内生企业进入的 E-DSGE 模型分析》，《系统工程》2018 年第 9 期。

汤铃、李建平、孙晓蕾、李刚：《基于模态分解的国家风险多尺度特征分析》，《管理评论》2012 年第 8 期。

唐勇、张世英：《高频数据的加权已实现极差波动及其实证分析》，《系统工程》2006 年第 8 期。

唐勇、刘峰涛：《金融市场波动测量方法新进展》，《华南农业大学学报》（社会科学版）2005 年第 1 期。

唐勇、张世英：《已实现波动和已实现极差波动的比较研究》，《系统工程学报》2007 年第 4 期。

万埠磊：《基于结构突变的欧盟碳排放权价格影响因素和风险分析》，博士学位论文，北方工业大学，2014 年。

汪鹏、成贝贝、任松彦等：《碳价格的传导机理及影响研究——以广东碳市场为例》，《生态经济》2017 年第 3 期。

王春峰：《金融市场风险管理》，天津大学出版社 2001 年版。

王道平、杜克锐、鄢哲明：《低碳技术创新有效抑制了碳排放吗？——基于 PSTR 模型的实证分析》，《南京财经大学学报》2018 年第 6 期。

王飞：《发电部门碳排放权交易体系的研究》，《商》2016 年第 20 期。

王科、刘永艳：《2020 年中国碳市场回顾与展望》，《北京理工大学学报》（社会科学版）2020年第2期。

王林立：《国际碳期货交易在险价值研究》，博士学位论文，浙江工商大学，2013年。

王攀：《基于GARCH族模型的碳排放权价格波动特征研究》，博士学位论文，成都理工大学，2018年。

王倩、高翠云：《中国试点碳市场间的溢出效应研究——基于六元VAR—GARCH-BEKK模型与社会网络分析法》，《武汉大学学报》（哲学社会科学版）2016年第6期。

王倩、路京京：《短期利率波动对碳交易价格影响的区域异质性》，《社会科学辑刊》2018年第1期。

王倩、路京京：《人民币汇率对中国碳价的冲击效应——基于区域差异的视角》，《武汉大学学报》（哲学社会科学版）2018年第2期。

王倩、路京京：《中国碳配额价格影响因素的区域性差异》，《浙江学刊》2015年第4期。

王庆龙、刘力臻：《国际碳排放权交易：市场价格对交易规模的门限效应》，《税务与经济》2018年第1期。

王书平、戚超、李立委：《碳税政策、环境质量与经济发展——基于DSGE模型的数值模拟研究》，《中国管理科学》2016年第1期。

王帅：《基于Wavelet/EMD-LSSVR的分解集成预测模型及其在牛奶消费需求预测中的应用》，第五届（2010）中国管理学年会——管理科学与工程分会场论文集，2010年。

王婷：《EMD算法研究及其在信号去噪中的应用》，博士学位论文，哈尔滨工程大学，2010年。

王文举、李峰：《碳排放权初始分配制度的欧盟镜鉴与引申》，《改革》2016年第7期。

王文军、庄贵阳：《碳排放权分配与国际气候谈判中的气候公平诉求》，《外交评论》（外交学院学报）2012年第1期。

王晓芳、王瑞君：《上证综指波动特征及收益率影响因素研究——基于EEMD和VAR模型分析》，《南开经济研究》2012年第6期。

王煦楠：《碳交易价格影响因素分析》，博士学位论文，吉林大学，2016年。

王艳歌：《宏观经济与股票市场波动内在关联性研究》，博士学位论文，武汉大学，2017年。

王莹莹:《中国股票市场 Hurst 指数与多重分形分析》，博士学位论文，华中科技大学，2006年。

王曾:《人力资本、技术进步与 CO_2 排放关系的实证研究——基于中国 1953—2008 年时间序列数据的分析》，《科技进步与对策》2010年第22期。

王陟昀:《碳排放权交易模式比较研究与中国碳排放权市场设计》，博士学位论文，中南大学，2012年。

韦艳华、张世英:《多元 Copula-GARCH 模型及其在金融风险分析上的应用》，《数理统计与管理》2007年第3期。

卫敏、余乐安:《具有最优学习率的 RBF 神经网络及其应用》，《管理科学学报》2012年第4期。

魏立佳、彭妍、刘潇:《碳市场的稳定机制：一项实验经济学研究》，《中国工业经济》2018年第4期。

魏素豪、宗刚:《我国碳排放权市场交易价格波动特征研究》，《价格月刊》2016年第3期。

魏巍贤、杨芳:《技术进步对中国二氧化碳排放的影响》，《统计研究》2010年第7期。

魏宇:《沪深300股指期货的波动率预测模型研究》，《管理科学学报》2010年第2期。

温贝贝:《碳期货市场波动与风险度量研究》，博士学位论文，天津大学，2014年。

文凤华、贾俊艳、晁攸丛、杨晓光:《基于加权已实现极差的中国股市波动特征》，《系统工程》2011年第9期。

文莉、刘正士、葛运建:《小波去噪的几种方法》，《合肥工业大学学报》（自然科学版）2002年第2期。

吴恒煜、夏泽安、聂富强:《引入跳跃和结构转换的中国股市已实现波动率预测研究：基于拓展的 HAR-RV 模型》，《数理统计与管理》2015年第6期。

吴鑫育、马超群、汪寿阳:《随机波动率模型的参数估计及对中国股市的实证》，《系统工程理论与实践》2014年第1期。

武思彤:《中国碳交易价格格影响因素研究》，博士学位论文，吉林大学，2017 年。

　　武晓利：《环保技术、节能减排政策对生态环境质量的动态效应及传导机制研究——基于三部门 DSGE 模型的数值分析》，《中国管理科学》2017 年第 12 期。

　　武晓利：《环保政策、治污努力程度与生态环境质量——基于三部门 DSGE 模型的数值分析》，《财经论丛》2017 年第 4 期。

　　武晓利：《能源价格、环保技术与生态环境质量——基于包含碳排放 DSGE 模型的分析》，《软科学》2017 年第 7 期。

　　夏睿瞳：《我国碳排放权交易市场有效性研究——基于分形市场假说的实证分析》，《中国物价》2018 年第 9 期。

　　肖红叶、程郁泰：《E-DSGE 模型构建及我国碳减排政策效应测度》，《商业经济与管理》2017 年第 7 期。

　　辛姜、赵春艳：《中国碳排放权交易市场波动性分析——基于 MS-VAR 模型》，《软科学》2018 年第 11 期。

　　熊学军、郭炳火、胡筱敏、刘建军：《EMD 方法和 Hilbert 谱分析法的应用与探讨》，《黄渤海海洋》2002 年第 2 期。

　　徐文成、薛建宏、毛彦军：《宏观经济动态性视角下的环境政策选择——基于新凯恩斯 DSGE 模型的分析》，《中国人口·资源与环境》2015 年第 4 期。

　　徐以山、曾碧、尹秀文、卢博生：《基于改进粒子群算法的 BP 神经网络及其应用》，《计算机工程与应用》2009 年第 35 期。

　　徐正国、张世英：《调整"已实现"波动率与 GARCH 及 SV 模型对波动的预测能力的比较研究》，《系统工程》2004 年第 8 期。

　　徐正国、张世英：《高频金融时间序列研究：回顾与展望》，《西北农林科技大学学报》（社会科学版）2005 年第 1 期。

　　徐正国、张世英：《高频时间序列的改进"已实现"波动特性与建模》，《系统工程学报》2005 年第 4 期。

　　许拟：《沪铜价格变化与期货市场定价话语权研究》，《中国软科学》2015 年第 9 期。

　　宣权圣：《基于 HAR 模型的 50ETF 期权推出对市场波动性的影响》，《现代营销》（下旬刊）2019 年第 9 期。

　　薛冰、刘喜华、李聪：《中国债券市场多重分形特征及其成因问题分析》,《青岛大学学报》(自然科学版) 2017 年第 3 期。

闫桂权、何玉成、聂飞:《我国三七价格波动特征与变动规律研究——以云南文山三七为例》,《四川农业大学学报》2018 年第 5 期。

杨翱、刘纪显、吴兴弈:《基于 DSGE 模型的碳减排目标和碳排放政策效应研究》,《资源科学》2014 年第 7 期。

杨翱:《基于 GARCH-EVT-VaR 模型的碳市场风险研究——以欧盟为例》,《海南金融》2014 年第 4 期。

杨宝臣、满佳程、刘传泽:《碳排放权价格的政策效应:我国碳排放试点的经验证据》,《电子科技大学学报》(社会科学版) 2018 年第 1 期。

杨芳:《期货上市对鸡蛋现货价格波动影响的实证研究》,《现代金融》2019 年第 5 期。

杨世锡、胡劲松、吴昭同、严拱标:《旋转机械振动信号基于 EMD 的希尔伯特变换和小波变换时频分析比较》,《中国电机工程学报》2003 年第 6 期。

杨双会、曹雄飞、张景琦:《基于 EEMD 模型的碳权交易价格分析》,《物流工程与管理》2018 年第 8 期。

杨通录、邓晓卫、栾震、陈俊赫:《基于 MS-AR 模型的碳排放权交易价格波动性研究——以湖北碳排放权交易中心为例》,《绿色科技》2019 年第 9 期。

杨小宁:《碳税约束下需求不确定的制造再制造回收生产决策研究》,《科技创新与应用》2017 年第 13 期。

杨星、梁敬丽:《国际碳排放权市场分形与混沌行为特征分析与检验——以欧盟碳排放交易体系为例》,《系统工程理论与实践》2017 年第 6 期。

杨秀媛、肖洋、陈树勇:《风电场风速和发电功率预测研究》,《中国电机工程学报》2005 年第 11 期。

杨玉:《基于要素相依性的碳交易市场风险集成度量研究》,博士学位论文,合肥工业大学,2019 年。

杨云飞、鲍玉昆、胡忠义、张瑞:《基于 EMD 和 SVMs 的原油价格预测方法》,《管理学报》2010 年第 12 期。

姚平:《碳税对区域经济发展效率与公平的影响研究》,《煤炭经济研究》2017 年第 3 期。

尹改丽：《碳交易市场微观结构特征及价格波动风险研究》，博士学位论文，武汉大学，2017 年。

于帅、王红丽：《基于 SPSS 与 BP 神经网络的南宁市房价预测对比研究》，《广西质量监督导报》2019 年第 8 期。

余思莉：《国际碳排放交易市场的波动研究》，《现代经济信息》2018 年第 33 期。

袁溥、李宽强：《碳排放交易制度下我国初始排放权分配方式研究》，《国际经贸探索》2011 年第 3 期。

袁修贵、李英：《小波分析在经济预测模型中的应用》，《经济数学》2004 年第 3 期。

翟大恒：《我国与欧盟碳交易的市场风险比较研究》，博士学位论文，山东财经大学，2016 年。

张波、钟玉洁、田金方：《基于高频数据的沪指波动长记忆性驱动因素分析》，《统计与信息论坛》2009 年第 6 期。

张晨、丁洋、汪文隽：《国际碳市场风险价值度量的新方法——基于 EVT-CAViaR 模型》，《中国管理科学》2015 年第 11 期。

张晨、杨玉、张涛：《基于 Copula 模型的商业银行碳金融市场风险整合度量》，《中国管理科学》2015 年第 4 期。

张贺民：《基于 BP 神经网络与 WRF 模式的风电功率预测系统设计与应用》，博士学位论文，中国科学院大学，2017 年。

张建波、李振：《行业因素对我国股票价格波动率的影响研究》，《山东大学学报》（哲学社会科学版）2014 年第 1 期。

张婕、孙立红、邢贞成：《中国碳排放交易市场价格波动性的研究——基于深圳、北京、上海等 6 个城市试点碳排放市场交易价格的数据分析》，《价格理论与实践》2018 年第 1 期。

张金清、李徐：《资产组合的集成风险度量及其应用——基于最优拟合 Copula 函数的 VaR 方法》，《系统工程理论与实践》2008 年第 6 期。

张晶菁：《行业生命周期与股票收益波动率的相关分析与实证研究》，《现代经济信息》2017 年第 11 期。

张景华：《碳税的收入分配效应研究》，《经济论坛》2010 年第 9 期。

张景阳、潘光友：《多元线性回归与 BP 神经网络预测模型对比与运用研究》，《昆明理工大学学报》（自然科学版）2013 年第 6 期。

张静远、张冰、蒋兴舟：《基于小波变换的特征提取方法分析》，《信号处理》2000 年第 2 期。

张坤、杨艳明、郑伟、高晓红：《量子遗传算法和模糊神经网络结合的预测模型》，《统计与决策》2019 年第 12 期。

张盼、熊中楷：《基于政府视角的最优碳减排政策研究》，《系统工程学报》2018 年第 5 期。

张平、潘学萍、薛文超：《基于小波分解模糊灰色聚类和 BP 神经网络的短期负荷预测》，《电力自动化设备》2012 年第 11 期。

张素庸、汪传旭、任阳军：《生产性服务业集聚对绿色全要素生产率的空间溢出效应》，《软科学》2019 年第 11 期。

张素庸、汪传旭、俞超：《"新零售"下不同配额分配机制对供应链的影响》，《计算机集成制造系统》2020 年第 3 期。

张涛、任保平：《不确定条件下价格型和数量型减排政策工具的比较分析》，《中国软科学》2019 年第 2 期。

张小斐、田金方：《异质金融市场驱动的已实现波动率计量模型》，《数量经济技术经济研究》2011 年第 9 期。

张晓瑞、方创琳、王振波、马海涛：《基于 RBF 神经网络的城市建成区面积预测研究——兼与 BP 神经网络和线性回归对比分析》，《长江流域资源与环境》2013 年第 6 期。

张筱峰、郭沥阳：《沪深 300 股指期现市场多阶段波动溢出效应研究——基于非对称 BEKK-GARCH 模型》，《现代财经—天津财经大学学报》2020 年第 3 期。

张珣、余乐安、黎建强、汪寿阳：《重大突发事件对原油价格的影响》，《系统工程理论与实践》2009 年第 3 期。

张玉娟、何朝林：《碳交易价格的影响因素分析》，《铜陵学院学报》2013 年第 1 期。

张云：《中国碳交易价格驱动因素研究——基于市场基本面与政策信息的双重视角》，《社会科学辑刊》2018 年第 1 期。

张云：《中国碳金融交易价格机制研究》，博士学位论文，吉林大学，2015 年。

赵李明：《基于遗传算法和 BP 神经网络的广州市空气质量预测与时空分布研究》，博士学位论文，江西理工大学，2016 年。

赵立祥、胡灿：《我国碳排放权交易价格影响因素研究——基于结构方程模型的实证分析》，《价格理论与实践》2016年第7期。

赵圣玉：《中国碳排放权市场与欧洲市场价格波动的比较分析》，《中国市场》2016年第13期。

赵选民、魏雪：《传统能源价格与我国碳交易价格关系研究——基于我国七个碳排放权交易试点省市的面板数据》，《生态经济》2019年第2期。

郑春梅、刘红梅：《欧盟碳排放权价格波动影响因素研究——基于MS-VAR模型》，《山东工商学院学报》2014年第5期。

郑丽琳、朱启贵：《技术冲击、二氧化碳排放与中国经济波动——基于DSGE模型的数值模拟》，《财经研究》2012年第7期。

郑爽、孙峥：《论碳交易试点的碳价形成机制》，《中国能源》2017年第4期。

郑挺国、尚玉皇：《基于宏观基本面的股市波动度量与预测》，《世界经济》2014年第12期。

郑宇花、李百吉：《我国碳排放配额交易价格影响因素分析》，《合作经济与科技》2016年第5期。

郑振龙、黄薏舟：《波动率预测：GARCH模型与隐含波动率》，《数量经济技术经济研究》2010年第1期。

郑祖婷、沈菲、郎鹏：《我国碳交易价格波动风险预警研究——基于深圳市碳交易市场试点数据的实证检验》，《价格理论与实践》2018年第10期。

中国人民银行、财政部、国家发展改革委、环境保护部、银监会、证监会、保监会：《关于构建绿色金融体系的指导意见》，2016年

中国社会科学院语言研究所词典编辑室编：《现代汉语词典》（第7版），商务印书馆2016年版。

中国政府、美国政府：《中美元首气候变化联合声明》，2015年。

中华人民共和国国家发展和改革委员会：《关于开展低碳省区和低碳城市试点工作》，2010年。

中华人民共和国国家发展和改革委员会：《关于开展碳排放权交易试点工作的通知》，2011年。

中华人民共和国国家发展和改革委员会：《全国碳排放权交易市场建

设方案（发电行业）》，2017 年。

中华人民共和国国家发展和改革委员会：《碳排放权交易管理暂行方法》，2014 年。

中华人民共和国国家发展和改革委员会：《温室气体自愿减排项目审定与核证指南》，2012 年。

中华人民共和国国务院：《"十二五"控制温室气体排放工作方案》，2011 年。

中华人民共和国国务院：《"十三五"控制温室气体排放工作方案》，2016 年。

中华人民共和国国务院：《中国应对气候变化国家方案》，2007 年。

周建国、刘宇萍、韩博：《我国碳配额价格形成及其影响因素研究——基于 VAR 模型的实证分析》，《价格理论与实践》2016 年第 5 期。

周亮：《投资者情绪对商品期货价格及波动率的影响研究——以螺纹钢期货为例》，《武汉金融》2019 年第 6 期。

周天芸、许锐翔：《中国碳排放权交易价格的形成及其波动特征——基于深圳碳排放权交易所的数据》，《金融发展研究》2016 年第 1 期。

周志明、唐元虎、施丽华：《中国期市收益率波动与交易量和持仓量关系的实证研究》，《上海交通大学学报》2004 年第 3 期。

朱军：《基于 DSGE 模型的"污染治理政策"比较与选择——针对不同公共政策的动态分析》，《财经研究》2015 年第 2 期。

朱勤、彭希哲、陆志明、吴开亚：《中国能源消费碳排放变化的因素分解及实证分析》，《资源科学》2009 年第 12 期。

朱世武、李豫、何剑波：《中国股票市场风险值标准的有效性检验》，《上海金融》2004 年第 11 期。

朱智洺、方培：《能源价格与碳排放动态影响关系研究——基于 DSGE 模型的实证分析》，《价格理论与实践》2015 年第 5 期。

祝越：《我国碳排放权市场价格影响因素及其波动特征研究》，博士学位论文，浙江财经大学，2016 年。

邹绍辉、张甜、闫晓霞：《基于 H-P 滤波法的国内碳交易价格波动规律及区域特征》，《山东大学学报》（理学版）2019 年第 5 期。

邹亚生、魏薇：《碳排放核证减排量（CER）现货价格影响因素研究》，《金融研究》2013 年第 10 期。

Alberola E. , Chevallier, Jand Cheze B. , "Price Driversand Structural Breaksin European Carbon Prices", *Energy Policy*, 2008 (36): 787-797.

Alvarez-Ramirez J. , Alvarez J. , Rodriguez E. , "Short-term Predictability of Crude Oil Markets: A Detrended Fluctuation Analysis Approach", *Energy Economics*, 2008, 30 (5): 2645-2656.

Amedeo Argentiero, Carlo Andrea Bollino, Silvia Micheli and Constantin Zopounidis, "Renewable energy sources policies in a Bayesian DSGE model", *Renewable Energy*, Vol. 120, 2018.

Anca Claudia Balietti, "Trader types and volatility of emission allowance prices. Evidence from EU ETS Phase I", *Energy Policy*, Vol. 98, 2016.

Andersen T. G. and Bollerslev T. , "Answering the skeptics: Yes, standard volatility models do provide accurate forecasts", *International Economic Review*, Vol. 39, No. 4, 1998.

Andersen T. G. , Bollerslev T. , Diebold F. X. and Ebens H. , "The Distribution of Realized Stock Return Volatility", *Journal of Financial Economics*, Vol. 1, 2001.

Andersen T. G. , Bollerselev T. , Diebold F. X. and Labys P. , "Modeling and forecasting realized volatility", *Econometrica*, Vol. 2, 2003.

Angelopoulos K. , Economides G and Philippopoulos A. , "First-and second-best allocations under economic and environmental uncertainty", *International Tax and Public Finance*, Vol. 20, No. 3, 2013.

Anne Zimmer and Nicolas Koch, "Fuel consumption dynamics in Europe: Tax reform implications for air pollution and carbon emissions", *Transportation Research Part A: Policy and Practice*, Vol. 106, 2017.

Annicchiarico P. , "Alfalfa forage yield and leaf/stem ratio: Narrow-sense heritability, genetic correlation, and parent selection procedures", *Euphytica: International Journal of Plant Breeding*, 2015, 205 (2): 409-420.

Anthony Paul, Karen Palmer and Matt Woerman, "Modeling a clean energy standard for electricity: Policy design implication for emission, supply, prices, and regions", *Energy Economics*, Vol. 36, 2013.

Anupam Dutta, "Impact of carbon emission trading on the European Union biodiesel feedstock market", *Biomass and Bioenergy*, Vol. 128, 2019.

Arun Kr. Purohit, Ravi Shankar, Prasanta Kumar Dey and Alok Choudhary, "Non-stationary stochastic inventory lot-sizing with emission and service level constraints in a carbon cap-and trade system", *Journal of Cleaner Production*, Vol. 113, 2016.

Bai Y., Deng X., Jiang S., et al., "Relationship between climate change and low-carbon agricultural production: A case study in Hebei Province, China", *Ecological Indicators*, Vol. 105, 2019.

Bangzhu Zhu, Lili Yuan and Shunxin Ye, "Examining the multi-timescales of European carbon market with grey relational analysis and empirical mode decomposition", *Physica A: Statistical Mechanics and its Applications*, Vol. 517, No. 1, 2019.

Bangzhu Zhu, Liqing Huang, Lili Yuan, Shunxin Ye and Ping Wang, "Exploring the risk spillover effects between carbon market and electricity market: A bidimensional empirical mode decomposition based conditional value at risk approach", *International Review of Economics & Finance*, Vol. 67, 2020.

Barbara Annicchiarico and Fabio Di Dio, "Environmental policy and macroeconomic dynamics in a new Keynesian model", *Journal of Environmental Economics and Management*, Vol. 69, 2015.

Barker T., Baylis S. and Madsen P., "A UK carbon/energy tax: The macroeconomics effects", *Energy Policy*, Vol. 21, No. 3, 1993.

Bedford T. and Cooke R. M., "Probability density decomposition for conditionally dependent random variables modeled by vines", *Annals of Mathematics and Artificial intelligence*, Vol. 32, 2001.

Benavides C., Gonzales L. and Diaz M. et al., "The Impact of a Carbon Tax on the Chilean Electricity Generation Sector", *Energies*, Vol. 8, No. 4, 2015.

Benz E. and Truck S., "Modeling the price dynamics of CO_2 emission allowances", *Energy Economics*. Vol. 31, No. 1, 2012.

Bollerslev T., "Generalized autoregressive conditional heteroscedasticity", *Journal of Econometrics*, Vol. 31, No. 3, 1986.

Bowen Xiao, Ying Fan and Xiaodan Guo, "Exploring the macroeconomic fluctuations under different environment policies in China: A DSGE approach",

Energy Economics, Vol. 76, 2018.

Bowman A. W. and Azzalini A. , *Applied smoothing techniques for data analysis: the kernel approach with S-Plus illustrations.* OUP Oxford, 1997.

Boyd R. and Ibarraran M. E. , "Costs of compliance with the Kyoto Protocol: a developing country perspective", *Energy Economics*, Vol. 24, No. 1, 2002.

Bradshaw G. A. and McIntosh B. A. , "Detecting climate-induced patterns using wavelet analysis", *Environmental Pollution*, Vol. 83, No. 2, 1994.

Brown S. J. and Warner J. B. , "Measuring security price performance", *Journal of Financial Economics*, 1980, 8, 205-258.

Camero J. Hepburn, John K. -H. Quah and Robert A. Ritz. , "Emissions trading with profit-neutral permit allocations", *Journal of Public Economics*, Vol. 98, 2013.

Chang K. , Pei P. and Zhang C. et al. , "Exploring the price dynamics of CO_2 emissions allowances in China's emissions trading scheme pilots", *Energy Economics*, Vol. 57, No. 66, 2017.

Chevallier J. , "A model of carbon price interactions with macroeconomic and energy dynamics", *Energy Economy*, Vol. 33, No. 6, 2011.

Chevallier J. , "Carbon futures and macroeconomic risk factors: A view from the EU ETS", *Energy Economics*, Vol. 31, No. 4, 2009.

Christensen K. , Podolskij M. , Thamrongrat N. , Veliyev B. , "Inference from High-frequency Data: A Subsampling Approach", *Journal of Econometrics*, 2017, 197 (2) .

Clark P. K. , "A subordinated stochastic process model with finite variance for speculative prices", *Econometrica*, Vol. 41, No. 1, 1973.

Copeland T. E. , "A model of asset trading under the assumption of sequential information arrival", *Journal of Finance*, Vol. 31, No. 4, 1976.

Corsi F. , "A simple long memory model of realized volatility. Manuscript", University of Southern Switzerland. 2004.

Daskalakis G. and Markellos R. N. , "Are the European carbon markets efficient?" *Review of Futures Markets*, Vol. 17, No. 2, 2008.

Daskalakis G. , "Temporal restrictions on emissions trading and the implications for the carbon futures market: Lessons from the EU emissions trading scheme", *Energy Policy*, Vol. 115, 2018.

Dhamija A. K., Yadav S. S. and Jain P. K., "Volatility spillover of energy markets into EUA markets under EU ETS: a multi-phase study", *Environmental Economics and Policy Studies*, Vol. 20, No. 3, 2017.

Dhawan R., Jeske K. and Silos P., "Productivity, energy prices and the great moderation: A new link", *Review of Economic Dynamics*, Vol. 13, No. 3, 2010.

Diamantides N. D., "The stockmarket course of the near future: cybernetic probing of investor obsession", Vol. 30, No. 2, 2001.

Dolley J. C., "Characteristics and procedure of common stock split-ups", *Harvard Business Review*, 1933, 11 (3): 316-326.

Edgar E. and Peters. D., *Fractal market analysis: Applying chaos theory to investment and economics*. Hobken, New Jersey, USA: John Wiley & Sons, 1994.

Elad M. and Aharon M., "Image denoising via sparse and redundant representations over learned dictionaries", *Ieee Transactions on Image Processing*, Vol. 15, No. 12, 2006.

Ellerman Denny and Paul Joskow, "The European Union's Emissions Trading System in Perspective", *Report for the Pew Center on Global Climate Change*, 2008.

Emilie Alberola, Julien Chevallier and Benoît Chèze, "Price drivers and structural breaks in European carbon prices 2005—2007", *Energy Policy*, Vol. 36, No. 2, 2007.

Engle R. F. and Bollerslev T., "Modeling the persistence of Conditional variance", *Econometrics Reviews*, Vol. 5, No. 1, 1986.

Engle R. F. and Gallo G., "A multiple indicator model for volatility using intra-daily data", *Journal of Econometrics*, Vol. 131, No. 1, 2006.

Engle R. F. and Robins L. R. P., "Estimating Time Varying Risk Premia in the Term Structure: The Arch-M Model", *Econometrica*, Vol. 55, No. 2, 1987.

Engle R. F., "Autoregressive Conditional Heteroscedasticity with Estimates of the Variance of United Kingdom Inflation", *Econometrica*, Vol. 50, No. 4, 1982.

Erik Delarue and Kenneth Van den Bergh, "Carbon mitigation in the electric power sector under cap-and-trade and renewables policies", *Energy Policy*, Vol. 92, 2016.

Esteban Colla De Robertis, José María Da Rocha, Javier García Cutrín, María José Gutiérrez and Raúl Prellezo, "A bayesian estimation of the economic effects of the Common Fisheries Policy on the Galician fleet: A dynamic stochastic general equilibrium approach", *Ocean and Coastal Management*, Vol. 167, 2019.

Fama E. F., "Efficient capital markets: a review of theory and empirical work", *Journal of Finance*, Vol. 25, No. 2, 1970.

Fan X. H., Shasha L. and Lixin T., "Chaotic characteristic identification for carbon price and a multi-layer perceptron network prediction model", *Expert Systems with Applications*, Vol. 45, No. 8, 2015.

Feng Z. H., Zou L. L. and Wei Y. M., "Carbon price volatility: Evidence from EU ETS", *Applied Energy*, Vol. 88, No. 3, 2011.

Fischer C. and Springborn M., "Emissions targets and the real business cycle: Intensity targets versus caps or taxes", *Journal of Environmental Economics and Management*, Vol. 62, No. 3, 2011.

Frank Ackerman, Bruce Biewald, David White, Tim Woolf and William Moomaw, "Grandfathering and coal plant emissions: the cost of cleaning up the Clean Air Act", *Energy Policy*, Vol. 27, 1999.

Fulvio C., "A Simple Approximate Long-Memory Model of Realized Volatility", *Journal of Financial Econometrics*, Vol. 2, 2004.

Gallant A. R., Hsieh D and Tauchen G., "Estimation of stochastic volatility models with diagnostics", *Journal of Econometrics*, Vol. 81, No. 1, 1997.

Garman M. B. and M. J. Klass, "On the estimation of security price volatilities from historical data", *The Journal of Business*, Vol. 53, 1980.

Gencay R., Selcuk F. and Whitcher B., "Differentiating intraday seasonalities through wavelet multi-scaling", *PHYSICA A*, Vol. 289, 2001.

Genovaitė Liobikienė and Justina Mandravickaitė, "The EU Cohesion Policy implications to GHG emissions from production-based perspective", *Environmental Science & Policy*, Vol. 55, No. 1, 2016.

George N. Ike, Ojonugwa Usman, Andrew Adewale Alola and Samuel Asumadu Sarkodie, "Environmental quality effects of income, energy prices and trade: The role of renewable energy consumption in G-7 countries", *Science of The Total Environment*, 2020.

Gil A. L. A. , Gupta R. and Gracia F. P. D. , "Modeling persistence of carbon emission allowance prices", *Renewable & Sustainable Energy Reviews*, Vol. 46, No. 55, 2016.

Giraitis L. , Kokoszka P. , Leipus R. and Teyssiere G. , "Rescaled variance and related tests for long memory in volatility and levels", *Journal of Econometrics*, Vol. 112, No. 2, 2003.

Golliin D. , "Getting income shares right", *Journal of Political Economy*, Vol. 110, 2002.

Gu G. F. and Zhou W. X. , "Detrending moving average algorithm for multifractals", *Physical Review E*, Vol. 82, 2010.

Guangxi Cao, Minjia Zhang and Qingchen Li, "Volatility-constrained multifractal detrended cross-correlation analysis: Cross-correlation among Mainland China, US, and Hong Kong stock markets", *Physica A*, Vol. 472, 2017.

Hansen P. R. and Lunde A. , "Consistent ranking of volatility models", *Journal of Econometrics*, Vol. 131, No. 1, 2006.

Hao Y. , Tian C. and Wu C. , "Modelling of carbon price in two real carbon trading markets", *Journal of Cleaner Production*, Vol. 244, 2019.

Harris M. and Raviv A. , "Difference of opinion make a horse race", *Review of Financial Studies*, Vol. 6, No. 3, 1993.

Harvey A. C. , Ruiz E and Shephard N. , "Multivariate stochastic variance models", *Review of Economic Studies*, Vol. 61, 1994.

Heutel G. , "How should environmental policy respond to business cycle? Optimal policy under persistent productivity shocks", *Review of Economic Dynamics*, Vol. 15, No. 2, 2012.

Hobbie H. , Schmidt M and Möst D, "Windfall profits in the power sector during phase Ⅲ of the EU ETS: Interplay and effects of renewables and carbon prices", *Journal of Cleaner Production*, Vol. 240, 2019.

Jacod J., Y. Li and X. Zheng, "Statistical properties of microstructure noise", *Working paper*, Vol. 181, 2013.

Jean Christophe Poutineau and Gauthier Vermandel, "Cross-border banking flows spillovers in the Eurozone: Evidence from an estimated DSGE model", *Journal of Economic Dynamics and Control*, Vol. 51, 2015.

Jevnaker T. and Wettestad J, "Ratcheting up carbon trade: The politics of reforming EU emissions trading", *Global Environmental Politics*, Vol. 17, No. 2, 2017.

Ji C. J., Hu Y. J. and Tang B. J., "Research on carbon market price mechanism and influencing factors: a literature review", *Natural Hazards*, Vol. 92, No. 2, 2018.

Jian Liu, Yuying Huang and ChunPing Chang, "Leverage analysis of carbon market price fluctuation in China", *Journal of Cleaner Production*, Vol. 245, 2020.

Jing Yue Liu and Chao Feng, "Marginal abatement costs of carbon dioxide emissions and its influencing factors: A global perspective", *Journal of Cleaner Production*, Vol. 170, 2018.

Jiqiang Wang, Fu Gu, Yinpeng Liu, Ying Fang and Jianfeng Guo, "Bidirectional interactions between trading behaviors and carbon prices in European Union emission trading scheme", *Journal of Cleaner Production*, Vol. 224, No. 1, 2019.

Jiuping Xu, Rui Qiu and Chengwei Lv, "Carbon emission allowance allocation with cap and trade mechanism in air passenger transport", *Journal of Cleaner Production*, Vol. 131, 2016.

José Víctor Ríos Rull, Frank Schor fheide, Cristina Fuentes Albero, Maxym Kryshko and Raül Santaeulàlia Llopis, "Methods versus substance: Measuring the effects of technology shocks", *Journal of Monetary Economics*, Vol. 59, No. 8, 2012.

J. Alvarez-Ramirez, E. Rodriguez and J. Carlos Echeverria, "A DFA approach for assessing asymmetric correlations", *Physica A*, Vol. 388, No. 12,

2009.

　　Kantelhardt J. W. , Zschiegner S. A. and Koscielny – Bunde E. et al. , "Multifractal detrended fluctuation analysis of nonstationary time series", *Physica A Statistical Mechanics & Its Applications*, Vol. 316, No. 1, 2002.

　　Kaplan S. and Garrick B. J. , "On the quantitative definition of risk", *Risk analysis*, Vol. 1, No. 1, 1981.

　　Khadra L. , Matalgah M. , el – Asir B. and Mawagdeh S. , "The wavelet transforms and its applications to phonocardiogram signal analysis", Vol. 16, No. 3, 1991.

　　Kim Christensen and Mark Podolskij, "Realized range – based estimation of integrated variance", *Journal of Econometrics*, Vol. 141, No. 2, 2006.

　　Kim, S. J. , Koh, K. , Boyd, S. and Gorinevsky, D. , "l (1) Trend Filtering", *SIAM REVIEW.* Vol. 51, No. 2, 2009.

　　Klimenko V. V. , Mikushina O. V. and Tereshin A. G. , "Do we really need a carbon tax?" *Applied Energy*, Vol. 64, No. 1, 1999.

　　Kubanek D. , Freeborn T. , Koton, J. and Herencsar N. , "Evaluation of (1+alpha) Fractional – Order Approximated Butterworth High – Pass and Band – Pass Filter Transfer Functions", *Elektronika ir Elektrotechnika*, Vol. 24, No. 2, 2018.

　　Li J. , Tang L. and Sun X. et al. , "Country risk forecasting for major oil exporting countries: A decomposition hybrid approach", *Computers & Industrial Engineering*, Vol. 63, No. 3, 2012.

　　Liu F. and Liu C, "Regional disparity, spatial spillover effects of urbanisation and carbon emissions in China", *Journal of Cleaner Production*, Vol. 241, 2019.

　　Liu L. H. , Chen J. and Xu LX. , "Realization and application research of BP neural network based on matlab", International Seminar on Future Biomedical Information Engineering, Proceedings, 2008.

　　Lo A. , "Long term memory in stock market Prices", *Econometrics*, Vol. 59, 1991.

　　Mandelbrot B. B. , *The Fractal Geometry of Nature.* New York: Freeman, 1982.

Mandelbrot B. B. , "New methods in statistical economics", *Transaction of the American Society of Civil Engineers*, Vol. 116, 1951.

Mandelbrot, B. B. , "Statistical Methodology for Nonperiodic Cycles from Covariance to R/S Analysis", *Annals of Economic and Social Measurement*, Vol. 7, 1972.

Mansanet B. M. and Pardo A. , "Impacts of regulatory announcements on CO_2 prices", *The Journal of Energy Markets*, Vol. 2, No. 2, 2009.

Marc J. Melitz. , "The Impact of trade on intra−Industry reallocations and aggregate industry productivity", *Econometrica*, 2003, 71 (6) .

Markowitz H. M. , "Portfolio Selection", *Journal of Finance*, 1952.

Marliese Uhrig Homburg and Michael Wagner, "Futures Price Dynamics of CO_2 Emission Allowances: An Empirical Analysis of the Trial Period", *The Journal of Derivatives*, 2009.

Mei, L. , "Research on software reliability model based on improved BP neural network", International Conference on Smart Grid and Electrical Automation (ICSGEA), 2018.

Melino A and Turnbull S M, "Pricing foreign currency option with stochastic volatility", *Journal of Econometrics*, Vol. 45, 1990.

Miroslav Hájek, Jarmila Zimmermannová, Karel Helman and Ladislav Rozensky, "Analysis of carbon tax efficiency in energy industries of selected EU countries", *Energy Policy*, Vol. 134, 2019.

Mojtaba Khastar, Alireza Aslani, Mehdi Nejati, Kaveh Bekhrad and Marja Naaranoja, "Evaluation of the carbon tax effects on the structure of Finnish industries: A computable general equilibrium analysis", *Sustainable Energy Technologies and Assessments*, Vol. 37, 2020.

Nelson D. B. , "ARCH models as diffusion approximations", *Journal of Econometrics*, Vol. 45, 1990.

Nikolay Hristov and Oliver Hülsewig, "Unexpected loan losses and bank capital in an estimated DSGE model of the euro area", *Journal of Macroeconomics*, Vol. 54, 2017.

Olatunji Abdul Shobande and Oladimeji Tomiwa Shodipe, "Carbon policy for the United States, China and Nigeria: An estimated dynamic stochastic general equilibrium mode", *Science of The Total Environment*, Vol. 697, 2019.

Pajares G., de la Cruz, JM., "A wavelet−based image fusion tutorial", *Pattern Recognition*, Vol. 37, No. 9, 2004.

Palao F. and Pardo A., "Assessing Price Clustering in European Carbon Markets", *Applied Energy*, Vol. 57, No. 4, 2012.

Paolo Gelain, NikolayIskrev, Kevin J. Lansing and Caterina Mendicino, "Inflation Dynamics and Adaptive Expectations in an Estimated DSGE Model", *Journal of Macroeconomics*, 2018.

Parkinson M., "The Extreme Value Method for Estimating the Variance of the Rate of Return", *The Journal of Business*, Vol. 53, No. 1, 1980.

Pearce D., "The role of carbon taxes in adjusting to global warming", *The economic journal*, 1991.

Peng C. K., Buldyrev S. V., Havlin S., Simon M., Stanley H. E. and Coldberger A. L., "Mosaic organization of DNA nucleotides", *Physical Review E*, Vol. 49, 1994.

Peng Wu, Ying Jin, Yongjiang Shi and Hawfeng Shyu, "The impact of carbon emission costs on manufacturers' production and location decision", *International Journal of Production Economics*, Vol. 193, 2017.

Qi Wu, Minggang Wang and Lixin Tian, "The market−linkage of the volatility spillover between traditional energy price and carbon price on the realization of carbon value of emission reduction behavior", *Journal of Cleaner Production*, Vol. 245, No. 1, 2020.

Qiang Wang, Yi Liu and Hui Wang, "Determinants of net carbon emissions embodied in Sino − German trade", *Journal of Cleaner Production*, Vol. 235, No. 20, 2019.

Qiwei Ping Hu, An Jiang and Yongju Li, "Carbon emission allocation based on satisfaction perspective and data envelopment analysis", *Energy Policy*, Vol. 132, 2019.

Ren C. and Alex Lo, "Emission trading and carbon market performance in Shenzhen, China", *Applied Energy*, Vol. 2, 2017.

Reza Farrahi Moghaddam, Fereydoun Farrahi Moghaddam and Mohamed Cheriet, "A modified GHG intensity indicator: Toward a sustainable global economy based on a carbon tax and emission trading", *Energy Policy*, Vol. 57, 2013.

Rittler D. , "Price discovery and volatility spillovers in the European Union emissions trading scheme: A high – frequency analysis", *Journal of Banking &Finance*, Vol. 3, 2012.

Roberta Cardani, Alessia Paccagnini and Stefania Villa, "Forecasting with instabilities: An application to DSGE models with financial frictions", *Journal of Macroeconomics*, Vol. 61, 2019.

Rockafellar R. T. and Uryasev S. , "Optimization of conditional value–at–risk", *Journal of risk*, Vol. 2, 2000.

Scheelhaase J. , Maertens S. and Grimme W. et al. , "EU ETS versus CORSIA – A critical assessment of two approaches to limit air transport's CO_2 emissions by market–based measures", *Journal of Air Transport Management*, Vol. 67, 2018.

Segnon M. , Lux T. and Gupta R. , "Modeling and forecasting the volatility of carbon dioxide emission allowance prices: A review and comparison of modern volatility models", *Renewable & Sustainable Energy Reviews*, Vol. 69, 2017.

Selçuk Bayraci, "Testing for multi – fractality and efficiency in selected sovereign bond markets: a multi – fractal detrended moving average (MF – DMA) analysis", 2018.

Semih Tumen, Deren Unalmis, Ibrahim Unalmis D. and Filiz Unsal, "Taxing fossil fuels under speculative storage", *Energy Economics*, Vol. 53, 2016.

Shaohui Zou and Tian Zhang, "Multifractal detrended cross – correlation analysis of the relation between price and volume in European carbon futures markets", *Physica A: Statistical Mechanics and its Applications*, Vol. 537, No. 1, 2020.

Sheng Fang, Xinsheng Lu, Jianfeng Li and Ling Qu, "Multifractal detrended cross – correlation analysis of carbon emission allowance and stock returns", *Physica A: Statistical Mechanics and its Applications*, Vol. 509, 2018.

Shihong Zeng, Xin Nan, Chao Liu and Jiuying Chen, "The response of the Beijing carbon emissions allowance price (BJC) to macroeconomic and energy price indices", *Energy Policy*, Vol. 106, 2017.

Stefan Hohberger, Romanos Priftis and Lukas Vogel, "The macroeconomic effects of quantitative easing in the euro area: Evidence from an estimated DSGE model", *Journal of Economic Dynamics and Control*, Vol. 108, 2019.

Syed Jawad Hussain Shahzad, Ronald Ravinesh Kumar, Muhammad Zakaria and Maryam Hurr, "Carbon emission, energy consumption, trade openness and financial development in Pakistan: A revisit", *Renewable and Sustainable Energy Reviews*, Vol. 70, 2017.

Takashi Kanamura, "Role of carbon swap trading and energy prices in price correlations and volatilities between carbon markets", *Energy Economics*, Vol. 54, 2016.

Tang B., Gong P. and Shen C., "Factors of carbon price volatility in a comparative analysis of the EUA and sCER", *Annals of Operations Research*, Vol. 255, 2017.

Taylor S., *Modeling financial time series*, New York: John Wiley & Sons, 1986.

Tongbin Zhang, "Which policy is more effective, carbon reduction in all industries or in high energy-consuming Industries? ——From dual perspectives of welfare effects and economic effects", *Journal of Cleaner Production*, Vol. 216, 2019.

Wang Changyun, "Information, trading demand and futures price volatility", *The Financial Review*, Vol. 37, No. 2, 2002.

Wang G. and Yau J., "Trading volume, bid ask spread and price volatility in futures markets", *Journal of Futures Markets*, Vol. 20, No. 10, 2000.

Wang Jiang, "A model of competitive stock trading volume", *Journal of Political Economy*, Vol. 102, No. 1, 1994.

Wang Q. and Wu S., "Carbon trading thickness and market efficiency in a socialist market economy", *Chinese Journal of Population Resources and Environment*, Vol. 16, No. 2, 2018.

Wang S., Yu L. and Tang L. et al., "A novel seasonal decomposition based least squares support vector regression ensemble learning approach for hydropower consumption forecasting in China", *Energy*, Vol. 36, No. 11, 2011.

Wang S. L., Yin S. and Jian MH, "Hybrid Neural Network Based On GA-BP for Personal Credit Scoring", ICNC 2008: Fourth International Conference on Natural Computation, Vol 3, Proceedings. 2018.

Wang Y. and Cai J., "Structural Break, Stock Prices of Clean Energy Firms and Carbon Market", *IOP Conference Series: Earth and Environmental Science*, Vol. 120, 2018.

Wei C. and Peng F., "Network traffic prediction algorithm research based on PSO-BP neural network", Proceedings of the 2015 International Confernce on Intelligent Systems Research and Mechatronics Engineering, 2015.

Weijie Zhou, Yaoguo Dang and Rongbao Gu, "Efficiency and multifractality analysis of CSI 300 based on multifractal detrending moving average algorithm", *Physica A: Statistical Mechanics and Its Applications*, Vol. 392, No. 6, 2013.

Willett A. H., *The Economic Theory of Risk and Insurance*, New York: The Columbia University Press, 1901.

Wissema W. and Dellink R., "AGE analysis of the impact of a carbon energy tax on the Irish economy", *Ecological Economics*, Vol. 61, No. 4, 2007.

Wu Q., Wang M. and Tian L., "The market-linkage of the volatility spillover between traditional energy price and carbon price on the realization of carbon value of emission reduction behavior", *Journal of Cleaner Production*, 2019.

Xie L. M., "Application of Genetic Algorithm to Optimization of BP Neural Network", 2011 AASRI Conference on Artificial Intelligence and Industry Application, 2011.

Xinghua Fan, Xiangxiang Lv, Jiuli Yin, Lixin Tian and Jiaochen Liang, "Multifractality and market efficiency of carbon emission trading market: Analysis using the multifractal detrended fluctuation technique", *Applied Energy*, Vol. 251, 2019.

Yan F. F., Qi W. E. and Ouyang X., "Fluctuation traits of Litchi wholesale price in China", *IOP Conference Series Earth and Environmental Science*, Vol. 77, 2017.

Yang, X., Liao, H. F., Feng, X. Y. and Yao, X. C., "Analysis and Tests on Weak-Form Efficiency of the EU Carbon Emission Trading Market", *Low Carbon Economy*, Vol. 9, 2018.

Yazid Dissou and Lilia Karnizova, "Emissions cap or emission tax? A multi-sector business cycle analysis", *Journal of Environmental Economics and Management*, Vol. 79, 2016.

Ying Tung Chan, "Are macroeconomic policies better in curbing air pollution than environment policies? A DSGE approach with carbon-dependent fiscal and monetary policies", *Energy Policy*, Vol. 141, 2020.

Yu J. and Mallory M. L., "Exchange rate effect on carbon credit price via energy markets", *Journal of International Money and Finance*, Vol. 47, 2014.

Yu L., Dai W. and Tang L., "A novel decomposition ensemble model with extended extreme learning machine for crude oil price forecasting", *Engineering Applications of Artificial Intelligence*, Vol. 47, 2016.

Yu L., Wang S. and Lai K. K., "A novel nonlinear ensemble forecasting model incorporating GLAR and ANN for foreign exchange rates", *Computers & Operations Research*, Vol. 32, No. 10, 2005.

Yu L., Wang Z. and Tang L., "A decomposition-ensemble model with data-characteristic- driven reconstruction for crude oil price forecasting", *Applied Energy*, Vol. 156, 2015.

Yu L., Zhang X. and Wang S., "Assessing Potentiality of Support Vector Machine Method in Crude Oil Price Forecasting", *Eurasia Journal of Mathematics, Science and Technology Education.* Vol. 13, No. 12, 2017.

Yue-Jun Zhang and Ya-Fang Sun, "The dynamic volatility spillover between European carbon trading market and fossil energy market", *Journal of Cleaner Production*, Vol. 112, No. 4, 2016.

Zhang L., Mykland P. A. and Ait-Sahalia Y., "A Tale of Two Time Scales: Determining Integrated Volatility with Noisy High-Frequency Data", *Journal of the American Statistical Association*, Vol. 100, 2005.

Zhang X., Lai K. K. and Wang S. Y., "A new approach for crude oil price analysis based on Empirical Mode Decomposition", *Energy Economics*, Vol. 30, No. 3, 2008.

Zhang X. , Yu L. and Wang S. et al. , "Estimating the Impact of Extreme Events on Crude Oil Price: An EMD-based Event Analysis Method", *Energy Economics*, Vol. 31, No. 5, 2009.

Zhaohua W. U. and Huang N. E. , "Ensemble empirical mode decomposition: A noise-assisted data analysis method", *Advances in Adaptive Data Analysis*, Vol. 1, No. 1, 2011.

Zhenhua Feng, Lele Zou and Yiming Wei, "Carbon price volatility: Evidence from EU ETS", *Applied Energy*, Vol. 88, No. 3, 2011.